[日] 橘香（ORANGE PAGE）编　傅梦翔译

后浪出版公司

每天
都要吃蔬菜

いつでも野菜を

应季蔬菜佐餐料理

广东旅游出版社
GUANGDONG TRAVEL & TOURISM PRESS

中国·广州

contents 目 录

Part 1 利用厨房里常备的
五种蔬菜

卷心菜 土豆 白萝卜
蘑菇 胡萝卜

Part 2 四季变迁带来
时令蔬菜

春夏秋冬的佐餐小菜

春季主菜

夏季主菜

秋季主菜

冬季主菜

Part 3 有蔬菜更放心

每日都想搭配的佐餐小菜

日文版工作人员:

艺术总监	大薮胤美
设计	原玲子
封皮、封底、卷尾摄影	川浦坚至
封皮、封底插画	KUKUI YUKI
料理（主菜·佐餐小菜）	枝元奈保美 大久保惠子 大庭英子 小田真规子 夏梅美智子胁 雅世 渡边纯子（P52~57、P78~109、P130~135）千叶道子（P194~197）大庭英子（P21~219）竹内章雄
摄影	（P4~7、主菜、佐餐小菜、P136、P194~211、P223）川浦坚至（P52~57、P78~83、P104~109、P130~135）汤浅哲夫（P190~193）泽井秀夫（P212~219）枝元奈保美
摆盘	（主菜、佐餐小菜、P194~197）绫部惠美子（P52~57、P78~83、P104~109、P130~135）千叶美枝子（P212~219）泽入美佳
编辑	景山绘里子
热量、盐分计算	小田真规子 龟石早智子
监修（根据蔬菜类别的说明）	小田真规子
参考文献	《食材图典》（小学馆）、《蔬菜达人》（小学馆）、《五订食品成分表2001》（女子营养大学出版社）
责任编辑	武智理奈

100克 是这样的

一天之内必要的蔬菜摄取量为 350~400 克。如果知道了蔬菜 100 克的量，那么就能掌握自己所吃过的蔬菜的重量，为每日的蔬菜膳食生活提供便利。此外，在这里介绍的蔬菜的 100 克的量为大致基准。根据季节变化和蔬菜体量大小的不同，量也会发生变化。

监修 / 小田真规子

卷心菜
叶（大）**2** 片
中等 1 个重约 1 千克左右
春季卷心菜的 100 克为 2 片叶子，
中等 1 个重 800~900 克

小油菜
中等 **1** 棵
大型 1 棵重约 150 克

白菜
叶（大）**1** 片
中等 1 棵重约 2 千克

生菜
叶（大）**3** 片
中等 1 个重约 400 克

菠菜
1/3 束
1 束重 350~400 克
1 小束重约 200 克

水芹
1 把多

茼蒿
1/2 把
1 把重约 200 克

韭菜
1 把

小松菜
1/3 把
1 把重 350~400 克

毛豆
从豆荚中剥出

1/2 杯

有豆荚的状态下为 20~30 根

青豌豆
从豆荚中剥出

1 杯

有豆荚的状态下约为 25 根

嫩扁豆
12 根

1 袋重约 100 克

蚕豆
从豆荚中剥出

3/4 杯

有豆荚的状态下为 8~10 根

荷兰豆
85 根

1 袋重约 50 克

水菜
1/3 束

1 束重约 300 克

大葱
中等不到 **1** 根

中等 1 根（长 33 厘米）重约 120 克

杏鲍菇
1 盒

（大 1 根 + 小 1 根）

蟹味菇
1 盒

大 1 盒重约 200 克

王菜（长蒴黄麻）
2/3 袋

1 袋重 130~150 克

鲜香菇
1 盒（6 个）

金针菇
中等 **1** 袋

舞茸
1 盒

大 1 盒重约 200 克

番茄
中等 $2/3$ 个
中等 1 个重 150~200 克

南瓜
中等 $1/12$ 个
中等 1 个重约 1400 克

苦瓜
中等 $1/3$ 根
中等 1 根重 300~350 克

小番茄
10 个

茄子
中等 1 个

青椒
3 个
1 袋（4~5 个）重约 150 克
彩椒的 100 克为中等 $1/2$ 个

秋葵
14 根
1 根重约 7 克

西葫芦
中等 $2/3$ 根
中等 1 根重约 150 克

100 克
是这样的

黄瓜
中等 1 根

蒜苗
1 把（8~9 根）
1 根重约 12 克

竹笋（煮熟的状态）
笋尖的部分 $1/3$ 根
中等 1 根重 300~350 克

豆芽
不到 $1/2$ 袋
1 袋重 200~250 克

西芹
$1/2$ 根
带叶的 1 根重约 200 克

绿芦笋
3 根
1 把（4~5 根）重约 150 克

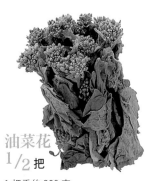

油菜花
1/2 把

1 把重约 200 克

菜花
大 3 块

中 1 株重 300~350 克

洋葱
中等不到 1/2 个

中等 1 个重 230~250 克
新洋葱的 100 克为中等 2/3 个
中等 1 个重 150~200 克

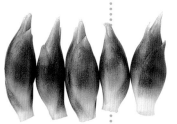

西蓝花
大 3 块

中等 1 株重 200~250 克

牛蒡
中等 2/3 根

中等 1 根重约 150 克
新牛蒡的 100 克为中等 1 根

莲藕
中等 1/2 节

小 1 节重约 150 克
大 1 节重 250~300 克

白萝卜
厚度 3 厘米，直径 8 厘米

中等 1 根重约 1 千克

胡萝卜
中等 1/2

小 1 根重约 150 克，
大 1 根约重 250 克

芜菁
中等 1 个

带叶的中等 1 个重约 130 克

茗荷
4~5 个

新土豆
中等 3 个

芋头
中等 1 1/2 个

中等 1 个重约 76 克

山药
长 8 厘米，直径 5 厘米

1 根重 500~600 克

土豆
中等 4~5 个

中等 1 个重 120~150 克

红薯
中等 1/2 根

直径 5 厘米，长 10 厘米
的中等 1 根重约 200 克

大和芋山药（银杏芋）
1/3 个

1 个重约 300 克

本书的特征及使用方法

本书整册皆为介绍蔬菜的工具书。
特别是根据蔬菜种类索引的小菜菜谱，为了方便查找，在书页右侧顶部都注有标记。通过这种方式，希望能够为每日的蔬菜膳食生活提供便利。

■ 厨房里常备的五种蔬菜和春夏秋冬的主菜，以及一种蔬菜和调味料就能制作的特急配菜，6个部分按不同颜色划分。

■ 主菜和特急配菜分为两个部分。主菜的内容中也包括蔬菜量大的饭类。

■ 按照原材料主要为蔬菜，蔬菜为主要材料之一，以及蔬菜为辅的顺序记述。此外，材料的准备工作及预先调味所用的调味料在材料清单下方列出（调味料为一行的情况下，会在前方空出一格）。其他的材料及调味料会按照使用的顺序列出。

■ 标注有1人份的热量与食盐摄入量，以及烹调时间的基准。基准不包括将材料复原、晒干、腌渍、冷却等工序的时间。饭类的制作中不包括淘米及放置的时间，但包括蒸饭的时间。

佐餐小菜目录为想要使用的蔬菜的名称。

■ 在各个书页中，出现的蔬菜名称会罗列出来。

■ 本文中的1大匙为15毫升，1小匙为5毫升，1杯为200毫升，1合为180毫升，1cc为1毫升。

■ 微波炉的加热时间以功率为500瓦的情况为大致基准。请按照功率400瓦为1.2倍，600瓦为0.8倍的倍率换算时间。根据微波炉的型号不同，烹调时间会有些差别。

■ 烤箱、吐司炉的加热时间为大致基准。请观察菜品的状态自行调节加热时间。

■ 使用锅盖时，如果没有木质的锅盖，可以使用剪裁得略小于锅口径的铝箔纸，或者大小适于锅口径的烤盘纸代替锅盖。并且要在各自的中央开一个拇指大小的洞。

■ 材料中的高汤为从海带或木鱼花中提取的汤汁，或者是购买市面所售的和风高汤精华，遵照菜谱溶于热水中使用。

■ 材料中的木鱼花，是指用鲣鱼刨花制作的产品。另外在菜谱中按照盒或者袋记述的木鱼花，是被分为小份所计算而成的产品。

油炸的油温

以低温、中温、高温表示。
各温度对应的确认方法如下。

确认方法 温度	用干燥的筷子确认 将干燥的筷子伸入中火加热的油中，2~3分钟后将油迅速混合。	在油中放入面包粉或玉米粉 中火热油，2~3分钟即可，粉末及小块去除。
低温 160℃~165℃	用过筷子的地方，在一定时间会出现小气泡。	粉末下沉接近锅底，再缓缓上浮。
中温 170℃~180℃	泡沫马上"噗噗"地冒出来。	沉到锅底后马上浮起来。此为常用温度，记住会很方便。
高温 185℃~190℃	剧烈地冒出大泡，放入筷子后泡沫变小但仍会猛烈地冒出来。	下入锅中马上浮起，并发出"噼啪"声。

Part 1

利用厨房里常备的
五种蔬菜

卷心菜　土豆　白萝卜
蘑菇　胡萝卜

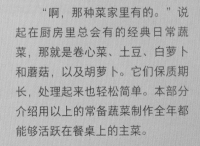

　　"啊，那种菜家里有的。"说
起在厨房里总会有的经典日常蔬
菜，那就是卷心菜、土豆、白萝卜
和蘑菇，以及胡萝卜。它们保质期
长，处理起来也轻松简单。本部分
介绍用以上的常备蔬菜制作全年都
能够活跃在餐桌上的主菜。

Basic Vegetables

Cabbage

卷心菜

30 分钟 1 人份 321 千卡 盐分 2.6 克

番茄炖卷心菜猪肉

将卷心菜炖制15分钟，甘甜之味顷刻而出。
与例如猪肉这样含有脂肪的食材炖煮，卷心菜也会鲜美入味。
将炖煮的汤汁一并食用的炖菜，能够充分摄取易溶于水的维生素C与维生素U，是补充营养的美味菜品。

材料（4 人份）

卷心菜	½个（400 克）	橄榄油	2 大匙
猪肉（炸猪排）	3 片	西式高汤汤料（固体）	1 个
A 食盐	⅓ 小匙	香叶	1 片
胡椒	少许	B 水	2 杯
洋葱	1 个	食盐	⅔ 小匙
番茄罐头（内含400 克）	1 罐	胡椒	少许
大蒜	1 瓣		

制作方法

1 卷心菜保留菜芯按4等分切成菱形。洋葱纵切一分为二，再切为1.5厘米宽。大蒜先切为两半再切碎。

2 猪肉用菜刀的尖端扎几下，再用杵一类的棒敲打猪肉使其松弛，切成宽为1.5厘米的条，撒上A。

3 在厚底锅中放入橄榄油和大蒜，用中火爆香后再倒入洋葱炒制直到洋葱变软。

4 倒入猪肉中火炒制2分钟，再倒入B（将高汤汤料掰碎）和番茄罐头，番茄罐头的番茄捣烂连同汤汁一同加入。煮沸后改为小火并除去浮沫，盖好锅盖再炖煮5分钟左右。

5 将卷心菜按顺序摆好放入锅内，盖好锅盖再炖煮15分钟左右即可。

15 分钟　1 人份 229 千卡　盐分 2.2 克

回锅肉

改良中华料理经典中的经典，也就是味噌辛辣酱炒卷心菜猪肉。

传统制作方法是将厚五花肉片煮熟后再炒制，因为是日常的小菜，所以，可以使用较薄猪肉片不过水直接炒制，加入调味料的同时再放入卷心菜与少量的水，快速翻炒，这样完成的菜品不仅入味并且具有爽脆的口感。

材料（4 人份）

卷心菜	½ 个（400 克）
猪里脊薄肉片	200 克
盐、胡椒	各少许
小葱	¼ 把（50 克）
A　味噌	2 大匙
A　酱油	½ 大匙
A　豆瓣酱	½ 大匙
色拉油	2 大匙
水	2 大匙

制作方法

1 除去卷心菜的硬芯，菜叶切成 5 厘米见方的片状。小葱切成 2 厘米的段。

2 将猪肉切成便于食用的大小，撒上盐和胡椒。将 A 混合。

3 在平底锅中倒入色拉油并加热，将肉片一边在锅中分散开一边用大火爆炒，肉片的颜色变化后放入 A 翻炒均匀。

4 再放入卷心菜和水并继续用大火翻炒均匀，当卷心菜的高度变为一半的时候加入小葱，略翻炒后出锅。

Basic Vegetables

Cabbage

卷心菜

材料（4人份）

卷心菜..................1个（800克）
（可食用部分，菜叶8枚）

牛肉薄片..........................300克

A
┌ 食盐..........................½小匙
│ 胡椒..............................少许
└ 肉豆蔻..........................少许

淀粉..............................½大匙

蟹味菇..................2盒（200克）

B
┌ 西式高汤汤料（固体）....1个
│ 香叶..............................1片
│ 水................................3杯
│ 食盐..........................⅔小匙
└ 胡椒..............................少许

欧芹碎末..........................少许

制作方法

1 将卷心菜的菜芯掏空后整个放入锅中，倒入一半的水并煮沸，把菜芯倒置放入锅内，用中火煮2~3分钟。再上下换位，菜芯的部分将菜叶一片一片地剥离，准备8片备用。

2 在牛肉上撒A，一片一片展开并裹上淀粉，分成8等份。将蟹味菇去根并分成小朵备用。

3 除去卷心菜的水分并削去菜芯较厚的部位。将展平的牛肉一片片分别置于菜叶之上，从下往上稍对折后再将卷心菜从左侧向内卷成卷状。卷好后用手指将菜卷的右端按压入菜叶内将其包紧。最后将菜卷的菜叶调整至煮熟后宽度为7~8厘米即可。

4 把3并排放入锅中，加入蟹味菇和B（汤料搓碎）煮开，然后盖好锅盖用中火煮10分钟左右。最后再将菜卷上下颠倒继续煮10分钟即可。

5 连同汤汁全部盛出装盘，撒上欧芹碎末。

肉片卷心菜卷

将卷心菜整个用水煮熟，将菜叶一片一片不弄破地剥下，之后的制作过程比普通的卷心菜卷要省时省力，只需加上与任意菜色都能搭配的清淡的风味高汤即可。剩下的煮熟的卷心菜用来制作腌菜、拌菜以及沙拉都是很合适的。

35分钟　1人份280千卡　盐分1.5克

材料（4人份）

卷心菜	½个（400克）	
盐	少许	
鸡胸肉	2块（400克）	
A	生姜皮	少许
	葱（绿的部分）	1根
B	葱花	½根的量
	生姜碎末	2~3薄片的量
	白芝麻末	3大匙
	酒	1大匙
	酱油	1大匙
	砂糖	½小匙
	盐	⅓小匙
	辣油	½大匙

制作方法

1 去除卷心菜的菜芯，放在加盐的开水中煮至尚能保留口感的程度为止。捞出后沥干，按照斩断纤维的横向将菜叶切为2厘米宽，挤压除去水分。

2 将鸡肉放入锅中，倒入A和恰好能没过鸡肉的水，强火煮沸后改用稍弱的中火煮5分钟，搅拌翻个后再煮5分钟。不用沥干汤汁，待鸡肉冷却后，擦干水分用手撕成方便食用的大小，将皮切为细条。

3 在碗中将B混合，放入卷心菜鸡肉搅拌即可。

15分钟 1人份 234千卡 盐分3.6克

粉丝肉末炒卷心菜

向炒熟的粉丝肉末中加入卷心菜，不仅均衡了营养，还增加了菜量。利落地切断卷心菜纤维的话会使口感更清脆，是可以衬托出粉丝嚼劲和弹性的一道料理。

材料（4人份）

卷心菜叶	6~7枚（350克）	
猪肉末	200克	
A	酱油	2小匙
	砂糖	2小匙
葱	½根（50克）	
粉丝	50克	
B	水	½杯
	酱油	2大匙
	蚝油	2大匙
	西式汤精（颗粒）	1小匙
芝麻油	1大匙	
豆瓣酱	2小匙	

制作方法

1 将卷心菜菜芯去除，用可以切断菜叶纤维的力道将菜叶切为1厘米宽，将菜芯切为薄片。不去搅拌肉末，向肉末中混入A。将葱切为葱末。

2 将粉丝放入足量开水中煮制1分钟后取出放在筛子上，用冷水使其冷却，去除水分后切为7~8厘米长度。将B混合好备用。

3 向平底锅中注入芝麻油加热，放入葱末和豆瓣酱后中火炒出香味，加入肉末继续炒制。肉上色一半的时候加入卷心菜全部过油翻炒。

4 加入粉丝搅拌，均匀倒入B，上下翻炒至水分消失即可。

20分钟 1人份 270千卡 盐分1.2克

中式麻酱凉拌卷心菜煮鸡肉

用焯过的卷心菜取代黄瓜制作的棒棒鸡料理。焯过的卷心菜可以突出甜味，所以麻酱中的砂糖量要好好拿捏。温热的卷心菜也好，冷却后的卷心菜也好，但是因为水分会逐渐消失，所以最好在食用之前搅拌。

[挑选方法]

有光泽、有韧劲并且皮薄、形状饱满、拿起来有份量的是好土豆。挑选时避开外表有伤痕的、底部不光滑的，以及块头过大的土豆。

[保存方法]

土豆对低温和光照很敏感，因此，购买后应立刻从袋子中取出，用报纸裹严或者放入纸袋中并置于通风良好的阴冷处保存为佳。不可放入冰箱中保存。

[营养价值]

主要成分为淀粉，相较于番茄富含更多维生素C。不耐受光热的维生素C被淀粉质包裹住，因此，用加热的烹调方法能使营养价值损失较少。同时，土豆还含有大量帮助人体排出多余盐分的钾离子。

土豆

Potato

Basic Vegetables

40 分钟　1 人份 453 千卡　盐分 2.2 克

咖喱土豆鸡

能够同时享用到受欢迎的土豆炖肉和咖喱，这正是全新的"母亲的味道"。

将咖喱粉与调味料充分与食材混合后，再放入高汤炖煮才是关键。

味道浓郁醇厚，配上白饭就是绝妙美味。

趁热或放凉都很美味，也推荐直接盖浇在米饭上食用。

材料（4人份）

土豆	4 个（600 克）	白砂糖	1 大匙
鸡腿肉	2 块（500 克）	料酒	3 大匙
洋葱	1 个	酱油	3 大匙
色拉油	2 小匙	甜料酒	3 大匙
咖喱粉	1 大匙	高汤	2 杯

制作方法

1 土豆去皮切为4~6等分的块。鸡肉切为一口可以吞下的大小。洋葱从中心纵向切开后再切为6~8等分的菱形。

2 平底锅中倒入橄榄油加热，将鸡肉带皮的一面朝下放入锅中，再用中火煎熟两面。

3 再加入土豆和洋葱一同翻炒，全部翻炒均匀都沾到油之后，撒入咖喱粉，不断翻炒至香味溢出。

4 按顺序倒入剩余的调料并搅拌均匀，再加入高汤用大火煮开。

5 除去浮沫，盖上锅盖煮20~30分钟。

6 取下锅盖，用大火收汁出锅。

20 分钟 1 人份 254 千卡 盐分 1.4 克

香油炒土豆猪肉

这是一道用带皮的土豆和香气浓郁的香油炒制的主菜。
土豆切好后在水中浸泡稍久一些，可以去除表面的淀
粉，炒制过程中不易折断，也不易散开，并且能够在
炒制完成后保持口感爽脆。

材料（2 人份）

土豆.....................2 个（300 克）
块状猪肩里脊肉..............250 克
A ⎡ 盐.....................¼ 小匙
⎣ 胡椒.....................少许
韭菜.....................⅓ 把（30 克）
香油.....................1 大匙
盐.....................½ 小匙
料酒.....................2 大匙
酱油.....................1 小匙

制作方法

1 土豆不去皮切成 5 毫米宽的条状，在水中浸泡 5
分钟。用笊篱沥干后再用厨房纸擦去水分。

2 猪肉切为 5 毫米厚，撒上 A。韭菜切为长 5 毫米
的细段。

3 平底锅内放入香油热锅，将猪肉的两面用中火各
煎 1 分钟上色。放入土豆在锅内炒匀，倒入盐和料
酒再翻炒 3~4 分钟。

4 放入韭菜快速翻炒一下，再淋一圈酱油后炒香
出锅。

煎烤鲑鱼可乐饼

做成可乐饼形状，馅料不沾面包屑，不下油锅炸，仅仅煎烤的一道菜品。

表皮口感香脆，里面口感软糯，拥有和一般的可乐饼完全不同的口感，可圈可点，请一定试着做做看。

土豆
Potato
Basic Vegetables

材料（4 人份）

土豆..................4 个（600 克）
腌鲑鱼..............1 块（90~100 克）
　白葡萄酒或者料酒......1 大匙
　┌黄油..................10 克
　│盐....................½ 小匙
A│胡椒..................少许
　│欧芹碎末..............1 大匙
　└面粉..................4 大匙
色拉油................1~2 大匙
面粉....................适量
（如果有可备）意式香菜........适量
（根据喜好加伍）斯特酱........适量

制作方法

1 土豆不去皮从中间切开放入耐热碗中，用保鲜膜松垮地盖在耐热碗上，用微波炉加热 12 分钟。加热至用竹签扎中间部分轻易穿过，然后保持原状静置 2 分钟左右稍稍降温后，趁热剥下土豆皮并捣碎土豆。

2 在鲑鱼上撒上葡萄酒静置 5 分钟，放入耐热容器中并松垮地盖上保鲜膜，用微波炉加热 2~2 分 30 秒钟，稍稍降温后去除皮和鱼刺并打散鱼肉。

3 在装土豆的容器中加入鲑鱼和 A 并搅拌均匀，等分为 8 份并且整形至圆饼状，裹上面粉，并除去表面的多余面粉。

4 在平底锅中倒入色拉油热锅并将 3 并排放入锅内，用中火煎烤两面 3~4 分钟。

5 出锅与意式香菜搭配摆盘，浇上伍斯特酱后食用即可。

25 分钟　1 人份 290 千卡　盐分 1.8 克

材料（4人份）

土豆	3 个（450 克）
猪肩里脊肉薄片	200 克
盐、胡椒	各少许
番茄酱	3 大匙
酱油	½ 大匙
豆瓣酱	1 小匙
小葱葱花	适量
色拉油	适量

制作方法

1 土豆去皮后切为厚 6~7 毫米的半月形，用水冲洗后充分去除表面水分。

2 将猪肉切为适合食用的大小，撒入盐和胡椒稍稍揉搓入味。

3 在平底锅内放入色拉油，热锅后放入猪肉用中火炒至变色取出。

4 用同一个平底锅放入 2 大匙色拉油和土豆，不时搅拌翻炒 5~6 分钟，使土豆完全熟透。

5 将猪肉倒回锅中快速翻炒均匀，装盘后撒上小葱葱花即可。

50 分钟　1 人份 258 千卡　盐分 2.1 克

土豆培根炖汤

炖煮的整个土豆吸收了培根的鲜香和葱香等风味，口味清爽却又不失醇厚。

用五月女王※土豆制作口感软糯，用男爵土豆制作口感松软，可以享受不同品种的不同口感。

使用培根薄切片制作时，进行相同的炒制过程，在土豆炖煮 20 分钟后再放入即可。

材料（4人份）

土豆（小）	8 个（800 克）
培根（条状）	100 克
大葱	1 根
香叶	1 枚
（如果有请备）百里香（鲜）	4~5 根
黄油	10 克
水	6 杯
酱油	少许
色拉油	适量
盐	适量

制作方法

1 土豆去皮后用水浸泡 3 分钟。培根肉切为厚 5 毫米、长为原先长度一半的片状。大葱切为葱花。

2 厚底锅中放入色拉油稍微加热一下，放入培根肉将两面用中火煎烤，培根肉自身油脂出来后取出。

3 擦去锅中的油脂，放入 1 大匙色拉油和黄油加热使其熔化后，放入葱花用中火仔细翻炒。葱花变软后再倒入土豆翻炒至充分吸收葱油风味。

4 放入水并改为大火，煮开后变为较弱的中火并放入 ¾ 小匙盐、香叶以及百里香，再在土豆的上面放置培根。盖上锅盖炖煮 40 分钟，品尝后再放入盐和胡椒进行最后的调味。

15 分钟　1 人份 264 千卡　盐分 1.5 克

香辣番茄酱炒土豆猪肉

能够用寻常的材料和调味料快手制作，因为加入酱油作为隐藏的风味，所以不仅下饭，配啤酒喝也是绝配。

炒土豆时完全熟透颜色会变得通透，如果无法把握火候，可以用竹签刺穿土豆检查是否熟透。

※ 与后文的"男爵"均为土豆品种名称。

白萝卜
Radish
Basic Vegetables

80 分钟　1 人份　231 千卡　盐分 1.9 克

白萝卜炖带骨鸡腿肉

虽然是炖的制作方法，因为与鸡肉搭配并且调味炖煮，所以吃起来依旧保有口感。用筷子一下子就能夹断的白萝卜饱含汁水，鸡肉也炖煮到刚刚好脱骨的状态，软嫩鲜美。

材料（4 人份）

白萝卜（小）..........1 根（800 克）	料酒.....................................3 大匙
米...................................1 大匙	甜料酒.................................2 大匙
斩断的带骨鸡腿肉.........400 克	酱油.....................................1 大匙
薄姜片...................................4 片	盐....................................⅔ 小匙
高汤或水..............................½ 杯	

制作方法

1 白萝卜切为3厘米厚的圆块，去除外皮，在上下切口面的边缘用菜刀再切除一些，使其形成斜坡状。再在一侧的切口面用菜刀划出约为萝卜块⅓～½深的十字花刀（隐藏花刀）。

2 将白萝卜用花刀处理过的面朝下方放置于锅中，加入米与刚好没过白萝卜的水用大火加热。煮开后改为较弱的中火盖上锅盖，预先炖煮30分钟左右。将白萝卜洗净，除去附着的米粒。

3 洗净煮锅后放入鸡肉与高汤用大火加热，煮开后改为小火并除去浮沫。放入料酒和生姜，将白萝卜摆放入锅炖煮10分钟左右，再加入剩余的调味料后继续炖煮20分钟左右即可。

25 分钟 1 人份 294 千卡 盐分 1.3 克

白萝卜味噌炒猪肉

煮到软烂的白萝卜，浇上中式甜味噌（甜面酱）与酱油后翻炒，最后出锅时淋上些香油调味。

只需炖煮 10 分钟左右，就能拥有与花时间细煮慢炖入味的白萝卜并无二致的美味。

材料（4 人份）

白萝卜	½ 根（500 克）
白萝卜叶	60 克
猪五花薄肉片	200 克
色拉油	½ 大匙
料酒	3 大匙
水	1 杯
甜面酱	3 大匙
酱油	½ 大匙
香油	1 小匙
白芝麻	少许

制作方法

1 白萝卜去皮先切为 4~5 厘米长的段，再切为 1 厘米宽、5~6 毫米厚的条。白萝卜叶切为 5~6 毫米宽的段。猪肉切为 2 厘米宽的片状。

2 中式炒锅中倒入色拉油热锅，放入肉片后使其散开不要粘连，用中火翻炒。肉片变色后加入白萝卜简单翻炒至全部过油，撒入料酒，再倒入水用大火煮开。去除煮出的浮沫，盖上锅盖用较弱的中火炖煮 10~20 分钟。

3 加入白萝卜叶稍煮一会儿，再放入甜面酱和酱油搅拌均匀，翻炒至汁水渐无。

4 撒入胡椒和香油后关火出锅。摆盘时撒上白芝麻即可。

材料（4人份）

白萝卜	²⁄₃ 根（700克）
腌鲑鱼	3块（250~300克）
百里香（新鲜）	4~5根
色拉油	1大匙
白葡萄酒	3大匙
水	5杯
西式高汤汤料（固体）	1块
黄油	15克
盐、胡椒	各适量

制作方法

1 白萝卜去皮，切成较大的滚刀块。鲑鱼去骨斜切为3~4片。

2 在平底锅中倒入色拉油热锅，用大火将鲑鱼的表皮煎至变色，待鱼皮部分充分煎烤后取出。紧接着将白萝卜放入锅内煎至全部过油。

3 在炖锅内放入白萝卜用大火加热，倒入白葡萄酒充分搅拌，再加入水煮开。然后放入掰碎的高汤汤料和⅓小匙的盐，在白萝卜上摆放鲑鱼和百里香，盖上锅盖用较弱的中火炖煮30分钟左右。

4 出锅前加入黄油调味，试吃后再放入盐和胡椒调味即可。

60分钟 1人份 365千卡 盐分 3.5克

鰤鱼炖白萝卜

通常会先用鱼骨制作高汤，为了简便快捷也可使用鱼肉块制作。
传统制作方法为先将鰤鱼下水煮过后使用，但如果用鱼肉块则无需准备工作也没有鱼腥味。
制作过程稍复杂，但正是符合精进厨艺这个目标的一道冬日小菜。

材料（4人份）

白萝卜	¾根（700克）
米	1大匙
鰤鱼肉块	4块
生姜	1块
A { 水	½杯
料酒	3大匙
甜料酒	3大匙
砂糖	1大匙
酱油	4大匙
高汤	1杯
酱油	1大匙

制作方法

1 白萝卜去皮，切为大滚刀块。鰤鱼切为3等份。生姜去皮后切为细丝备用。

2 将白萝卜并列摆入锅中，加入米与刚好没过白萝卜的水用大火加热。煮开后改为较弱的中火并盖上锅盖，预先炖煮20分钟左右。用水洗净白萝卜和附着的米粒。

3 刷锅后再倒入A并加热煮开，放入生姜和鰤鱼，在鰤鱼表面淋上汤汁。盖上盖子后再加盖一层锅盖，用较弱的中火炖煮10分钟左右。

4 放入白萝卜和高汤煮开，然后倒入酱油盖上盖子，再加盖一层锅盖后炖煮20分钟左右即可。

50分钟 1人份 215千卡 盐分 2.4克

白萝卜鲑鱼炖汤

应季时蔬与应季时鲜好伙伴，简单却是绝妙的一道佳肴。

加入百里香调味后风味别具一格，如果没有新鲜的百里香，也可使用干燥的百里香分散地加入汤中调味。

55 分钟 1 人份 454 千卡 盐分 2.5 克

酱炖白萝卜鸡肉

像关东煮一样细致入味，再加入煮鸡蛋变成亲子料理。
炖煮至焦糖色的白萝卜富含各种与其搭配食材的鲜美滋味，是冬日菜
肴的经典菜色。作为佐餐小菜再合适不过了。

材料（4 人份）

白萝卜	2/3 根	（700 克）
鸡腿肉	2 块	（500 克）
煮鸡蛋		4 个
色拉油		1 大匙
A ┌ 砂糖		1/2 大匙
│ 料酒		3 大匙
│ 甜料酒		3 大匙
└ 酱油		3 大匙
高汤		1/2 杯
小葱葱花		适量

制作方法

1 白萝卜去皮，切为 1.5 厘米厚的半月形（较细的部分可以切圆片）。

2 鸡肉切为一口能够食用的大小。

3 厚底锅内倒入色拉油热锅，鸡肉从鸡皮的部分先放入油锅，用大火煎炒鸡肉的两面。放入白萝卜，充分翻炒至白萝卜全部过油。

4 将 A 按顺序从砂糖开始放入，每放入一种调料都充分与食材搅拌均匀。然后放入高汤，煮开后除去浮沫，加入煮鸡蛋，盖上锅盖用中火炖煮 40 分钟。

5 取下锅盖将火力调大，炖煮 5 分钟左右至汤汁浓稠。装盘时撒上小葱葱花即可。

白萝卜

Radish

Basic Vegetables

[挑选方法]

蘑菇的朵不要太开，蘑菇的伞盖和
伞柄紧实地连在一起为佳品。挑选
香菇和蟹味菇时要选择伞柄短粗的，
金针菇和杏鲍菇则是伞柄的色泽干
净水润的为佳。

[保存方法]

盒装的蘑菇连同盒子直接放入冰箱
的蔬菜保鲜室即可。沾水后很容易腐
坏，因此，使用后的剩余材料要去除
水分后放入保鲜袋内再进行保存。

[营养价值]

富含促进肠蠕动的不溶性食物纤维，
能够防止致癌物质在体内生长吸收，
有效预防大肠癌。蘑菇的热量超低并
且含有大量的维生素 B 族营养成分。

蘑菇

Mushroom

Basic Vegetables

20 分钟 1 人份 254 千卡 盐分 1.3 克

蒜炒杏鲍菇鸡肉

虽然杏鲍菇易熟，但请用小火耐心煎炒。
如果芯的部分都熟透的话，香气和口感会更胜一筹。
这道菜主要用盐和胡椒调味，并且大蒜和欧芹的风味十足，
和白饭十分搭配。

材料（4 人份）

杏鲍菇	3 大盒（450 克）	欧芹碎末	3 大匙
鸡腿肉（大）	1 块（300 克）	橄榄油	½ 大匙
A [盐	⅓ 小匙	盐	½ 小匙
胡椒	少许	胡椒	少许
大蒜	2 瓣		

制作方法

1 切除杏鲍菇的根部，拦腰一切为二，再纵切为 8 毫米宽的片状。鸡肉切成 2 厘米见方的块，撒上 A。大蒜切为薄片备用。

2 平底锅内倒入 2 大匙橄榄油热锅，倒入杏鲍菇用小火细炒至变熟软透。

3 将杏鲍菇倒出，再加入 ½ 大匙橄榄油和蒜片用小火热锅，香味散出后将鸡肉倒入锅内用中火煎至两面酥脆。

4 将杏鲍菇倒回锅内，放入盐、胡椒和欧芹快速翻炒均匀后出锅即可。

15 分钟 1 人份 234 千卡 盐分 2.2 克

炝炖金针菇炸豆腐

一般作为配菜存在，是以金针菇为主角的一道菜品。
金针菇不足、资金有限的时候巧妙使用炸豆腐搭配，
就成了一道甘甜咸香的炖煮菜，完全没有简陋凑数的
感觉。

材料（4 人份）

金针菇	4 袋（500 克）
炸豆腐	2 块
色拉油	1 大匙
料酒	2 大匙
高汤	⅔ 杯
甜料酒	2 大匙
淡口酱油	3 大匙
七味辣椒粉	少许

制作方法

1 将金针菇连同袋子切除根部，从袋中取出后大致
分散开。

2 将炸豆腐在沸水中焯一下除去多余的油分，用笊篱
沥干。纵向一切为二，再横向切为 6 毫米宽的片状。

3 在锅内倒入色拉油热锅，倒入金针菇用中火加热
翻炒至金针菇熟软。加入炸豆腐后倒入料酒，再倒
入高汤炖煮。煮开后加入甜料酒和淡口酱油并盖上
盖子，用较弱的中火炖煮 6~7 分钟。装盘后撒上七
味辣椒粉即可。

香煎鸡肉配奶油蘑菇酱汁

用牛奶制作完成的酱汁清爽顺滑，重要的是更能突出蘑菇的风味。
偶尔想要追求时髦的时候，记住这道菜，你便能轻松展现一手绝活。

25 分钟 1 人份 354 千卡 盐分 1.6 克

材料（4 人份）

酱汁：

A
- 蟹味菇..............1 盒（100 克）
- 口蘑..................1 盒（100 克）
- 洋葱..........................¼ 个
- 黄油..........................25 克
- 面粉..........................⅓ 大匙
- 牛奶..........................1 杯
- 盐..........................½ 小匙
- 胡椒..........................少许

鸡腿肉..................2 块（500 克）
色拉油..........................2 小匙
盐、胡椒..........................各适量

制作方法

1 制作酱汁。去除蟹味菇的根部并使其松散开。口蘑去除根部后切为 4 份。洋葱切为碎末备用。

2 在锅内放入黄油用小火加热至融化，放入洋葱用较弱的中火煸炒，注意不要变焦，再加入面粉翻炒直到没有粉状物残留。

3 倒入牛奶搅拌均匀。加热到汤汁变浓稠后加入盐、胡椒和蘑菇。用中火炖煮 5 分钟左右，奶油蘑菇酱汁完成出锅。

4 将鸡肉一切为二。平底锅中放入色拉油热锅，将鸡肉的鸡皮朝下放入锅中用中火煎至变酥脆，撒入盐和胡椒之后再翻面煎至熟透。

5 将鸡肉装盘，淋入 3 的酱汁即可。

蘑菇
Mushroom
Basic Vegetables

材料（4人份）

鲜香菇	8 个
猪肩里脊肉（用于炸猪排或咖喱）	300 克

A
- 盐、胡椒、面粉 .... 各少许
- 洋葱 .... 1 个

整个番茄罐头（内含 400 克）............ 1 罐
色拉油 .... ½ 大匙

B
- 西式高汤汤料（固体）............ ½ 个
- 盐 .... ½ 小匙
- 胡椒 .... 少许

芝士粉末 .... 适量
欧芹碎末 .... 少许

制作方法

1 切除香菇根部，沿香菇伞柄纵切后用手撕为两块，洋葱切为碎末。
2 猪肉切为一口可以食用的大小，沾满A。
3 在平底锅中倒入色拉油热锅，放入洋葱用中火翻炒10 分钟左右。放入猪肉后再翻炒 3 分钟。
4 加入香菇和捣碎的番茄罐头中的番茄和汤汁，再放入B（将高汤汤料搓碎）。用中火炖煮7~8 分钟，为了锅底不糊，期间不时地刮底搅拌均匀。
5 出锅装盘，撒上芝士粉末与欧芹碎末即可。

25 分钟　1 人份 245 千卡　盐分 2.3 克

蚝油炖蘑菇猪肉丸

多亏了香气十足的香菇和舞茸，
让这道菜仅用水与蚝油炖煮，也能有意想不到的独特风味。
适合选择味道和香味都很浓郁的蘑菇来制作。
用蟹味菇制作也可。

材料（4人份）

鲜香菇（小）	8 个
舞茸	1 盒（100 克）

肉丸
- 猪肉末 .... 350~450 克
- 葱花碎末 .... ½ 根的量
- 生姜汁 .... 1 小匙
- 酱油 .... 1 大匙
- 料酒 .... 1 大匙
- 盐 .... ⅓ 小匙
- 鸡蛋 .... 1 个
- 淀粉 .... 1 大匙

水 .... 2 杯
蚝油 .... 2 大匙

制作方法

1 鲜香菇去除根部，舞茸做同样处理后搓散为适合食用的大小。
2 将肉丸的材料充分混合均匀，分成8 等份后揉搓成圆形。
3 在锅内放入蘑菇、水和蚝油并加热，煮开后加入肉丸，盖上锅盖用较弱的中火炖煮10 分钟左右即可。

25 分钟　1 人份 277 千卡　盐分 1.8 克

猪肉鲜香菇炖番茄

仅用10 分钟左右就能够完成的炖菜，汁香味浓。
香菇炖煮后口感也富有弹性，制作完成的菜品也分量十足。
推荐和白饭以及煮土豆搭配作为拼盘一同食用。

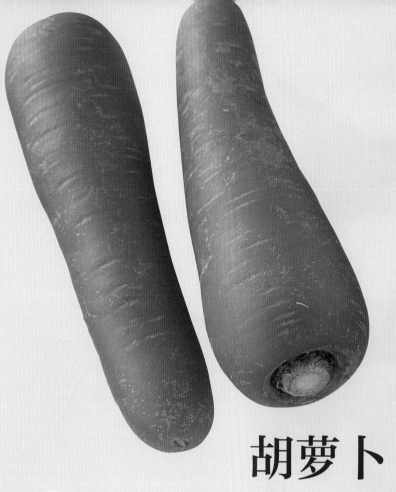

胡萝卜

Carrot

Basic Vegetables

[挑选方法]

顶部切口较小，没有黑斑且含水量高，通体光滑，表皮有弹性的胡萝卜为佳品。不要挑选顶部较大的胡萝卜，因为那代表中间的芯会比较坚硬。

[保存方法]

胡萝卜在潮湿闷热的环境很容易腐坏，因此，购买后应从袋子中拿出保证品质。如果有湿气，可用厨房用纸擦拭后再放入保鲜袋，储藏在冰箱的蔬菜保鲜室即可。

[营养价值]

位列蔬菜中胡萝卜素含量的顶级梯队。富含各种维生素、钾及食物纤维。虽然含有维生素C破坏酵素，但此种成分不耐高温和酸性环境，因而可利用烹调方法解决这一问题。

25分钟 1人份 175 千卡 盐分 1.3 克

糖醋胡萝卜鱿鱼

用刮皮刀刮出的缎带状胡萝卜片在炒制过后依然脆嫩，同时也能细致入味。

含有辣椒的糖醋炒菜，冷却后能够变成一道凉拌菜。

适合作为佐餐小菜、下酒菜与隔夜菜。

材料（4人份）

胡萝卜..................3 根（600 克）	料酒..................2 大匙
鱿鱼..................1 只	盐..................⅓ 小匙
生姜..................½ 块	砂糖..................2~3 大匙
红辣椒..................1~2 根	醋..................½ 杯
色拉油..................2 大匙	

制作方法

1 胡萝卜去皮，用刮皮器刮为缎带状的薄片。

2 将鱿鱼的身体和足部分离。身体展开成一片去皮，纵切一分为二，再切格子状花刀纹，然后切为 3 厘米长、2 厘米宽的条状。将足部按每 2 足为一份切分。

3 生姜去皮切为细丝，红辣椒去除柄和籽，切成窄小段。

4 在中式炒锅内倒入色拉油与3 用小火煸炒，香味散出后放入鱿鱼，用中火炒至鱿鱼变色。

5 加入胡萝卜翻炒，全体过油后撒上料酒，再将剩余的调味料倒入，煸炒收汁即可。

35 分钟　1 人份 331 千卡　盐分 2.8 克

胡萝卜芜菁法式炖菜

这是一道用易熟蔬菜胡萝卜和芜菁，以及容易入味散香的香肠制作的简单炖菜。为了体现食材本来的味道，因此只需简单调味，搭配沙拉酱和黄芥末粒酱的混合酱汁格外合适。

材料（4 人份）

胡萝卜（小）.........3 根（450 克）
芜菁（小）.........3~4 个（200 克）
芜菁叶.........................50 克
维也纳小香肠......8 根（200 克）

A
┌ 水.........................5 杯
│ 白葡萄酒.................2 大匙
└ 西式高汤汤料（颗粒）....⅓ 大匙

酱料：
┌ 沙拉酱.....................4 大匙
└ 粒状黄芥末..................2 大匙

制作方法

1 胡萝卜去皮，斜切成宽 1.5 厘米的小段。芜菁去皮，纵切为两半。将叶子切为 3 厘米的长度。香肠斜划 3~4 道划痕。

2 将胡萝卜、芜菁和 A 放入大锅中，中火加热。煮开后除去浮沫，盖上锅盖后小火炖煮 15 分钟。

3 加入香肠后继续煮 10 分钟，然后加入芜菁叶再煮一下。

4 连同汤汁一起装盘，将搅拌后的酱料添加于炖菜之上即可。

27

材料（4 人份）

胡萝卜	3 根（600 克）
猪肩里脊肉（炸猪排用）	4 块
梅干	3 个
生姜	1 块
红辣椒	1 根
色拉油	1 大匙
料酒	⅓ 杯
水	⅔ 杯
甜料酒	2 大匙
酱油	2 大匙

制作方法

1 胡萝卜去皮，横向一切为二后，较粗的部分纵向切成 4 块，较细的部分纵向切成两块。

2 猪肉切为 4 等份。生姜去皮后切成薄片。去除红辣椒的柄和籽。

3 在平底锅中倒入色拉油，锅热后用中火将猪肉的正反两面煎烤熟，再加入胡萝卜炒至其充分过油。

4 撒上料酒，加水煮开，除去出现的浮沫。将生姜、红辣椒、甜料酒、酱油、粗略手撕的梅干逐类添加，盖上锅盖用小火炖煮 15 分钟左右。然后取出胡萝卜，余下的继续炖煮约 10 分钟左右。

5 用木制抹刀之类的工具将梅干研碎，使之融入汤中，把胡萝卜放回汤中煮开后出锅即可。

15 分钟　1 人份 382 千卡　盐分 1.5 克

胡萝卜炒烤肉

先将胡萝卜纵切为两半，然后斜切为薄片，能够创造出比按纤维走向切出的细条更加爽脆的口感。由于用于调味的味噌汁保质期较长，所以多制作出一些备用，也可以用于凉拌菠菜或者西蓝花的菜肴制作。

材料（4 人份）

胡萝卜（小）	2 根（300 克）
牛五花肉（烧烤专用）	250 克
小葱	10 根
香油	1 大匙

味噌酱汁：

韩式辣酱	4 小匙
味噌	4 小匙
醋	4 小匙
砂糖	2 小匙
酱油	1 小匙
白芝麻碎末	1 小匙

制作方法

1 胡萝卜去皮，纵向一切为二后斜向切成宽 4 毫米的小段。将牛肉切成宽 1.5 厘米的小块。小葱切为 5 厘米长的小段。再将味噌酱的材料混合搅拌好。

2 在平底锅内倒入香油热锅，用中火将牛肉正反两面各煎烤 1 分钟，然后放入胡萝卜炒制 3 分钟左右。

3 沿锅边均匀倒入味噌汁，锅内食材全部沾上酱汁后翻炒 1~2 分钟，最后加入小葱简单翻炒后出锅即可。

40 分钟　1 人份 338 千卡　盐分 2.4 克

梅干酱油炖胡萝卜猪肉

梅干能够使胡萝卜特有的强烈甜味和香味变柔和，像这样切大块食用也很简单。营养价值和蔬菜的摄入量都非常可观，是与米饭很搭的一道小菜。

春日里柔软鲜嫩的绿色蔬菜首
先面世，夏季到来之际，蔬菜的颜色
由淡渐浓，而到了秋冬季节，大地色
的蔬菜变得随处可见。于蔬菜屋中寻
找四季更迭的踪迹，于灶台间巧手
妙烹，再呈现于餐桌之上。说不定
这便是料理最精妙有趣的地方。

Part **2**

四季变迁带来
时令蔬菜

春夏秋冬的佐餐小菜

新土豆

[挑选方法]
新土豆是在普通土豆发育完全之前采摘的新鲜蔬菜，表面光滑，质地圆润的为佳品。由于新土豆可以带皮食用，因此，挑选时注意选择薄皮光净的新土豆。

[保存方法]
用不透光的报纸包裹或放入纸袋中，放置于通风良好的阴冷处保存。新土豆富含水分，风味易流失，因此，相较普通的土豆而言保存时间较短。

[营养价值]
与普通土豆相同，含有较多的维生素C与钾。新土豆含水量大，因此，热量比普通土豆要低一些。连皮食用可以增加膳食纤维的摄入量。

Spring
Vegetables

麻酱新土豆猪肉

这道菜用直接下锅煎炸的新土豆搭配圆滚滚并裹上面包屑的猪肉丸，再充分包裹上一层微微酸甜的芝麻酱汁。
外表看起来新土豆与肉丸类似，也可以期待一下入口时到底吃到哪种食材。凉了也很好吃。

30 分钟　1 人份 428 千卡　盐分 2.8 克

材料（4人份）

新土豆(小) ....12~14 个（400 克）			B	白芝麻酱 ....4 大匙	
块状猪里脊肉.........................400 克				酱油...............................4 大匙	
A	面粉...............3~4 大匙			砂糖...............................2 大匙	
	盐...................½小匙			醋...............................1~2 大匙	
	蛋液...............1 个的量		油炸用油.................................适量	
小葱.................................10 根					

制作方法

1 将新土豆放置于水盆中，让土豆与土豆之间相互摩擦，洗净表皮。稍大的新土豆可切为两半，擦干水分备用。
2 猪肉切为 3 厘米见方的块状，将混合均匀的 A 涂抹在猪肉外。
3 在平底锅中放入油炸用油热锅至140 度（长筷子入油锅中时会有1~2 串微小

气泡出现），放入新土豆后耐心烹炸10 分钟后取出。
4 使油锅中的油升温，将猪肉块分别放入油锅中，烹炸 5~6 分钟。
5 在碗中先将 B 混合均匀，再倒入炸制完毕的新土豆和猪肉丸充分搅拌。最后再加入小葱葱花拌匀即可。

30 分钟 1 人份 375 千卡 盐分 1.7 克

新土豆焖烧鸡肉

■ ■ ■ ■

耐心慢火焖烧新土豆，将其烤至色泽焦黄是这道菜的
关键。外皮酥脆，内里松软。这是一道仅用一只平底
锅就可以做出的法式美味料理。

材料（4 人份）

新土豆...........18~20 个（800 克）
鸡腿肉.....................1 块（300 克）
A ⌈ 盐..................................⅓ 小匙
  ⌊ 胡椒................................少许
大蒜.....................................2 瓣
香叶.....................................2 片
色拉油.................................3 大匙
B ⌈ 欧芹碎末.........................2 大匙
  │ 盐..................................1 小匙
  ⌊ 胡椒................................少许

制作方法

1 将新土豆放入水盆中，使其互相摩擦清洗干净，
切成两半。鸡肉去皮和脂肪，切为 4 厘米见方的块，
再撒上 A。大蒜切为两半。

2 将色拉油和大蒜放入平底锅中用中火爆香，闻到
香味后加入鸡肉，调大火力翻炒至两面皆上色。

3 倒入新土豆略炒一下，放入香叶混合均匀。盖上
锅盖后调为小火，其间将新土豆翻面，焖烧 12~15
分钟至新土豆变软。

4 取下锅盖调至大火，翻炒土豆和肉至色泽焦黄。
撒上 B，整体略翻炒后出锅即可。

材料（4人份）

新土豆（小颗）	...........20~22 个（800 克）
猪肉末	............150 克
原味酸奶	............200 克
洋葱末	...........½ 个的分量
蒜末	............1 瓣
红辣椒	............1 根
香叶	............1 片
色拉油	............2 大匙
咖喱粉	............3~4 大匙
水	............½ 杯
盐	............⅓ 小匙
酱油	............1 小匙
油炸用油	............适量

制作方法

1 将新土豆放入水盆中相互揉搓洗净。将油倒入中式炒锅中热至低温状态，新土豆充分除去表面水分后放入油锅，用小火炸15 分钟左右并不时搅拌。当竹签能够轻松扎透新土豆时，改为大火使表面变酥脆后出锅。

2 红辣椒去柄和籽。

3 在锅内倒入色拉油热锅，放入洋葱末与蒜末用中火炒制7~8 分钟，变色之后放入肉末。肉末打散使其不粘连，翻炒至变色。倒入咖喱粉翻炒至无粉状物残留，再加入红辣椒和香叶略炒一下。

4 加水煮沸开锅，加入盐和酱油并将火力调为较小的中火。盖上锅盖炖煮10~15 分钟，倒入素炸新土豆和酸奶后再煮6~7 分钟即可。

40 分钟 1 人份 483 千卡 盐分 2.2 克

新土豆香辣鸡

■ ■ ■ ■

用咖喱粉、辣椒粉、大蒜等佐味，并且用平底锅耐心煎烤。将烤熟的整个带皮大蒜抹在新土豆或鸡肉上，更具别样风味。制作简单，但滋味却是宴请级别，画风与啤酒派对超符合。

材料（4人份）

新土豆（小）	......12~14 个（400 克）
小鸡腿肉	...............8 块（800 克）
A 盐	............½ 大匙
咖喱粉	............½ 大匙
辣椒粉	............½ 大匙
胡椒颗粒	............½ 大匙
蒜泥	............1 瓣的量
橄榄油	............1 大匙
大蒜	............4 瓣~1 个
橄榄油	............适量

制作方法

1 鸡肉置于碗中，加入 A 后用手按揉鸡肉充分入味，静置10 分钟。

2 将新土豆放入水盆中互相搓洗干净，分别一切为二后用水冲洗并擦干水分。倒入1 中略搅拌一下。

3 在平底锅中倒入2 厘米深的橄榄油热锅，放入2 的鸡肉用中火煎炸7~8 分钟。将鸡肉翻面后再炸7~8 分钟，然后再翻面煎炸5 分钟。

4 将肉取出后，在平底锅中放入再次与A 充分混合过的鸡肉，加入带皮大蒜，用中火煎炸7~8 分钟即可。

50 分钟 1 人份 352 千卡 盐分 2.0 克

咖喱酸奶炖素炸新土豆

■ ■ ■ ■

喷香素炸新土豆外皮酥脆，内里松软，再满满地浇上肉末咖喱卤，美味敬请品尝。咖喱风味使酸奶的酸味尤其突出，所以素炸新土豆也变得不那么油腻重口，能够轻松食用。

Spring
Vegetables

新土豆

韩式土豆炖肉

■ ■ ■ ■

新土豆含水量高，导致不易入味，此时用浓重的酱汁
为新土豆勾汁就是这道菜的秘诀。如此一来，新土豆
的天然风味就被保留在其内部，比起通常入味的土豆
炖肉，这道小清新菜品更令人百吃不厌。

材料（4人份）

新土豆（小）...20~22 个（800 克）	
牛肉薄切片	200 克
干香菇（小）	6 个
蒜末	1 小匙
生姜末	1 小匙
葱末	4 大匙
料酒	4 大匙
水	2 杯
砂糖	1 大匙
韩国辣椒（粉状）	少许
香油	⅔ 大匙
白芝麻	2 大匙
色拉油	适量

制作方法

1 将干香菇放在水中浸泡30 分钟以上泡发，轻轻挤
出水分，切去香菇柄。将新土豆放入盛水的碗中互
相擦洗。牛肉如果太大的话，切成容易入口的大小。
2 向平底锅中倒入大量的色拉油，烧热，将新土豆
擦干水分后整个放入，当表面烤出颜色后取出。
3 将多余的油取出，剩下1 大匙左右的量，使用中
火炒肉，颜色改变后加入干香菇和新土豆快速翻
炒，撒上料酒。
4 加水煮沸，加入砂糖后改用稍弱的中火，盖上盖
子煮制10 分钟左右。加入½ 量酱油、大蒜、生姜、
葱和辣椒后搅拌，煮制10 分钟。加入剩下的酱油，
继续煮制10 分钟。
5 撒上香油后关火，盛出后撒上芝麻即可。

Spring
春
主菜
新土豆

45 分钟 1 人份 368 千卡 盐分 3.5 克

[挑选方法]

菜叶色泽鲜艳且富有弹性，菜叶蓬松地卷曲包裹在一起且质地柔软，比外表看上去要更沉甸甸的春卷心菜为佳品。切成一半的春卷心菜要看切口是否平整干净，以及硬芯部较短，同时菜叶也要水嫩柔软为好。

[保存方法]

用保鲜膜包起来放入保鲜袋内再放置于冰箱的蔬菜保鲜室。因为春卷心菜含有大量水分并且菜叶柔软，所以比普通的卷心菜更不易保鲜。

[营养价值]

与普通卷心菜一样富含维生素C、维生素U、钾、钙及膳食纤维。生食或是粗略翻炒后食用的情况较为常见，这样耐热性差的维生素C会较少流失。

春卷心菜

意式烧烤风春卷心菜

仅仅使用灶台的烧烤炉制作的料理。蔬菜的表面被烤得酥脆，内部还能够保持生鲜度，与热炒和烤箱烧烤的味道不同，口感奇妙独特。

稍变熟软的卷心菜，用番茄的酸味和柠檬的风味调味清爽可口，是一道无论多少都能入口下肚的，独特的热制沙拉。

15 分钟　1 人份 278 千卡　盐分 1.6 克

材料（4 人份）

春卷心菜......½ 个（400~500 克）		盐......1 小匙	
番茄......1 个		胡椒颗粒......少许	
培根......4 片		橄榄油......6 大匙	
大蒜......2 瓣		柠檬......½ 个	
欧芹......适量			

制作方法

1 卷心菜纵切为二除去硬芯，再切或撕成大块。番茄去柄切为 2 厘米见方的块。培根切为 5~6 厘米长的段。大蒜切薄片，欧芹撕成小块备用。

2 选用灶台烤炉内能容纳的浅口的耐热容器，在容器内先放卷心菜，再把番茄、大蒜、欧芹、培根撒在卷心菜之上。撒上盐和胡椒颗粒，简单搅拌一下，抹平表面，最后再撒入橄榄油。

3 取下灶台烤炉中的烤网再进行预热，将 2 直接置于烤炉内，烤制 5~6 分钟。取出后趁热挤入柠檬汁，再将全部食材搅拌均匀即可。

材料（4 人份）

春卷心菜	3/4 个（600~750 克）
猪里脊肉（炸猪排用）	3 片
A ⌈ 盐	1/2 小匙
⌊ 胡椒	少许
香叶	1 片
色拉油	1 大匙
盐	1 小匙
胡椒颗粒	1/2 小匙
白葡萄酒	3 大匙

制作方法

1 卷心菜纵切为 2~3 份。猪肉横切为 3~4 等份，并撒上 A。

2 在平底锅内倒入色拉油热锅，将猪肉并排摆入锅中，用中火将两面煎至焦脆后取出。

3 用相同的平底锅，将一半的卷心菜撕碎放入锅中。猪肉放置于菜上，再将剩余的卷心菜撕碎置于猪肉之上。

4 在菜上撒盐和胡椒，再撒入白葡萄酒，加入香叶后盖上锅盖，用中火蒸 8~10 分钟即可。蒸制中途需将食材全部上下翻动置换一次。

20 分钟 1 人份 84 千卡 盐分 1.7 克

柠檬黄油风味春卷心菜蒸蛤蜊

■ ■ ■ ■

蛤蜊的鲜美汤汁、黄油风味，再加柠檬的酸味和清香混合在一起，比单纯的蒸煮要美味得多。

因为没有添加任何水分，所以在蛤蜊壳张开之前要比用酒蒸煮的加热时间略长一些。

材料（4 人份）

春卷心菜	1/2 个（400~450 克）
蛤蜊（去沙）	500 克
盐	适量
柠檬（无农药）	1/2 个
盐	1/2 小匙
胡椒	少许
黄油	25 克

制作方法

1 将蛤蜊在淡盐水中互相摩擦仔细清洗干净。

2 卷心菜带芯切为 6~8 等分的菱形。然后再横向切为两半。柠檬轻轻削去一层外皮，将外皮切丝，再将汁水挤出备用。

3 在浅底锅内将卷心菜摆放好，在菜的上面放入蛤蜊，撒上盐和胡椒，掰碎黄油均匀撒在锅中，柠檬皮丝也如法炮制。盖上锅盖用中火加热，出现蒸汽后改为小火，蒸煮 8~10 分钟。

4 当蛤蜊的壳张开后均匀撒入柠檬汁，关火出锅即可。

20 分钟 1 人份 225 千卡 盐分 2.0 克

春卷心菜焖猪肉

■ ■ ■ ■

虽然是常见的料理组合，但是完成后却与通常情况有天壤之别。

卷心菜入口时令人难以言喻的软嫩香甜，比炒制更加简单，绝对超级美味。

尝过这道菜的人一定会建议将它作为保留菜品。

Spring Vegetables

[挑选方法]

表皮鲜亮、切口部分水嫩、尖端为黄色是新鲜竹笋的特征。笋尖和皮的边缘变为绿色的竹笋是因为受到阳光直射，涩味会大大加强，要避免选择此类竹笋。

[保存方法]

清晨挖出的竹笋立刻用来制作口感最棒，可见新鲜度对于竹笋如生命般重要。如果遇到一些情况不得不将竹笋保存起来，请用不透光的报纸将竹笋包好放在阴暗处，可以存放 1~2 日。

[营养价值]

维生素类含量较少，但含有丰富的膳食纤维和钾。切口处及预先煮过的竹笋上附着在表面的白色物质为鲜味成分的氨酸，能有效活跃新陈代谢与脑部的思维。

竹笋

红烧竹笋鲣鱼

▪ ▪ ▪ ▪

鲣鱼的鲜美和肥嫩浸润至竹笋内部，味道并没有看上去那般浓厚。

对于平日的佐餐小菜来说，冷冻的炙烤用鲣鱼肉就足够了。如果没有花椒粒咸烹海味可以省去麻烦，出锅摆盘时加上花椒嫩芽装饰也可。

40 分钟　1 人份　215 千卡　盐分 2.8 克

材料（4 人份）

竹笋（煮过）..............1 根（300 克）	生姜丝..............½ 块的分量
鲣鱼（炙烤或生食用）.....1 块（500 克）	水..............2 杯
A 料酒..............1 杯	酱油..............2~3 大匙
砂糖..............1 大匙	（如果有可备）
甜料酒..............2 大匙	花椒粒咸烹海味..............2 小匙
酱油..............2 大匙	

制作方法

1 竹笋切为 1.5~2 厘米见方的块。鲣鱼也切为与竹笋相同大小的块。

2 在锅内倒入 A 的料酒并加热煮开后，再改为小火煮 1~2 分钟，使酒精挥发，然后再倒入 A 中其他的食材再次煮开。

3 放入鲣鱼，用较强的中火煮至鲣鱼块表面颜色发生变化，再盖上锅盖用中火炖煮 15 分钟左右。

4 加入竹笋和酱油，然后盖上锅盖，继续炖煮 15 分钟。

5 投入花椒粒后加强火力，充分收汁后出锅。

鲜笋炖裙带菜鸡肉丸清汤

■ ■ ■ ■

竹笋充分吸收了鸡肉丸与高汤的鲜美滋味，淡淡的清甜香气、轻盈爽脆的口感。
请享受应季鲜笋独有的口感与滋味。
加入竹笋的最佳配菜拍档裙带菜与花椒嫩芽，令这道菜品美味别具一格。

材料（4 人份）

竹笋（煮熟）.....1 根（实重 300 克）

鸡肉末.....................................250 克

A ┌ 料酒.................................½ 大匙
  │ 盐............................⅓ ~ ½ 小匙
  │ 葱末......................10 厘米长的量
  │ 姜末.................................1 小匙
  │ 淀粉.............................1½ 大匙
  └ 裙带菜（盐渍）.....................40 克

鲣鱼花..10 克

料酒...½ 杯

甜料酒.......................................2 大匙

水...3 杯

酱油、淡口酱油.....各 1½ 大匙

花椒嫩芽...................................适量

制作方法

1 将竹笋的尖端切成梳子形，剩余部分纵切为 4 部分，再滚刀切为一口可食用的大小。洗掉裙带菜上沾有的盐，再放入水中泡发，去除多余水分后切为适合食用的大小。

2 将鸡肉末与 A 混合均匀。

3 在锅中倒入料酒与甜料酒并煮开锅，然后改为小火炖煮 1~2 分钟。再加水煮开锅，然后在过滤器中放入鲣鱼花后投入锅中，用中火炖煮 2 分钟，取出鲣鱼花，加入酱油和淡口酱油。

4 煮开锅后，将 2 等分成 12 份，用两个勺子规整形状后放入锅内。再加入竹笋，盖上盖子用较弱的中火炖煮 20~30 分钟。

5 加入裙带菜，快速煮熟后关火。装盘时，撒入拍打过的花椒嫩芽装饰即可。

45 分钟　1 人份 204 千卡　盐分 2.9 克

Spring
Vegetables

竹笋

竹笋炸豆腐咖喱

■ ■ ■ ■

因为大部分的材料都口感十足，因此，即使是没有肉的素咖喱，也不会让人觉得遗憾。

不使用任何汤料和咖喱卤，制作的酱汁爽滑而辛辣味十足，能够更加衬托出清淡食材的鲜美。

材料（4 人份）

竹笋（煮熟）.....	1 根（实重 300 克）
炸豆腐	1 块
蟹味菇	1 盒（100 克）
番茄	2 个
洋葱	1/2 个
大蒜泥	1/2 小匙
生姜泥	1/2 小匙
色拉油	2 大匙
咖喱粉	2 大匙
水	1 杯
酱油	1/2 大匙
伍斯特酱	1/2 大匙
胡椒	少许
盐	适量
热米饭、黑芝麻	各适量

制作方法

1 竹笋切成便于一口食用的大小。炸豆腐斜刀切为便于一口食用的大小。蟹味菇去除根部搓松散。番茄去柄切为一口食用的大小。洋葱切为薄片。

2 在平底锅内倒入色拉油热锅，倒入洋葱用中火翻炒至熟软，加入蟹味菇和竹笋翻炒，全部过油一遍。

3 加入咖喱粉和 1/2 小匙的盐，用中火翻炒均匀，出香气后放入一半的番茄和全部的炸豆腐快速搅拌混合，加水煮 15 分钟左右。

4 加入剩下的番茄，以及大蒜、生姜、酱油和伍斯特酱，再炖煮 5 分钟。试吃后再放入盐和胡椒调整口味。

5 先将米饭盛入盘中，再浇上 4，最后再撒黑芝麻装饰即可。

30 分钟　1 人份 452 千卡　盐分 1.8 克

材料（4人份）

竹笋（煮熟）....1根（实重300克）
胡萝卜 ....½根
猪腿肉薄片 150克
海带细丝（40克）................1袋
A ┌ 水 ....½杯
  │ 砂糖 ....½大匙
  │ 料酒 3大匙
  │ 酱油 2大匙
  │ 甜料酒 1大匙
  └ 红辣椒 1根

制作方法

1 竹笋切为一口可以食用的大小。胡萝卜去皮，切为3厘米长的细丝，猪肉切为方便入口的肉丝。海带简单清洗干净备用。

2 在锅内放入A并加热煮开，将肉丝和胡萝卜丝分散开投入锅中，用中火加热。

3 肉丝变色后除去浮沫，加入海带和竹笋，盖上锅盖煮15分钟左右即可。

15 分钟 1 人份 297 千卡 盐分 2.0 克

煎烤鸡肉竹笋小排

▪ ▪ ▪ ▪

用煎烤鸡肉的肉汁煨烤竹笋，香味浓郁，最后再浇上蒜香黄油风味的酱油调味汁，美味出炉。
竹笋小排的外皮口味咸香浓郁，但内部依然饱含竹笋的清甜味和香气。
强烈推荐试做的一道菜品，也可以作为招待客人的保留菜品。

材料（4人份）

竹笋（煮熟，大）..........................
...............1根（实重300~400克）
鸡腿肉 ....2块（500克）
  盐、胡椒 ....各少许
橄榄油 1大匙
白葡萄酒或料酒 ....⅓杯
A ┌ 酱油 2大匙
  └ 蒜泥 ....少许
花椒嫩芽 ....适量

制作方法

1 从竹笋的根部开始切1厘米厚的片，在切片的一面上用菜刀刻上网状的纹，笋尖部分纵切为4等份。

2 鸡肉斜刀切为一口可以食用的大小，再撒上盐、胡椒。

3 在平底锅中倒入橄榄油热锅，鸡肉将鸡皮朝下放入锅中用大火煎烤，鸡皮烤至焦脆后翻面，再用中火煎烤4~5分钟，直至鸡肉完全煎熟后取出。

4 立刻将竹笋下锅摆好，用较强的中火将竹笋小排的两面上色。再将鸡肉回锅，煎烤至回温后出锅装盘。

5 使用同一个平底锅，锅内放入白葡萄酒用中火煮开，加入黄油搅拌均匀，同时再加入A搅拌均匀后关火。

6 在4的上方一圈圈淋上5，将敲打过的花椒嫩芽撒在上方即可。

20 分钟 1 人份 130 千卡 盐分 2.1 克

冲绳风味炖竹笋

▪ ▪ ▪ ▪

猪肉和海带细丝一同料理无需高汤，即使味道清淡也可以成为一道佐餐小菜。
炖煮的食材会随着料理温度降低逐渐入味，所以推荐在关火后放置一段时间等待热气除去后食用为佳。

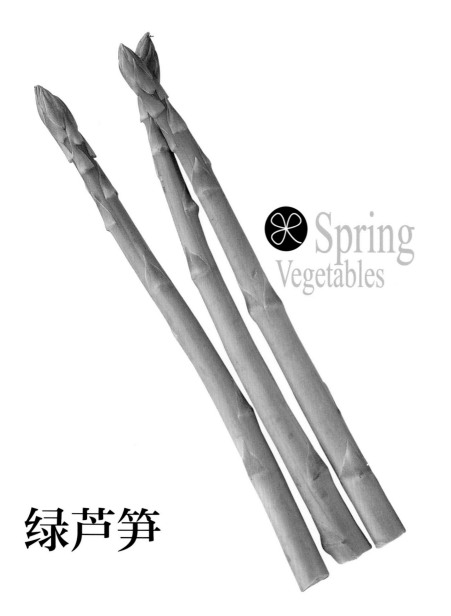

Spring
Vegetables

[挑选方法]

颜色翠绿并且笔直有弹性，尖端紧紧闭合包裹在一起的芦笋为佳品。要避免挑选切口处干燥、纤维走向明显、尖端张开的芦笋。

[保存方法]

用保鲜膜包好放入保鲜袋中再置于冰箱的蔬菜保鲜室内保存。因为绿芦笋比其他蔬菜更容易丧失水分而变得不新鲜，所以除非万不得已请尽早食用。

[营养价值]

富含各种维生素和矿物质，且营养成分均衡。尖端部分所含有的天冬酰胺酸具有提高免疫力、缓解疲劳、促进新陈代谢等功效。

绿芦笋

20 分钟　1 人份　252 千卡　盐分 2.4 克

芦笋鸡蛋豆腐

豆腐过水沥干后再用厨房用纸包住，用力将水分挤出。

然后与大量的鸡蛋一起翻炒，绿芦笋切丁口感爽脆，搭配鸡蛋和豆腐，带来柔和的味觉体验。

材料（4人份）

绿芦笋	8~10 根（300 克）	鸡蛋	3 个
木棉豆腐	1 块（300 克）	香油	2 大匙
胡萝卜	¼ 根	砂糖	2 大匙
生香菇	4 个	淡口酱油	3 大匙
鸡肉末	100 克		

制作方法

1 切除芦笋 1 厘米左右的底部，削去下半部分较厚的皮，再切为 1 厘米的小段。胡萝卜去皮，切为厚 2 毫米的银杏状薄片。鲜香菇去根，保留伞柄切成薄片。

2 豆腐切为 4 等份。每一份都用厨房用纸包好并挤干水分。鸡蛋打散备用。

3 在锅内倒入香油热锅，将肉末散开倒入锅中，用中火炒至变色，加入豆腐与芦

笋、胡萝卜、香菇翻炒，全部食材过油之后加入调味料混合均匀，煮 1~2 分钟。

4 将 ½ 蛋液均匀倒入锅中，翻炒至全部的鸡蛋都为块状。再倒入剩余蛋液，调小火力，上下整体翻动一次，翻炒至刚好凝固，蓬松且不流动即可。

材料（4人份）

绿芦笋	12~15根（450克）
扇贝贝柱	8个
橄榄油	3大匙
盐	⅔小匙
胡椒	少许
白葡萄酒醋汁	3大匙

制作方法

1 芦笋除去1厘米长的根部，削去下半部的硬皮，一切为二。贝柱从中间横切为两片。

2 平底锅中倒入橄榄油热锅，将芦笋摆入锅内，用中火将芦笋两面上色后取出。

接着放入贝柱，将两面煎烤至上色，再将芦笋回锅，撒入盐和胡椒。

摆盘，再淋上白葡萄酒醋汁即可。

春
主菜

绿芦笋

香煎芦笋贝柱沙拉

▄▄▄▄

酒醋汁的香气与酸味令这道热沙拉别具一格。
芦笋的口感清脆爽口，扇贝贝柱软嫩醇柔，切忌过
火变老。
如果酒醋汁找不到，可以用柠檬汁或者醋替代试做
也无妨。

15分钟 1人份 168千卡 盐分1.2克

竹笋

煎炸绿芦笋鸡胸肉卷

■ ■ ■ ■

鸡小胸易熟，鸡胸肉裹着鲜芦笋在较少的油中煎炸 2
分钟左右便可出锅。

仅仅使用普通调味料混合而成的特制酱汁也有些许
不一般的风味，应该会让人想在其他菜色或者其他
地方巧用它。

材料（4 人份）

绿芦笋......................6 根（200 克）
鸡小胸.................................6 块
　盐、胡椒...........................各少许
面糊：
　┌ 面粉、面包屑............各适量
　└ 蛋液.........................1 个的量
　┌ 伍斯特酱.........................¼ 杯
A ├ 沙拉酱.........................2 大匙
　├ 柠檬汁.........................1 大匙
　└ 日式黄芥末酱....½ ~1 小匙
油炸用油.................................适量

制作方法

1 除去芦笋 1 厘米左右的根部，削去下半部分较厚
的皮。将鸡小胸从侧面切开并展开，撒上盐和胡椒。

2 用鸡小胸斜着包裹起芦笋，按照面粉、蛋液、面
包屑的顺序挂糊。

3 在平底锅内倒入 1 厘米左右深度的油并热锅，放
入 2 并均匀煎炸 2~2 分 30 秒直至色泽变为金黄。

4 从中间斜着切开并装盘，佐以混合好的 A 即可。

20 分钟　1 人份 240 千卡　盐分 1.7 克

材料（4 人份）

绿芦笋	............8~10 根（300 克）
猪里脊肉块	......................400 克
A	盐	........................½ 小匙
	胡椒	..........................少许
	面粉	..........................2 大匙
色拉油	..........................1 大匙
白葡萄酒	..........................2 大匙
B	沙拉酱	..........................⅓ 杯
	芝士粉	..........................¼ 杯

制作方法

1 芦笋除去 1 厘米左右根部，削去下半部较厚的皮，斜刀切片状。

2 猪肉切为 8 毫米厚的片状，裹上 A。将 B 混合均匀。

3 在平底锅中倒入色拉油热锅，放入猪肉用中火将猪肉两面煎烤上色。加入芦笋，调大火力，撒上白葡萄酒，翻炒 2 分钟左右。

4 芦笋芯变软后放入 B，快速翻炒均匀 30 秒左右出锅。

15 分钟　1 人份　152 千卡　盐分 1.1 克

清炒绿芦笋鸡蛋虾仁

■　■　■　■

绿芦笋与鸡蛋和虾仁怎么看都是春意满满的绝妙组合，并且口味柔和。是佐餐下饭的好伴侣，比看上去口感更丰富有嚼劲。

绿芦笋用微波炉预热后下锅炒熟，色泽与口感都在刚刚好的状态下完成出锅。

材料（4 人份）

绿芦笋	............4~5 根（150 克）
虾仁	..........................150 克
A	料酒	..........................1 大匙
	盐、胡椒	..........................各少许
	色拉油	..........................1 小匙
	淀粉	..........................1 大匙
鸡蛋	..........................2 个
蒜末	..........................少许
姜末	..........................少许
色拉油	..........................2 大匙
B	热水	..........................¼ 杯
	鸡精（颗粒）	..........................⅔ 小匙
	盐	..........................½ 小匙

制作方法

1 芦笋从底部除去 1 厘米左右长，削去下半部较厚的皮，斜刀切 3 厘米长段。放入耐热容器，用一层保鲜膜松垮地盖住，用微波炉加热约 1 分 30 秒左右。

2 虾仁除去虾线，在 A 中用手揉抓混合。鸡蛋打散为蛋液备用。将 B 混合均匀。

3 在中式炒锅或平底锅内放入 1 大匙色拉油并充分热锅，调至大火将蛋液从边缘倒入锅内，大面积迅速搅拌后加热变熟，凝固后取出备用。

4 再放入 1 大匙色拉油，用小火将大蒜、生姜爆香，然后加入虾仁用中火翻炒至变色，加入芦笋炒匀。加入 B，再将鸡蛋回锅翻炒均匀出锅。

15 分钟　1 人份　307 千卡　盐分 1.3 克

芝士沙拉酱炒绿芦笋肉片

■　■　■　■

炒熟之际，放入混合好的芝士粉末和沙拉酱均匀地与食材混合，混搭出丝丝奶香全新口味。

用鸡小胸肉和虾仁搭配芦笋也可，仅用芦笋也超美味。

Spring
Vegetables

[挑选方法]

茎叶和花苞都是翠绿色,切口处越
是水嫩越新鲜。应避免挑选开花的,
或者是发黄的、茎叶打蔫的油菜花。

[保存方法]

油菜花比其他蔬菜发育更迅速,所
以最好的方法是快速食用。必要的时
候,将油菜花除去绑带或皮筋,装入
保鲜袋或者用保鲜膜包好后,将花苞
朝上放入冰箱蔬菜保鲜室保存。

[营养价值]

在黄绿色蔬菜家族中也是营养价值
出众的佼佼者,富含胡萝卜素、维
生素C、B族、E、钙、铁及大量膳
食纤维。

油菜花

油菜花炒肉片

■ ■ ■ ■

季节限定的应季油菜花作为食材使用,简单地烹炒也可以打
造出一道美味佳肴。
油菜花充分吸收水分后口感鲜嫩脆爽,秘诀就是无需过水焯
熟直接入锅翻炒。
色泽和风味都鲜嫩多汁,是春意盎然的一道菜品。

材料(4人份)

油菜花	2 把 (400 克)	色拉油	2 大匙
猪腿肉薄片	250 克	热水	1/3 杯
A 料酒	1/2 大匙	料酒	1 大匙
酱油	1 小匙	酱油	少许
淀粉	1 大匙	香油	1 大匙
红辣椒	2 根	盐	适量

20 分钟 1 人份 228 千卡 盐分 1.3 克

制作方法

1 油菜花去少量根部,在切口处撒水使其恢复脆嫩状态,除去多余水分,切为
两段。

2 猪肉切为3~4厘米宽的肉片,与A充分混合后静置10分钟左右。

3 红辣椒去柄和籽。

4 在中式炒锅中放入1大匙色拉油,热锅,倒入油菜花,撒入1/3小匙盐,用大

火爆炒。油菜花全部过油后加入沸水,盖上盖子煮1~2分钟,取出备用。

5 除去中式炒锅的水分,加入1大匙色拉油和红辣椒热锅,然后将猪肉在淀粉
中沾裹后放入炒锅内,用中火翻炒。猪肉变色后将油菜花回锅,再倒入料酒,
放1/3 ~ 1/2小匙的盐、胡椒,翻炒均匀后淋上香油出锅即可。

材料（4人份）

油菜花	1把（200克）
盐	少许
炸豆腐	½块
蛤蜊（去沙）	300克
盐	适量
A 水	¼杯
料酒	¼杯
淡味酱油	1大匙

制作方法

1 将油菜花的菜根切去一小部分，将菜叶从菜茎上撕下，切成一半的长度，把菜茎、菜花部分、菜叶分开。取足量热水煮沸，放入盐、菜茎后煮20~30秒，接着加入菜花部与菜叶继续煮20秒。然后放入冷水中冷却，沥去水分。

2 将炸豆腐过热水洗去油脂，纵向一切为二后切为宽1厘米的小块。将蛤蜊放入淡盐水中，带壳互相擦洗。

3 把蛤蜊与A一起放入浅锅中火加热，煮沸至蛤蜊开口后，将蛤蜊聚在锅内一侧，加入炸豆腐。改用小火，不停翻转炸豆腐煮制2分钟后，放入油菜花继续煮3分钟即可。

20分钟 1人份 250千卡 盐分2.4克

油菜花蒜香鱿鱼意面

■ ■ ■ ■

制作方法与用细意面制作的大众蒜香意面相同，意面以鱿鱼代替。
将油菜花与纹甲墨鱼一起迅速煮熟，然后只需加入完美衬托蒜蓉与红辣椒香味的橄榄油加以搅拌即可出锅。
如果在完成时放入少许酱油混合搅拌，它就会变身为一道精致下饭的小菜。

材料（4人份）

油菜花	1把（200克）
纹甲墨鱼身	300克
A 盐	½小匙
白葡萄酒	1大匙
B 大蒜碎末	2瓣量
橄榄油	⅓杯
红辣椒片	2根的量
盐	½小匙
C 盐	½小匙
橄榄油	1大匙
酱油	少许

制作方法

1 将油菜花的菜根切去一小部分，分开菜茎、花与叶。

2 将纹甲墨鱼每隔2~3毫米横向切开一道小口，然后切成宽1厘米，长5厘米的小段，撒上A。

3 将B中的橄榄油和大蒜碎末放入锅内中火加热，不断搅拌炒翻至大蒜变为金黄色。然后加入红辣椒和盐，微微搅拌，盛入碗中。

4 煮沸2升开水，加入C。先放入油菜花的菜茎30秒，然后放入菜花部分、菜叶，鱿鱼继续煮30~40秒。

5 沥干4的水分，倒入3的碗中与之混合，倒入酱油拌匀即可。

15分钟 1人份 74千卡 盐分1.3克

油菜花炸豆腐蛤蜊的凉拌炖菜

■ ■ ■ ■

利用正值应季出产的油菜花和蛤蜊，呈现时令所具有的独特风味。带壳蛤蜊能够熬出有滋味的高汤，同时还富含美肤所需的胶原蛋白。充分运用各类食材，做出连汤汁都不剩的美味，而其中的关键就在于使用清淡的口味做基调。

Spring 春 主菜 油菜花

45

Spring Vegetables

荷兰豆

15 分钟 1 人份 144 千卡 盐分 1.9 克

荷兰豆虾仁蛋花汤

∎∎∎∎∎

蛋花汤的要点，就是不要将蛋打得太散，将蛋倒入锅中后就要立即大火烹煮。简单搅拌一下能够使蛋液容易凝固在刚好的半熟状态，再大火煮开锅即可完成。

材料（4 人份）

荷兰豆	150 克
虾	12~16 只
A 盐	⅓ 小匙
酒	1 大匙
蛋	3 个
鲜香菇	4 个
大葱	½ 根
B 高汤或者水	1½ 杯
淡酱油	1½ 杯
料酒	3 大匙
砂糖	1 大匙

制作方法

1 荷兰豆去头和丝。鲜香菇去根，切成薄片。将葱斜向切成薄片。

2 在虾背面切一刀，去除虾线，留下虾尾，去壳，抹上A。

3 将B放入浅锅中火加热，煮沸后放入葱和香菇。观察到变薄后加入虾上下翻炒，煮制3~4分钟。

4 加入荷兰豆煮1~2分钟，将蛋液快速画圈状均匀倒入锅中，并用大火煮1~2分钟。盖上盖子关火，焖蒸后出锅即可。

15 分钟 1 人份 439 千卡 盐分 2.1 克

中式荷兰豆炒牛肉土豆

∎∎∎∎∎

浓厚的蚝油炒菜是与米饭搭档的下饭菜肴。荷兰豆和土豆快速汆熟后再进行烹炒，会更加入味，口感也会更好，因此不要省略这个工序。

材料（4 人份）

荷兰豆	200 克
土豆	2 个
盐	少许
牛五花肉	250 克
A 酱油、酒	各 ½ 大勺
淀粉	½ 大勺
色拉油	½ 大勺
色拉油	2 大勺
大蒜	1 瓣
B 蚝油	2 大匙
酱油、酒	各 1 大匙

制作方法

1 将荷兰豆去丝。将土豆带皮切条，浸泡在水中5分钟。

2 将牛肉切为1厘米宽条状，抹上A。把蒜捣碎。

3 向1升热开水中加入盐，将已经沥除水分的土豆煮1分钟，再加入荷兰豆后煮20秒，一起沥除水分。

4 在平底锅中倒入色拉油和大蒜，热锅并中火炒制，炒出香味后放入牛肉炒至牛肉变色，加入土豆和荷兰豆继续炒3~4分钟。

5 将混合好的B均匀撒入，炒制1~2分钟到全部均匀入味即可。

新洋葱

[保存方法]
新洋葱相对于普通的洋葱含有较多的水分,不能长期保存。在潮湿的环境下根茎部很容易生长,所以用报纸包住放在通风良好的阴冷处保存即可。

[挑选方法]
表面无伤痕且有光泽、干燥的新洋葱为佳品。轻轻按压表面,如果有很多柔软部分的新洋葱大多内部的芯都有损伤,应当避免挑选。

[营养价值]
虽然没有值得期待的维生素类等营养素,但香味成分大蒜素能够降血脂,并促进碳水化合物等在体内高效分解燃烧。

煎炸新洋葱卷

■ ■ ■ ■

新洋葱炸至半生状态,脆嫩多汁,入口后清爽的甘甜在口腔中弥漫开来。新洋葱无需炸至全熟,在炸制过程中,为防止洋葱一层层散落,切的时候要留下一些芯的部分,这是这道菜的重点。

25 分钟　1 人份　404 千卡　盐分 2.0 克

材料 (4 人份)

新洋葱..................2 个 (300 克)
猪腿肉薄切片......................16 片
A ┌ 盐................................½ 小匙
　└ 胡椒..............................少许
B ┌ 蛋液..........................1 个的量
　│ 水..............................2 大匙
　└ 面粉............................¼ 杯
面包屑..............................1 杯
中浓酱汁........................4~6 大匙
滚刀切的卷心菜叶......3 枚的量
切成一半的小红萝卜...2 个的量
油炸用油..............................适量

制作方法

1 新洋葱去掉茎部,纵向一切为二。在底部按左右的方向用刀划 "V" 字形去根和部分芯,再切为 4 等分的块状。
2 肉片一枚枚展开撒上 A,再将洋葱一块块置于肉片之上卷起。
3 按照从蛋液开始的顺序将 B 混合,将 2 浸入 B 后取出沾面包屑,并轻轻按压确保面包屑完全包裹住 2。
4 加热油炸用油至略低的中温,将 3 按 5~6 个一组放入油锅炸制,约 6~7 分钟至色泽焦黄后取出。
5 装盘,佐以卷心菜和小红萝卜,蘸中浓酱汁食用即可。

新洋葱凉拌鸡小胸沙拉

■ ■ ■ ■

不使用色拉油与橄榄油而是使用香油调味,是这道菜的秘诀。
用盐和胡椒粒充分调味,下饭伴侣就是它了。
如果用微波炉加热并加入酒蒸熟完成,鸡肉完全不会变柴而且鲜嫩多汁。

15 分钟　1 人份　144 千卡　盐分 1.0 克

材料 (4 人份)

新洋葱..................3 个 (450 克)
鸡小胸..................4 块 (160 克)
A ┌ 料酒............................1 大匙
　│ 盐..............................少许
　└ 香油............................2 大匙
盐................................⅔ 小匙
胡椒颗粒 (粗)....................1 小匙

制作方法

1 将鸡小胸摆放好放入耐热器皿,撒入 A。轻轻罩上一层保鲜膜,用微波炉加热 3~3 分 30 秒后取出,待冷却后撕为细丝状备用。
2 新洋葱去茎部,纵向一切为二。取出芯部纵向切为薄片状。用冷水浸泡去除黏液,沥干后除去水分并用厨房用纸擦干。
3 在碗中放入鸡小胸肉与洋葱,倒入香油搅拌,最后再撒入盐和胡椒调味,混合均匀即可。

绿豌豆

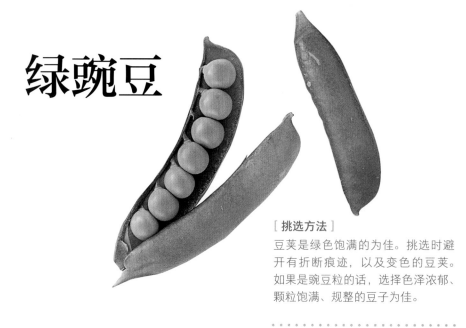

[挑选方法]

豆荚是绿色饱满的为佳。挑选时避开有折断痕迹，以及变色的豆荚。如果是豌豆粒的话，选择色泽浓郁、颗粒饱满、规整的豆子为佳。

[营养价值]

主要成分为蛋白质及糖类，同时含有大量维生素 B 族、维生素 C 及膳食纤维。如果是煮熟的罐头豌豆，其维生素含量甚微。

绿豌豆杂拌天妇罗

■ ■ ■ ■

选用鲜豌豆，将鸡肉和豆腐切成与豌豆相同大小是这道菜的关键。丰富的口感更能体现出不同食材的风味，杂拌天妇罗的精髓之处便在口腔中蔓延开来。

20 分钟　1 人份　416 千卡　盐分 1.0 克

材料（4~5 人份）

绿豌豆（除去豆荚）	
	不到 2 杯（200 克）
鸡胸肉（小）	1 块（150 克）
盐、胡椒	各少许
木棉豆腐（大）	½ 块（200 克）
面粉	3 大匙
A ┌ 面粉	¾ 杯
├ 淀粉	2 大匙
└ 盐	少许
蛋液	1 个的量
冷水	适量
油炸用油	适量
盐或天妇罗蘸汁	适量

制作方法

1 鸡肉去皮切为 1~1.5 厘米见方的块，用盐和胡椒入味。将豆腐也切为相同大小，放置一段时间在笸子上控干水分。

2 在较大的碗内倒入豌豆和 1，再加入面粉混合均匀。

3 在另一个碗内放入 A，蛋液和冷水混合 1 杯的量倒入碗中，快速搅拌混合，再加入 2 一同搅拌均匀。

4 在较深的平底锅中倒入 2 厘米左右深的油并用中火加热，将 3 每次舀出漏勺一半的量放入油锅中炸，用 3~4 分钟将两面炸至焦脆出锅。蘸盐或者天妇罗蘸汁食用即可。

蛤蜊时雨煮风味豌豆饭

■ ■ ■ ■

将蛤蜊用酒蒸熟，在大米中加入浓缩了蛤蜊鲜味的汤汁与豌豆粒一同蒸煮，米粒充分吸水膨胀后变为用制作时雨煮的方式烹制，出锅后混合均匀食用即可。

40 分钟　1 人份　451 千卡　盐分 2.3 克

材料（4~5 人份）

绿豌豆（去豆荚）	
	不到 1½ 杯（150 克）
大米	3 合（540 毫升）
蛤蜊（去沙）	300 克
盐	适量
酒	2 大匙
海带（7 厘米见方）	1 片
A ┌ 酱油	½ 大匙
├ 甜料酒	½ 大匙
└ 生姜细丝	3 薄片的量
盐	½ 小匙

制作方法

1 在蒸米饭 30 分钟前淘米，置于笸子上控干。

2 蛤蜊放入淡盐水中，使贝壳互相摩擦充分洗净。放入耐热容器中并撒入酒，轻轻盖上一层保鲜膜放入微波炉加热 5 分钟左右直到开口，稍冷却后取出蛤蜊肉。

3 将大米放入电饭煲内，加入 2 的汤汁，再加水调配比例。在大米之上放入海带和豌豆粒，按照通常情况蒸饭。

4 将 2 放入小锅中，再加入 A 用中火加热，直到汤汁收干炖煮入味。

5 取出 3 中放置的海带，倒入 4 和盐从底部翻拌均匀即可。

Spring
Vegetables

蚕豆

[保存方法]

蚕豆的美味很容易流失，即使在豆荚中也要尽早食用。剥出的蚕豆粒必须立刻食用。必须保存的时候连同豆荚放入保鲜袋中，再置于冰箱蔬菜保鲜室内储存即可。

[挑选方法]

豆荚色泽鲜艳、形状饱满，蚕豆形状依稀可辨的为良品。蚕豆粒绿色浓郁，表皮边缘黑色的筋较淡，颗粒大小匀称的为佳。

[营养价值]

主要成分为淀粉类和蛋白质，富含胡萝卜素、维生素B族、钾和膳食纤维。蚕豆皮中比豆中膳食纤维含量高，如果蚕豆够鲜嫩，连皮一同食用为上策。

橄榄油炒蚕豆虾仁

炒制过程中香气阵阵袭来，翻炒至豆皮有些烧焦的蚕豆香气更是别具一格。搭配红酒和啤酒，无人能够抵抗这阵阵豆香味。

15 分钟　1 人份 239 千卡　盐分 1.5 克

材料（4~5 人份）

蚕豆（去除豆荚） ..... ¼ 杯（300 克）	
小虾仁 .... 250 克	
杏鲍菇 .... 1 盒（100 克）	
红辣椒 .... 1 根	
蒜片 .... 1 瓣	
香叶 .... 1 片	
欧芹碎末 .... 2 大匙	
橄榄油 .... 3 大匙	
盐 .... 1 小匙	
胡椒 .... 少许	

制作方法

1 虾去壳去虾线。杏鲍菇取出根部，纵切为4等份后再切成1.5厘米宽的段。红辣椒去柄和籽后备用。

2 在平底锅中倒入橄榄油热锅，再放入带皮蚕豆、杏鲍菇、大蒜，用小火耐心翻炒4分钟左右。

3 杏鲍菇熟软后变为中火，加入虾仁、香叶、红辣椒、欧芹继续翻炒。虾仁变色后放入盐和胡椒调味，再略翻炒后出锅即可。

芝士焗番茄蚕豆豆腐

都是易熟的食材，因此，这道菜比起使用烤箱可以用烤炉简单进行制作。蚕豆带皮，番茄切块，仅仅需要这样的预处理，简单便利也是这道菜令人惊喜的地方。

40 分钟　1 人份 334 千卡　盐分 0.7 克

材料（4~5 人份）

蚕豆（去除豆荚） .... ½ 杯（200 克）	
木棉豆腐 .... 1 块（300 克）	
番茄（大）............................. 1 个	
比萨用芝士 .... 100 克	
橄榄油 .... 4 大匙	
盐、胡椒 .... 各适量	

制作方法

1 将豆腐用烤盘等较轻的配重物压实20分钟，除去水分，切成2厘米见方的块。番茄去柄切成1.5厘米见方的块。

2 将豆腐、盐、胡椒和一半的芝士倒入碗中，轻轻搅拌，然后铺在较浅的烧烤用耐热容器中。

3 在碗中加入带皮的蚕豆、番茄、橄榄油、盐、胡椒各少许，轻轻搅拌，撒在 2 上，把剩下的芝士撒在上面。

4 取出烤架网，将3直接放在顶板上，小火烤制20分钟，再中火烤制10分钟即可。

Spring Vegetables

[保存方法]

放入保鲜袋或是用保鲜膜包裹好放入冰箱的蔬菜保鲜室中储存的话，能够完好保存 4~5 天。

[营养价值]

营养丰富的黄绿色蔬菜，富含胡萝卜素和维生素 C，以及钾和膳食纤维。并且蒜苗还含有大蒜的芳香成分蒜氨酸，具有抗疲劳、降血脂的功效。

[挑选方法]

色泽青翠，蒜苗不会过细并且舒展长直，切口处新鲜水嫩为佳品。避免挑选茎部有损伤的蒜苗。

蒜苗

20 分钟 1 人份 345 千卡 盐 1.5 克

油炸蒜苗猪肉卷
■■■■■

蒜苗很容易卷曲，鲜蒜苗易熟，半生状态下入口脆嫩。用蜂蜜配柠檬汁代替杏子果酱也是不错的选择。

材料（4 人份）

蒜苗	2 把（200 克）
猪腿肉薄片	8 片（240 克）
面粉	2 大匙
A 面粉	¼ 杯
淀粉	¼ 杯
盐	½ 小匙
蛋液	1 个的量
水	2~3 大匙
蘸汁	
B 杏子果酱	3 大匙
豆瓣酱	½ 小匙
酱油、水	各 1 大匙
油炸用油	适量

制作方法

1 蒜苗切去头尾，中间拦腰切为两段。

2 将猪肉一片片展开，将 4~5 根蒜苗斜着放在猪肉上用猪肉将其包裹，一共制作这样的 8 个肉卷。并在其表面轻轻拍上一层面粉。

3 在碗中放入 A 的全部调料后轻轻搅拌，再逐次添加蛋液和水，使混合物黏稠具有延展性。

4 在锅中倒入油炸专用油并用中火热锅。将拍好面粉的猪肉卷放入 3 挂糊后，每次 4 根分别下锅油炸。

5 出锅后肉卷一切为二后摆盘，将蘸汁所需材料混合均匀后搭配食用即可。

15 分钟 1 人份 400 千卡 盐 1.8 克

咖喱炒蒜苗猪肉
■■■■■

蒜苗与猪肉搭配可以促进维生素 B 族的吸收以及提高糖质代谢。是一道健康的佐餐小菜。

材料（4 人份）

蒜苗	3 把（300 克）
杏鲍菇	3 根
块状猪五花肉	300 克
A 酱油	1 大匙
料酒	1 大匙
淀粉	1 大匙
生姜细丝	1 块的量
色拉油	1 大匙
B 咖喱粉	2 小匙
中浓酱汁	2 大匙
番茄酱	2 大匙
水	2 大匙
盐、胡椒	各少许

制作方法

1 蒜苗两头去尖，切为 3~4 厘米长的段。杏鲍菇去根，切为适合食用的块。

2 猪肉切为 4~5 厘米长、1 厘米见方的条状。裹上 A。将 B 混合均匀备用。

3 在平底锅内倒入色拉油热锅后加入生姜丝用中火煸炒，爆香后放入猪肉煎炒。猪肉变色后，再将蒜苗、杏鲍菇放入锅中均匀翻炒 2~3 分钟。

4 将 B 转圈倒入锅中，变大火收汁 2~3 分钟除去多余水分，加入盐和胡椒调整口味即可完成。

[保存方法]

一把一把放入袋子里，不要让叶子露在袋子外面，再放入冰箱的蔬菜保鲜室内储存。如果发现袋内有蒸汽的话，用保鲜膜包裹好再放入冰箱蔬菜保鲜室即可。

[挑选方法]

整体呈翠绿色，韭菜叶到尖端饱含水分不打蔫，切口处水嫩新鲜的韭菜为佳品。用手拎起来如果是下垂状态证明内部纤维较粗，应该避免选择此类韭菜。

[营养价值]

胡萝卜素的含量比小松菜还要多。也富含钾、钙及膳食纤维。芳香成分蒜氨酸能够促进维生素B1的吸收，并且有加速人体新陈代谢的功效。

韭菜

韭菜炒鸡肝

■ ■ ■ ■ ■

先不论韭菜，裹上淀粉的鸡肝在锅中煎烤至表皮焦脆，调味料的风味也牢牢包裹在鸡肝外部。即使是不爱吃肝脏类的人，也能愉快地享受这道美食。

20 分钟 1 人份 221 千卡 盐分 1.7 克

材料（4 人份）

韭菜	4 把（400 克）
鸡肝	实重 300 克
A 料酒	1 小匙
A 酱油	1 小匙
A 生姜汁	少许
淀粉	适量
大蒜	1 瓣
干红辣椒	2 根
色拉油	3 大匙
料酒	1 大匙
砂糖	½ 大匙
酱油	2 大匙
胡椒	少许

制作方法

1 韭菜切为 3~4 厘米长的段。

2 鸡肝去多余脂肪和血块并切为方便食用的大小，在冷水中浸泡10 分钟左右。沥干水分，与A 混合均匀。

3 大蒜纵切为 3 等份，红辣椒去柄和籽。

4 在中式炒锅中加入 1 大匙色拉油热锅，加入韭菜用大火快速爆炒，出锅备用。

5 擦去中式炒锅中的水分，放入 2 大匙色拉油和3用中火煸炒，香味出现后将鸡肝裹淀粉后下锅，保持中火将鸡肝煎至熟透并且两面煎至焦香，倒入料酒、剩余的调味料翻炒。

6 将韭菜回锅，快速翻炒混合均匀即可。

日式韭菜汉堡肉

■ ■ ■ ■ ■

成人也追捧的健康汉堡肉，如果韭菜碎末与淀粉事先混合的话，能够使全部食材充分混合并且不易散开，易整形，并且煎烤过程中不需要喷淋水分在汉堡肉表面。

30 分钟 1 人份 247 千卡 盐分 1.9 克

材料（4 人份）

韭菜	2 把（200 克）
淀粉	1 大匙
鸡肉末	400 克
A 鸡蛋	1 个
A 料酒	1 大匙
A 酱油	½ 大匙
A 胡椒	少许
色拉油	2 小匙
番茄半月形块	1 个的量
柠檬半月形块	4 块
白萝卜泥	适量
酱油	适量

制作方法

1 韭菜切细碎，撒入淀粉。将肉末加入 A 中用手充分搅拌混合后，再放入韭菜再次充分混合搅拌。分成12 等份，整形为扁平圆形。

2 在平底锅中倒入 1 小匙色拉油热锅，将 1 的肉饼6 个并排摆入平底锅中，用中火将肉饼两面煎烤至充分上色，然后调为小火盖上盖子，焖烧3~4 分钟后取出。再添加 1 小匙色拉油至平底锅中，将剩余的材料按照上述方法制作。

3 装盘，佐以番茄、白萝卜泥与柠檬汁，蘸酱油使用即可。

萌芽季节的野菜佳肴

如果看到商店在出售多种山野菜，春天就一定来临了。在冬天，身体因为寒冷而变得迟钝，山野菜的苦涩味道能够使人重新恢复活力，这是祖先传给我们的教诲。刺老芽、蜂斗菜、黄瓜香和玉簪芽，从经典菜色到西式菜色的改编版本，这些菜谱能够令你充分领略野菜佳肴的美味所在。

料理/ 千叶道子

材料（4 人份）

刺老芽..............8~10 个（50 克）
┌ 盐...适量
└ 淡口酱油.............................少许
凉拌酱
┌ 白芝麻碎........................2 大匙
│ 白味噌.............................100 克
└ 沙拉酱........................1 大匙多

制作方法

1 刺老芽去除一些根部的硬皮，纵向切为2~4份。在加入少量盐的沸水中煮1 分30 秒左右，然后再用水冲洗2~3 分钟后沥干水分备用。
2 在案板上放刺老芽，撒少许盐和酱油放置5分钟左右，稍稍腌制使其入味。
3 在研磨钵中加入白芝麻碎※、白味噌和沙拉酱，大致研磨一番，再加入刺老芽拌匀即可。

※ 凉拌酱的芝麻碎可以用1 大匙芝麻酱代替，这种情况下无需研磨，直接加入材料搅拌混合均匀即可。

芝麻味噌凉拌刺老芽

凉拌酱用芝麻味噌与沙拉酱混合，口感柔和。刺老芽焯水后用酱油腌渍静置，细致入味后滋味更加美妙。

15 分钟 1 人份 139 千卡 盐分 2.3 克

韩式辣酱凉拌刺老芽鱿鱼羊栖菜

刺老芽略带的苦味与香辣的韩式辣酱是绝妙的组合。再加入鱿鱼丰富了口感，是一道类似沙拉制作方法的佐餐小菜。

材料（4 人份）

刺老芽..............8~10 个（50 克）
盐...少许
鱿鱼...2 条
羊栖菜（干燥）.......................25 克
水芹.................................½ 把（50 克）
凉拌汁
┌ 韩式辣酱...........1~1½ 大匙
│ 砂糖.................................1 大匙
│ 酱油............................2½ 大匙
│ 醋...............................2½ 大匙
│ 蒜末...................1 瓣的量
│ 白芝麻碎..................1½ 大匙
└ 香油............................1½ 大匙

制作方法

1 刺老芽去除一些根部的硬皮，纵向一切为二。放入加盐的热水中焯煮1 分30 秒左右，再用水冲洗2~3分钟后沥干备用。
2 将鱿鱼的躯干部分和须子分开，剥去躯干部分的薄膜，和鱿鱼须一同放入沸水中焯煮至软嫩弹牙。躯干部分切为1 厘米宽的环状，鱿鱼须切成一口的大小。
3 羊栖菜浸水泡发，在沸水中快速焯过并去除多余水分，切为适合食用的长度。水芹切为3 厘米长的段备用。
4 在碗中放入刺老芽、鱿鱼、羊栖菜、水芹，搅拌均匀后用备好的凉拌汁拌匀即可。

15 分钟 1 人份 109 千卡 盐分 1.7 克

材料（4 人份）

刺老芽............10~12 个（70 克）
蜂斗菜...................8 个（50 克）
蛤蜊（去砂）......................300 克
　盐...................................适量
　水...................................¼ 杯
　面粉...............................少许
水芹.......................½ 把（50 克）
天妇罗蘸汁：
┌ 鸡蛋...............................1 个
│ 冷水...............................适量
└ 面粉...............................1 杯
油炸用油...........................适量
盐或天妇罗酱......................适量

制作方法

1 将蛤蜊放入盐水中互相擦洗。向锅中注入一定量的水，盖上盖子调至大火，蛤蜊开口后停火，冷却之后取出蛤蜊肉。

2 将刺老芽和蜂斗菜的菜根切下少许，剥去刺老芽外皮后与蜂斗菜一起，将菜根部划上十字后放进锅。

3 将刺老芽与蜂斗菜各切出 4 个与蛤蜊肉等大的小块。把水芹切成 3 厘米的小段。

4 将蛋打好，注入冷水至 1 杯的量，倒入碗中添加面粉，大体搅拌一下做好天妇罗面糊。

5 将锅中油炸用油中温加热，把刺老芽整个快速浸入天妇罗面糊后放入炸锅，炸制 2~3 分钟至全部酥脆。将蜂斗菜外侧的菜叶稍微打开，整个快速浸入天妇罗面糊后放入炸锅，用与刺老芽同样的办法油炸。

6 蛤蜊擦除水分后蘸上面粉，与 3 一起放入天妇罗面糊中快速搅拌。沾满涂匀后按漏勺半勺的量舀入油锅中，用中火油炸 3~4 分钟至两面都酥脆为止。搭配盐或者天妇罗蘸汁就可以食用了。

油炸的时候，如果油炸物成块并且用筷子夹起也不会散掉的话，就可以确定油炸物中心处也确实熟透了。

刺老芽

落叶树楤木树梢的新芽，有一种美妙的香味和淡雅的苦涩，被称作野菜之王。杂质很少、容易处理、外形敦实的是优良品。常用来制作天妇罗、汤头、拌菜。

准备工作：

整体烹调的话，为了让其充分加热，在菜根处划出十字划痕。

为了保留香味不用水洗，有显眼的污垢就用布擦掉。切去少许菜根，去除外皮。

野菜天妇罗拼盘

使用刺老芽和蜂斗菜来制作宴席天妇罗。整体油炸的蔬菜，以及切得很细小再油炸的蛤蜊，组成了值得期待、富有变化的滋味。

30 分钟　1 人份 279 千卡　盐分 2.0 克

春日飨宴

蜂斗菜大蒜意面

蜂斗菜过足油使其更加翠绿。这是一道适量去除苦味，更容易食用的蜂斗菜配合大蒜和红辣椒的香味而诞生的复刻版意大利面。

15 分钟　1 人份　374 千卡　盐分 2.0 克

材料（4 人份）

蜂斗菜	8~10 个（60 克）
意大利面（直径 1.4 毫米）	280 克
盐	1 大匙
大蒜	2 瓣
红辣椒	5~6 根
色拉油	5~6 大匙
橄榄油	3 大匙
意式香菜	适量
盐、胡椒	各适量

制作方法

1 将蜂斗菜菜根切去少许，纵切 4~8 等份。切碎大蒜。将红辣椒的柄和籽去除，切成小片。

2 向平底锅中倒入色拉油加热，用中火烹炒蜂斗菜至色泽变鲜艳出锅。

3 向锅内倒入足量热水，煮沸后加盐，将意大利面按照包装提示煮好。

4 倒出平底锅的油擦净，将橄榄油和大蒜、红辣椒全部放入锅内小火慢热。大蒜变金黄色后，将粗略切好的意大利香菜和去除水分的意大利面加入，然后继续加入蜂斗菜中火快速烹炒，最后用盐、胡椒调味。将平底锅倾斜，使蜂斗菜全部浸入油中，不时翻炒。颜色变鲜艳，以及外菜叶打开的时候就完成了。

准备工作

蜂斗菜

早春时节破土而出的款冬花蕾。独特的香味与淡淡的苦味，特点鲜明。菜叶（实际上是花苞部，层层叠叠的很像叶子的部分）紧包的是优良品。常用来制作汤头、天妇罗、炖菜。

为了保留香味不用水洗，有显眼的污垢就用布擦掉。切去少许坚硬的菜根。整体烹调的话，为了让其充分加热，在菜根处划出十字划痕。

材料（4 人份）

蜂斗菜	8~10 个（60 克）
鲅鱼鱼段	4 段
盐、胡椒	各少许
黄油	6~7 大匙
白葡萄酒食用醋	1½ 大匙
柠檬汁	⅓ ~ ½ 个的量
色拉油	适量
黑橄榄	12 个

制作方法

1 在鲅鱼鱼段上撒盐、胡椒，静置 10 分钟。

2 将蜂斗菜的菜根切去少许，纵切为 2~4 份。

3 向平底锅中倒入 5~6 大匙色拉油加热，用中火烹炒蜂斗菜，颜色变鲜艳后出锅。

4 倒出平底锅的油擦净，倒入 3 大匙色拉油加热，将鲅鱼鱼皮面朝下放进锅。使用中火煎烤两面至中心也被加热，出锅。

5 擦净平底锅，放入黄油中火加热至黄油融化，变为黄金色后加入白葡萄酒食用醋和柠檬汁。晃动平底锅快煮，放上鲅鱼鱼段、蜂斗菜，撒上橄榄即可。

嫩煎鲅鱼配蜂斗菜黄油酱汁

酱汁被称为焦香黄油酱汁，烧焦的黄油彰显了柠檬的酸味。与蜂斗菜的淡苦相辅相成。

春之飨宴

20 分钟　1 人份　360 千卡　盐分 1.4 克

10 分钟 全部 312 千卡 盐分 12.4 克

材料（4 人份）

蜂斗菜..............................15~20 个（120 克）
盐..少许
A ┌ 高汤...1½ 杯
  │ 淡口酱油（或者普通酱油）...2.5~3 大匙
  │ 砂糖..2 小匙
  │ 甜料酒...1 大匙
  └ 料酒..1 大匙
白芝麻碎..少许

制作方法

1 将蜂斗菜菜根切去少许，放入加盐的沸水中焯煮 3 分钟左右捞出沥干。用流水冷却并不时换水。继续浸水半日，除去苦味。
2 向锅中放入 A 煮沸，将蜂斗菜除去水分后放入锅内，盖上锅盖用小火炖煮 20 分钟。
3 汤汁开始变少后停火，静置一段时间使其入味。出锅后撒上芝麻。

※ 可以放在密闭容器后放在冰箱里保存 5 天。

蜂斗菜味噌

只是简单地搭配上煮好的蜂斗菜味噌而已，却意外成为了一道难以停箸的料理。秘诀就在于入味至深的芝麻香。

蜂斗菜味噌烤饭团

直接将蜂斗菜味噌放在温热的饭团上也是不错的选择，如果做成烤饭团的话，味噌香浓，会加倍好吃。放上其他的烤鱼烤肉再烤制也是可以的。而且，还可以作为下酒菜享用。

材料（4 人份）和制作方法： 将茶碗 2~3 碗量的热米饭分成 4 份，手上涂少许盐将米饭捏成扁圆形，放入烤箱内快速烘烤两面。然后在米饭单侧放上蜂斗菜味噌，再用烤箱烤至味噌微微变焦。

（10 分钟 1 人份 196 千卡 盐分 1.1 克）

材料（容易制作的分量）

蜂斗菜.....................4 个（30 克）
  盐....................................极少量
味噌....................................100 克
白芝麻碎............................2 大匙

制作方法

1 将蜂斗菜菜根切去少许，放入加盐的开水中煮 3 分钟左右，过水冷却 2~3 分钟后除去水分，切成粗点的小块。
2 将芝麻放在研钵里研碎，加入味噌混合，继续放入蜂斗菜充分混合。

※ 可以放在密闭容器后放在冰箱里保存 5 天。另外，使用的芝麻改为 1.5~2 小匙的白芝麻酱也可以。这样的情况无需研磨，直接混合全部材料就可以。

30 分钟 全部 276 千卡 盐分 5.2 克

香炖蜂斗菜

通过过水除去多余的苦味，而香味则温和地扩散开来。直接食用也是不错的选择，搭配上烤鱼的话更加美味。

准备工作

洗净或者用湿布擦去污渍，再切去根部1厘米左右的坚硬部分。

黄瓜香

未打开的叶子呈现卷曲状，仿佛向前屈着身体的样子，被称为"屈"。焯水时没有什么杂质且口感独特。卷曲的部分比较小并且紧密地蜷缩在一起的为佳品。可以在焯水后直接凉拌或者用芝麻酱凉拌等方式食用。

20 分钟　1 人份 189 千卡　盐分 2.0 克

黄瓜香鸡肉白萝卜丝沙拉

这是一道能够突显黄瓜香弹性爽嫩口感的沙拉。将鸡肉的皮煎烤至焦黄喷香，再用微波炉使其全熟。最后再放柚子醋酱油汁调味，清爽可口。

豆腐芝麻酱凉拌黄瓜香

因为黄瓜香的浮沫很少，豆腐芝麻酱这样柔和清淡的凉拌酱和它正好相配。在过水焯煮后及时放盐进行调味腌制是这道菜的关键。

材料（4 人份）

黄瓜香..................7~8 根（50 克）
　盐..适量
凉拌酱
　木棉豆腐........ 1/2 块（150 克）
┌ 白芝麻碎......................2 大匙
│ 盐....................................1/3 小匙
│ 淡口酱油........................2/3 小匙
└ 砂糖..............................1 大匙

制作方法

1 豆腐用厨房用纸包好放在盘中，再用碗等重物压在上方，将它的体积挤压至原有的 2/3 时将多余的水分去除。

2 简单冲洗黄瓜香，切去根部坚硬的部分，放入加盐的沸水中焯煮1分30秒左右，捞出后沥干备用。从中间刨开，厚度变为原来的一半，再切为 3 厘米长的段，然后再撒上少许盐入味。

3 在研磨钵中将芝麻磨碎，豆腐掰细碎后放入钵内研磨直到顺滑无块状存留。再放入调味料搅拌均匀，最后加入黄瓜香拌匀即可。

※ 凉拌酱中的白芝麻可以用 1~1 1/2 小匙芝麻酱代替，这种情况下无需先研磨芝麻，只需将所有凉拌酱所需材料放入研磨钵内研磨至顺滑即可。

材料（4 人份）

黄瓜香..................7~8 根（50 克）
　盐..适量
鸡腿肉......................1 块（250 克）
┌ 盐....................................1/3 小匙
A
└ 料酒................................1 大匙
白萝卜...8 厘米长的段（300 克）
色拉油..................................少许
调味汁
┌ 柚子醋酱油......................1/4 杯
│ 酱油........................1/2 ~2 大匙
│ 色拉油............................1 大匙
└ 香油................................1 大匙

制作方法

1 黄瓜香简单洗净切除根部坚硬的部分，在加入盐的沸水中焯煮1分30秒左右，沥干水分备用。将茎叶切分开，茎纵向一切为二后，再切为3~4厘米长的段，叶子从中间剖开使其厚度变为原来的一半，再放在一起撒上少许盐进行简单腌制。

2 在平底锅中倒入色拉油热锅，将鸡皮朝下煎至颜色焦黄。翻面后再煎一小段时间后放入耐热容器中，倒入A静置10分钟左右。器皿表面盖一层保鲜膜在微波炉内加热4分钟后静置使其自然冷却。冷却后再将鸡肉切为一口食用的大小备用。

3 白萝卜从中间拦腰一切为二后去皮，切为细丝放入水中浸泡，重新恢复到水嫩状态后再捞出沥干备用。

4 把黄瓜香、鸡腿肉、白萝卜放入碗中，用混合调味汁拌匀即可。

10 分钟　1 人份 68 千卡　盐分 0.7 克

材料（4人份）

玉簪芽..................6 根（200 克）
　盐..................................1 撮
裙带菜（盐渍）............25~30 克
　水..............................½ 大匙
红枫萝卜泥：
┌ 白萝卜.....5~6 厘米（200 克）
└ 红辣椒..........................2~3 根
A┌ 柚子醋酱油......................¼ 杯
　└ 酱油..............................2 大匙

制作方法

1 玉簪芽从根部除去老叶并用水洗净。去除根部后在底部用十字花刀划开 5~6 厘米深备用。

2 如果玉簪叶太长可切为两部分，在加盐的沸水中焯煮 1 分 30 秒左右后捞出沥干，再用水冲洗 2~3 分钟后除去水分切为 2~3 厘米长的段。

3 枫叶萝卜泥。白萝卜去皮，在擦萝卜泥的那一面上用筷子扎 2~3 个洞，将用水泡软的红辣椒塞入白萝卜的洞中制作萝卜泥。萝卜泥放入笊篱中使其自然脱水。

4 洗净裙带菜，切为一口食用的大小放入笊篱内，在上面画圈式将沸水浇在上面后沥干。然后将裙带菜置于案板上用菜刀仔细敲打，放入碗中加水，用小号的打蛋器打出泡沫，将空气小心地混入裙带菜泥中。

5 玉簪芽装盘，再佐以裙带菜和枫红萝卜泥。均匀倒入已经调制好的调味汁 A，与玉簪叶拌匀后即可完成。

10 分钟　1 人份 230 千卡　盐分 0.6 克

玉簪芽小鱼干拌饭

将玉簪芽焯煮后与温热的白米饭拌匀。虽然制作简单但却是能够诠释春意的一道佳肴。这道菜的诀窍在于将玉簪芽焯煮至颜色青翠，不要焯煮过头。

材料（4人份）

玉簪芽..................3 根（100 克）
　盐..................................1 撮
温热的白米饭.........4 茶碗的量
A┌ 盐..............................⅓ 小匙
　└ 料酒..........................1 大匙
白芝麻碎......................适量

制作方法

1 玉簪芽从根部除去老叶并用水洗净。去除根部后在底部用十字花刀划开 5~6 厘米深备用。

2 如果玉簪叶太长可切为两部分，在加盐的沸水中焯煮 1 分 30 秒左右后捞出沥干，再用水冲洗 2~3 分钟后除去水分并任意切碎。

3 在盆中放上白饭，再放入混合好的 A 搅拌均匀，再继续加入大玉簪叶、小鱼干拌匀。盛入碗中并撒上芝麻即可。

玉簪芽

百合科多年生草本植物。在发育为 20~25 厘米左右高的时候嫩叶柔软并且没有强烈气味，淡薄的口味很适合用各种调料进行调味。大叶玉蓉特有的黏稠感也是鲜美的关键之一。入口的口感也很独特，值得期待。简单盐渍，用麻酱凉拌，或者作为汤头皆可。

准备工作

如果有稍硬的老叶从根部去除即可。用水充分洗净。去除根部后在底部用十字花刀划开 5~6 厘米深备用。

15 分钟　1 人份 32 千卡　盐分 1.8 克

玉簪芽凉拌裙带菜泥

裙带菜用菜刀不断细致敲击，再放入水进行搅拌，就会变为黏稠顺滑的口感。和焯煮过后更增加黏稠口感的大叶玉蓉是非常好的搭档。

Summer
Vegetables

[挑选方法]

茄子皮的颜色浓郁且有光泽，皮紧绷，有分量，压手且具有弹性的茄子为佳品。去柄后切口处水嫩，触碰茄子柄的时候，越感觉手部被尖锐的刺刺痛的茄子越新鲜。

[保存方法]

为了不使茄子水分蒸发，放入保鲜袋等袋子中，置于冰箱蔬菜保鲜室中储存。因为对低温敏感，所以注意不要将茄子放在温度低的地方保存。

[营养价值]

茄子内部 90% 以上为水分。维生素类的营养成分含量甚微，膳食纤维的含量高于西芹与卷心菜，钾含量也很高。茄子皮中含有的花青素具有防止动脉硬化和抗癌的功能。

茄子

15 分钟 1 人份 345 千卡 盐分 2.6 克

油焖味噌茄子

吸收了油分包裹着味噌酱的茄子，入口时软糯香甜。浇在白饭上令人食欲大增。因为辣椒的辛辣味，即使是食欲减退的炎炎夏日，只要有了这道菜，一定很下饭。

材料（4人份）

茄子	10 个（800~900 克）
猪五花薄肉片	150 克
红辣椒	1~2 根
色拉油	3 大匙

A		
	味噌	80 克
	砂糖	2 大匙
	料酒	2 大匙

制作方法

1 茄子去柄后用削皮器除去外皮，然后切为 1 厘米厚的圆片。猪肉切为 2 厘米长的段。红辣椒去柄去籽切为 6 毫米宽的段。

2 在平底锅中倒入色拉油热锅，倒入茄子用中火炒至变软熟透，取出备用。

3 再用同一口锅放入猪肉和红辣椒用中火煸炒，肉变色后将茄子倒回锅中搅拌均匀。再加入 A，翻炒至 A 与茄子完全混合后出锅即可。

材料（4人份）

茄子	6 个（500~600 克）
猪肉末	300 克
大蒜（大瓣）	1 瓣
生姜	1 块
葱	½ 根
色拉油	2 大匙
豆瓣酱	1~1.5 小匙
咖喱粉	1.5~2 大匙
A 味噌	2 大匙
料酒	2 大匙
酱油	1.5 大匙
砂糖	1.5 大匙
水	1.5 杯
B 淀粉	1 大匙
水	2 大匙
油炸用油	适量
香油	适量
热米饭、依喜好添加香菜	适量

制作方法

1 将大蒜，生姜切碎，将葱大体切碎。

2 将 A 混合好。

3 用中式料理锅加热色拉油，中火烹炒1，把豆瓣酱和咖喱粉加入炒至酱料涂抹均匀，炒出香味。加入肉末分开烹炒，倒入 A 混合，稍煮一会儿后停火。

4 把炸锅中的油炸用油加热至高温。切去茄子柄，如果有水分则擦干。纵向切两半后每一半横向切4等份，由切口放入油锅，炸至外皮颜色变鲜艳，并且茄身颜色变淡为止。

5 将 3 的锅再次加热，加入沥除油份的 4 中炸好的茄子，搅拌后中火烹煮。加入混合后的 B 勾芡，滴上香油后出锅。

6 把饭盛在碗里，浇上5，撒上碎切的香菜即可。

麻婆茄子咖喱

香辣的风味刺激着食欲，是和夏季十分切合的料理。茄子切好后直接下锅油炸，连除去杂质擦去水分的麻烦都省掉了，不用担心油花飞溅。

25 分钟　1 人份 816 千卡　盐分 2.4 克

材料（4 人份）

茄子（小）....8 个（600 克~650 克）	
茗荷	2~3 个
海带（15 厘米方形）	1 片
虾干	2~3 大匙
水	3 杯
酒	3 大匙
甜料酒	3 大匙
酱油	3 大匙

制作方法

1 将海带、虾干、水放入锅中，静置 15 分钟直到汤汁出来。

2 开火煮沸后加入调味料。

3 将茄子去柄，在两面都斜向划出细细的切口后直接排放静置在 2 的锅底，盖上闸盖用大火煮制。煮沸后改用小火，保持闸盖关闭把锅盖也盖上继续煮制 35~40 分钟。

4 煮好后直接用流水带走锅体的余热，放入冰箱中充分冷却。

5 将茗荷切为薄片，放入冷水静置，擦去水分。

6 将茄子盛到有汤汁的容器中，放上茗荷装盘即可。

30 分钟　1 人份 197 千卡　盐分 2.2 克

法式乡村茄子炖菜

■ ■ ■ ■

这是一道以大量茄子作为主角、只有夏季蔬菜的改良版番茄炖菜。不要把茄子煮到太过，由于要保留茄子大体的形状上桌，煮制的时间只维持在 15 分钟。作为配菜的话菜量也是足够的。

材料（4 人份）

茄子	10 个（800~900 克）
夏南瓜	1 个（150 克）
熟番茄	3 个
洋葱	1 个
大蒜	1 大瓣
欧芹碎末	3 大匙
橄榄油	3 大匙
盐	½ 小匙
胡椒	少许

制作方法

1 将茄子、夏南瓜去柄，纵向 4 等分切好后再切成 1 厘米厚的小段。将洋葱和大蒜切碎。

2 番茄去柄，在另一面划上十字的切口。过一下开水烫后浇冷水，用手剥去外皮。横向切 2 半后去籽，最后切为 1 厘米见方的小块。

3 向锅中放入橄榄油、洋葱、大蒜并用中火加热。一直炒到洋葱熟软，然后加入茄子、夏南瓜继续炒至全部过油为止。

4 加入盐、胡椒、欧芹碎末后搅拌，盖上锅盖改用小火蒸煮 10 分钟，加入番茄搅拌，再煮制 5 分钟后出锅即可。

60 分钟　1 人份 85 千卡　盐分 2.1 克

懒人风炖茄子

■ ■ ■ ■

也许是因为煮了很久以至于忘记在煮东西这件事，才起了这样的菜名。与闷热的日本夏天很相像，给人慢悠悠的感觉的菜肴。汤汁也可以一点不剩地喝光，作为米饭的配菜有着恰到好处的味道。在汤汁中放入素面这样经典的食用方法也非常值得尝试。

油炸茄子配金枪鱼塔塔酱

■ ■ ■ ■

去皮茄子的柔嫩多汁的口感,与芝士风味面包粉的
酥脆感搭配得天衣无缝。大胆地整体油炸,放上浓
厚的芝士,口感绝赞。

Summer
Vegetables

茄子

材料(4人份)

茄子............ 4~6 个(400~500 克)
　盐...................................适量
油炸用面糊
┌ 蛋液............................1 个的量
└ 面粉、水......................各适量
意大利面包粉:
┌ 面包粉(细)...................⅔ 杯
│ 帕玛森芝士碎屑................⅓ 杯
│ 欧芹、迷迭香碎末...各少许
└ 盐、胡椒......................各少许
金枪鱼塔塔酱:
┌ 金枪鱼(罐头,片).......80 克
│ 煮鸡蛋粗切块.........½ 个份
│ 沙拉酱.....................5 大匙
│ 洋葱切碎.................2 大匙
│ 粒状黄芥末.................1 小匙
│ 柠檬汁.............1½ ~2 大匙
│ 盐、胡椒..................各少许
└ 香菜切碎..................适量
欧芹,油炸用油..........各适量

制作方法

1 茄子去柄,刮去外皮。马上放入盐水(1 大匙盐
溶在 3 杯水中),用盘子压住不要让茄子浮上来,
静置 10 分钟。
2 将打好的鸡蛋、面粉、水混合制成油炸用面糊。
将意大利面包粉的材料混合后静置。
3 擦去茄子的水分,涂上面糊和面包粉。
4 将锅中的油炸用油中温加热,放入茄子不时翻动
慢慢烹炸,炸脆后沥去油分。
5 出锅盛盘,将金枪鱼塔塔酱的材料混合好之后放
在上面,撒上欧芹即可。

南瓜

[挑选方法]

一整个的南瓜的挑选方法是在南瓜柄的切口处观察,内部充分干燥并且外皮厚实坚硬,沉甸甸有分量的为佳品。切好的部分南瓜,可观察内部的种子和絮状物是否紧实地布满南瓜内部。另外,果肉颜色较深的南瓜品质较好。

[保存方法]

不切开的情况下放在通风良好的阴凉处保存,能够保存数月。切好的部分南瓜,因为内部的种子和絮状物容易导致南瓜变质,因此,除去种子和絮状物之后,用保鲜膜包起来放入冰箱的蔬菜保鲜室储存即可。

[营养价值]

含有大量有抗衰老特效药之称的维生素E,在蔬菜之中也属于顶级配备,还富含胡萝卜素、膳食纤维、维生素C等成分。比土豆富含更多维生素。因为被蛋白质所包裹,所以即使加热也不会损失过多维生素C。

Summer Vegetables

20 分钟　1 人份 317 千卡　盐分 1.5 克

鸡肉末炖南瓜

从肉末中炖煮出的鲜香和脂香一起被南瓜吸收,出锅装盘的时候,将全部汤汁和肉末勾芡收汁,最后浇在南瓜上。
这样做比全部勾芡的方法更容易使南瓜维持它的形状,装盘时视觉效果也很美丽。

材料(4 人份)

南瓜	½个 (800 克)	甜料酒	2 大匙
鸡肉末	150 克	A 砂糖	1 大匙
色拉油	½ 大匙	淡口酱油	2 大匙
料酒	2 大匙	B 淀粉	½ 大匙
水	1½ 杯	水	½ 大匙

制作方法

1 南瓜切为 3 厘米见方的块。

2 在锅内倒入色拉油热锅,倒入鸡肉末用中火煸炒,肉末变色并且互不粘连后撒入料酒。

3 加入南瓜和水炖煮开锅,放入 A,盖上锅盖用小火炖煮 10~12 分钟。

4 将南瓜装盘,用 3 的锅再次用中火热锅后将 B 一边搅拌混合一边倒入锅内,变黏稠后浇在装盘后的南瓜上即可。

材料（4 人份）

南瓜	1/2 个（800 克）
猪五花肉薄片	200 克
腌藠头	100 克
色拉油	2 大匙
料酒	2 大匙
盐	1/3 小匙
胡椒	少许

制作方法

1 南瓜切为 8 毫米厚的片，再切为 2~3 等分的小块。猪肉切为 3~4 厘米长的片。藠头纵切为 3 毫米厚的片。

2 在平底锅中倒入 1 大匙色拉油热锅，将一半量的南瓜并排摆放在锅中。盖上锅盖用小火焖蒸 3 分钟左右，掀开锅盖将南瓜翻面后按前述方法将南瓜蒸熟后取出备用。再添加一大匙色拉油并再次热锅，将剩下的南瓜也如法炮制备用。

3 简单擦拭平底锅后热锅，将猪肉散开倒入锅内，用较强的中火进行煸炒。变色后再放入南瓜和藠头一同煸炒。撒入料酒、盐和胡椒，再次翻炒均匀出锅即可。

30 分钟 1 人份 272 千卡 盐分 2.5 克

南瓜鸡胸肉冷餐盘

■ ■ ■ ■

在冷却过程中逐渐入味的南瓜加上裹上淀粉炖煮的鸡肉，口感顺滑滋味浓郁。并不仅仅是清淡的口感，冷却后能够使南瓜的甘甜滋味得到抑制，是一道爽口怡人，对于夏日来说再合适不过的炖煮菜肴。

材料（4 人份）

南瓜	1/2 个（800 克）
鸡小胸肉	5 块（200 克）
A 盐	少许
料酒	1/2 大匙
淀粉	少许
水	3 杯
料酒	2 大匙
甜料酒	2 大匙
淡口酱油	3 大匙
生姜泥	适量

制作方法

1 南瓜切为 3 厘米见方的块。鸡小胸肉横着片为 3 等份，撒入 A 拌匀，静置 5 分钟入味。

2 在锅内倒入水加热烧开，再倒入料酒、甜料酒、酱油后再次煮沸。

3 除去鸡肉上的汁水，裹上淀粉后轻轻用刀背拍击，一块块放入 2 的锅内。稍微搅拌后将火力调小，盖上锅盖煮 3 分钟左右。

4 捞出鸡小胸肉，再加入南瓜，盖上锅盖用小火炖煮 15 分钟。

5 鸡小胸肉自然冷却，南瓜放在汤汁中静置冷却（如果放入冰箱中冷却请先使其完全除去余热后再放入冰箱）。最后将鸡胸肉和南瓜取出装盘，浇汤汁，佐以生姜末即可。

20 分钟 1 人份 461 千卡 盐分 1.0 克

藠头炒南瓜猪肉

■ ■ ■ ■

酸甜可口，藠头能够促使猪肉中的维生素 B1 更好地吸收，维生素 B1 又能够加速南瓜中糖分的燃烧消耗，是梅雨季节到盛夏之间最理想的食用搭配组合。

因为是煸炒菜肴，所以藠头没有了脆嫩口感也没关系。

嫩扁豆

Summer
Vegetables

[挑选方法]

整体匀称纤细笔直，色泽青翠艳丽
为佳品。豆荚两端笔直且水嫩的嫩
扁豆新鲜度较高。如果豆粒从豆荚
外部清晰可见，证明发育过度，味
道会有所损失。

[保存方法]

因为是生长过程中摘下的豆荚，应
尽早食用为佳。如需保存，因为在
通风处会丧失水分使豆荚发蔫，所
以需要将储存嫩扁豆的整个袋子或
者嫩扁豆本身装进保鲜袋内再放入
冰箱的蔬菜保鲜室内储存。

[营养价值]

富含胡萝卜素和钾，豆荚和豆子两
部分都富含大量膳食纤维。没有被
过度培育的嫩扁豆也含有抗疲劳和
促进新陈代谢的天冬酰胺酸。

味噌炒嫩扁豆猪肉

■ ■ ■ ■

从肉末中炖煮出的鲜香和脂香一起被南瓜吸收，出锅装盘的
时候，将全部汤汁和肉末勾芡收汁，最后浇在南瓜身上。
这样做比全部勾芡的方法更容易使南瓜维持它的形状，装盘
时视觉效果也很美丽。

15 分钟 1 人份 272 千卡 盐分 1.5 克

材料（4 人份）

嫩扁豆	200 克	水	1~2 大匙	
猪肩里脊肉薄片	300 克	砂糖	1½ 大匙	
A ⎡ 盐	¼ 小匙	B ⎡ 味噌	2 大匙	
⎣ 胡椒	少许	⎪ 甜料酒	1 大匙	
色拉油	1 大匙	⎣ 生姜泥	1 大匙	

制作方法

1 嫩扁豆除去较硬的两端，去丝，斜刀切为两段。
2 猪肉切为可一口食用的大小，撒上 A。将 B 混合均匀。
3 在平底锅内倒入色拉油热锅，再放入嫩扁豆用大火煸炒 2 分钟左右直至嫩扁
豆颜色稍微改变，再倒入水继续煸炒直到水分蒸发至消失。

4 取出嫩扁豆，用中火煸炒猪肉。猪肉变色后放入砂糖，一边煸炒翻匀至糖变
为些许焦糖色为止。
5 将嫩扁豆回锅，再倒入 B，快速翻炒均匀后出锅即可。

材料（4人份）

嫩扁豆	200 克
熟章鱼足	2 根（200 克）
西芹茎	1 根的量
面粉	适量
A ｛ 柠檬汁	1 个的量
盐	½ 小匙
胡椒	少许
橄榄油	1 大勺
油炸用油	适量

制作方法

1 嫩扁豆除去两端的硬尖和丝，一切为二备用。章鱼切为滚刀块。西芹切成薄片备用。

2 锅内倒入油加热至中等温度，将嫩扁豆直接放入油锅内炸 30 秒左右捞出。

3 接下来将切好的章鱼外面裹一层面粉后再下油锅炸 1~2 分钟。

4 嫩扁豆、章鱼、西芹放入碗中搅拌均匀，再淋上混匀的 A 即可。

25 分钟 1 人份 184 千卡 盐分 2.2 克

嫩扁豆炖油炸豆腐包

■ ■ ■ ■

不要在意那些长长的、绿色已经变色的嫩扁豆，煮到柔软的时候，夏季精髓的嫩扁豆滋味就扩散出来了。不只限于油炸豆腐包，用炸豆腐块和油豆腐来煮也可以。

材料（4人份）

嫩扁豆	400 克
油炸豆腐包（小）	8 个
色拉油	1 大匙
高汤	1 杯
甜料酒	2 大匙
砂糖	1 大匙
酱油	3 大匙

制作方法

1 除去嫩扁豆坚硬的两端和丝。油炸豆腐包在沸水中焯煮一下除去部分油脂，除去水分沥干。

2 在锅内倒入色拉油热锅，再放入嫩扁豆用中火进行煸炒，嫩扁豆全部过油之后加入豆腐包和高汤一同炖煮。

3 加入调味料后盖上锅盖，用小火炖煮 10~15 分钟出锅即可。

15 分钟 1 人份 174 千卡 盐分 0.9 克

炸嫩扁豆章鱼沙拉

■ ■ ■ ■

任意编配，按照自己的意愿去组合素材，沙拉就成了很有个性的配菜。将嫩扁豆迅速油炸一下，生西芹切成薄片，淋上能够突显柠檬汁口味的调味料，滋味爽口。淋上调味料之后冷却，拌匀之后腌制的风味也非常值得期待。

新牛蒡

Summer Vegetables

[保存方法]

新牛蒡连着茎部很容易流失水分，因此，先将茎部切除，用报纸等物包裹好置于通风良好的阴暗处，或是置于冰箱的蔬菜保鲜室中。

[营养价值]

是膳食纤维的宝库。其中一种名为木质素的膳食纤维有预防大肠癌的功效，另一种菊粉有预防糖尿病的作用。可以增加肠道内益生菌的低聚糖在新牛蒡中也含量丰富。

[挑选方法]

整体匀称，表面较为平整光滑，连着茎的部分（左图的上部）水嫩新鲜，根须较少的为佳。

20 分钟 1 人份 382 千卡 盐 0.8 克

新牛蒡猪肉卷

烤至焦脆的牛蒡猪肉卷再撒上芝士粉和欧芹碎末。
看上去只是普通的一道小菜，但是吃起来会发现搭配白饭非常可口。

材料（4 人份）

新牛蒡	2~3 根（250 克）
猪五花肉薄片	300 克
A 盐	½ 小匙
A 胡椒	少许
芝士粉	2 大匙
欧芹碎末	少许
面粉	适量
色拉油	1 大匙

制作方法

1 将新牛蒡刷洗干净并切为 5 厘米长的段，用水冲洗 1 分钟。沥干水分后放入锅内，加入刚好没过牛蒡的水并加热，开锅后调为中火再煮 7~8 分钟，当竹签能够顺利穿过牛蒡时关火。

2 在猪肉上撒上 A，一片一片展开然后包裹一段段的牛蒡，最后裹上一层面粉并在肉片尾端刺入一根牙签固定。

3 在平底锅内倒入色拉油热锅，将 2 的肉片尾端向下摆放在平内锅内，先煎烤至焦脆，再微微翻动肉卷使猪肉全熟。

4 除去牙签后摆盘，撒上芝士粉和欧芹碎末即可。

20 分钟 1 人份 256 千卡 盐分 2.0 克

和风新牛蒡炖鳗鱼

新牛蒡质地柔软，因此无需炖煮很久也没问题。清炒后再用大火一口气炖煮完成，新牛蒡不仅保留了口感，也会十分入味。

材料（4 人份）

新牛蒡	2~3 根（250 克）
蒲烧鳗鱼	2 大串（300 克）
葱	1 根
色拉油	1 大匙
A 高汤	1 杯
A 砂糖	3 大匙
A 酱油	2 大匙
花椒嫩芽	少许

制作方法

1 新牛蒡刷洗干净后乱刀切为一口能够食用的大小，用水再冲洗 1 分钟，沥干水分。

2 鳗鱼切为 3 厘米长的段，葱切为 2 厘米长的段备用。

3 在平底锅内放入色拉油热锅，倒入牛蒡，用大火炒至稍微透的状态。

4 放入葱段继续翻炒至葱段微微变色，再放入 A 和鳗鱼，用大火炖煮至汤汁消失并不时搅拌。

5 装盘，并撒上用刀任意切过的花椒嫩芽即可。

西葫芦

[保存方法]

完整的西葫芦可以放在冰箱的蔬菜保鲜室存放一周。已切开的西葫芦由于干燥易腐，最好还是尽快食用。用保鲜袋或者保鲜膜包裹好放入冰箱的蔬菜保鲜室保存。

[挑选方法]

外皮浓绿，饱满有光泽，花萼部的切口富有水分的是优良品。太大的西葫芦味道会差些，尽量不要选。

[营养价值]

富含胡萝卜素。但是其他的维生素以及微量元素含量不太多。尽管果肉充足，但热量却很低是西葫芦的显著特征。

蒜香西葫芦烤剑鱼

■ ■ ■ ■

由于西葫芦和橄榄油是绝佳的搭配，本料理不使用色拉油，务必使用橄榄油。

30 分钟 1 人份 232 千卡 盐分 2.0 克

材料（4 人份）

西葫芦	2 根（300 克）
剑鱼段	4 块（400 克）
A 盐	⅓ 小匙
胡椒	少许
小番茄	8 个
大蒜	4 瓣
B 酱油	2 大匙
橄榄油	2 大匙

制作方法

1 将西葫芦两端切掉少许，然后切成3~4 段，再纵向一切为二。去除番茄花萼，在外皮上划开一个口子。将大蒜切为两半。

2 将剑鱼切成两半，撒上 A。

3 将西葫芦彼此分开，放在烤箱的盘子上，然后把剑鱼置于其上，周围放上小番茄，在上面撒上大蒜。将 B 均匀浇在上面，使用 220 摄氏度的温度将其放在烤箱中间烤制 25 分钟即可。

西葫芦牛肉卷

■ ■ ■ ■

没有明显特点也无缺点就是西葫芦的典型个性，搭配甜辣口的日式风味也是绝配。只要咬一口，西葫芦特有的鲜嫩汁水就扩散开来。

20 分钟 1 人份 481 千卡 盐分 2.1 克

材料（4 人份）

西葫芦	2 根（300 克）
牛肉（涮锅用）	16 片（300 克）
面粉	2 大匙
色拉油	2 大匙
A 酱油	3 大匙
砂糖	2 大匙
甜料酒	2 大匙
水	2 大匙

制作方法

1 将西葫芦两端切去少许，纵向切为两半，然后每一半分成 4 块。

2 将牛肉逐片铺开，将西葫芦逐块放上卷好，全体撒上面粉。

3 向平底锅中倒入色拉油加热，将 2 中的肉卷排好放入锅中，一边翻动一边用中火烧至全部上色为止。

4 均匀浇入混合好的 A，搅拌至水分蒸发即可。

[挑选方法]

整体颜色较深，周身的突起比较明显且挺立，分量越重的苦瓜为佳品。突起看上去面软并且发黑的苦瓜表明新鲜程度较低，应避免挑选此类苦瓜。

- - - - - - - - - - - - -

[保存方法]

放入保鲜袋或者用保鲜膜包裹好储存在冰箱的蔬菜保鲜室内。如果突起开始发蔫，证明鲜度有所下降。如果周围温度过高，内部的絮状物和种子会发红，但并不是腐烂变坏的征兆，所以依旧能够食用。

- - - - - - - - - - - - -

[营养价值]

维生素 C 的含量比草莓中的还要多，也具有很强的耐热性。同时还含有胡萝卜素、矿物质以及膳食纤维。苦瓜中的苦味成分，具有抑制致癌物质活性的功效。

- - - - - - - - - - - - -

Summer
Vegetables

苦瓜

味噌炒苦瓜肉片

■ ■ ■ ■

将苦瓜快速过水焯一下，只是在最后放入锅内与酱汁翻炒均匀，口味清淡爽口，口感脆嫩弹牙，配合菜刀轻拍过的肉片，味噌酱炒菜肴的鲜美被彰显无疑。

作为浇头浇在白饭上，或者作为卤汁与面或米粉混合而食，绝对是一道美味佳肴。

15 分钟 1 人份 225 千卡 盐分 1.7 克

材料（4 人份）

苦瓜（中）..............1 根（300 克）

　盐..........................适量

猪肩里脊肉薄片..............300 克

豆瓣酱..........................300 克

A ⌈ 味噌..........................2 大匙

　∣ 料酒..........................2 大匙

　⌊ 砂糖..........................2 大匙

香油..........................少许

制作方法

1 切除苦瓜的两端，纵向从中间剖开，挖去其中的絮状物和种子，然后切为 4~5 毫米宽的片状。撒上少许盐搅拌一下，放入笊篱内过水焯煮至色泽鲜艳均匀后捞出，除去多余水分。

2 猪肉简单拍击敲打后随意切成小段。将 A 搅拌混合均匀。

3 将平底锅充分加热，将肉片打散后放入锅内用中火煎烤。肉变色后加入豆瓣酱，将豆瓣酱与肉片充分拌匀，再放入 A，翻炒直至味噌酱出现焦香。

4 最后放入苦瓜一同快速翻炒均匀，再点上一些香油起锅装盘。

材料（4人份）

苦瓜（大）..............1根（350克）	
面粉..........................适量	
樱虾..........................2~3撮	
天妇罗粉......................约²⁄₃杯	
冷水..........................约²⁄₃杯	
油炸用油......................适量	
粗盐、柠檬片..................各适量	

制作方法

1 切除苦瓜的两端，切为1.5厘米厚的小段。挖取其中的絮状物和种子，用滤茶网将面粉洒在苦瓜上，混匀。

2 将樱虾研磨细碎。把天妇罗粉与冷水混合，樱虾也加进去做成面糊。

3 向锅中倒入油炸用油，并加热至中温，将苦瓜裹好面糊后放入热油。不时翻滚，慢慢炸至酥脆。

4 出锅装盘，点缀上粗盐和柠檬即可。

15 分钟 1 人份 147 千卡 盐分 2.0 克

冲绳鸡蛋豆腐炒苦瓜

■ ■ ■ ■

如果说代表性的苦瓜料理，那么就一定是冲绳的这道菜。蛋液和豆腐混合，滋味温和且易于入口，对于初次食用苦瓜的孩子或者成人都推荐尝试这道菜色。

营养均衡，作为食疗菜色也是一个不可忽视的存在。

材料（4人份）

苦瓜（中）..............1根（300克）	
盐..........................适量	
木棉豆腐..................1块（300克）	
小葱（白色部分）..........4根的量	
鸡蛋..........................2个	
盐..........................少许	
鲣鱼刨花..................1包（5克）	
色拉油......................1大匙多	
盐..........................1小匙	
酱油..........................少许	

制作方法

1 切除苦瓜的两端，纵向从中间剖开，挖去其中的絮状物和种子，然后切为4~5毫米宽的片状。撒上少许盐搅拌一下。

2 豆腐用重物压制并去除水分。小葱斜刀切4~5厘米宽的段，将鸡蛋打散并加入食盐混合均匀。鲣鱼刨花简单揉搓使风味更佳。

3 用中火热锅后再放入色拉油，充分除去苦瓜残存的水分后放入锅内煸炒，直至苦瓜色泽鲜艳后再加入小葱翻炒均匀。

4 将豆腐任意掰成块状，不时翻面翻炒，撒上盐，再撒些许酱油提鲜。

5 将蛋液倒入锅内快速搅拌，并不时翻面煎制，再将鲣鱼刨花用手揉搓后放入蛋液中直至飘香，注意将它们撒在蛋饼的每一个位置。

20 分钟 1 人份 176 千卡 盐分 0.8 克

苦瓜天妇罗

■ ■ ■ ■

在冲绳，这道菜像红薯天妇罗一般受欢迎的日常佐餐。

天妇罗的面糊中加入捣碎的樱虾，香气会更胜一筹，而苦瓜的风味也是刚刚好展现出来，让人欲罢不能。食用时蘸取少量食盐，或者蘸盐和柠檬汁，在这点上每个人都会有自己的答案。

秋葵

[挑选方法]

整体饱满有张力，五角型棱角分明，去掉柄后切口处水嫩新鲜的为佳品。表面绒毛密布的表明很新鲜。应该避免挑选硕大且坚硬的秋葵。

[保存方法]

放入保鲜袋内置于冰箱的蔬菜冷藏室储存。新鲜程度下降的时候表面容易泛黑且表皮易变硬。

[营养价值]

富含胡萝卜素、膳食纤维，以及黏稠物质。黏稠物质主要由水溶性膳食纤维果胶以及被称为黏蛋白的一种糖蛋白构成，并且有助于人体吸收蛋白质，同时具有调整肠内环境的功效。

Summer Vegetables

20 分钟 1 人份 198 千卡 盐分 1.6 克

秋葵炖油炸豆腐

■■■■

虽口味清淡，但是食材已经充分吸收了炖煮的汤汁，因此，无论是趁热食用，还是放凉后冷食，皆是一道美味。
稍微准备一下，将秋葵加盐焯煮后，在炸豆腐炖煮到一半时将秋葵放入锅内一同炖煮是这道菜的重点。

材料（4人份）

秋葵	2 袋（约 20 根）	料酒	2 大匙
盐	适量	甜料酒	3 大匙
炸豆腐	2 块	砂糖	½ 大匙
高汤	1½ 杯	酱油	3 大匙

制作方法

1 秋葵除去顶部及棱角分明的坚硬部分，用盐揉搓，在大量的沸水中快速焯煮一下，捞出用冷水降温，除去水分后备用。

2 将炸豆腐也放入沸水中焯煮，捞出去除水分，纵向一切为二后再横向切为 2 厘米宽的块。

3 将锅中的高汤煮沸后加入调味料，再加入炸豆腐块。再次煮开锅后将火力调小，盖上盖子再炖煮 5 分钟。

4 加入秋葵，再炖煮 5~6 分钟后出锅即可。

材料（4 人份）

秋葵	3 袋（30 根）
猪五花肉薄片	200 克
黑木耳	2 大匙
大蒜	1 瓣
红辣椒	2 根
色拉油	2 大匙
热水	⅓ 杯
料酒	2 大匙
甜面酱	3 大匙
酱油	1 大匙
香油	½ 大匙

制作方法

1 秋葵除去顶部及棱角分明的坚硬部分。猪肉切为 3~4 厘米长的片，黑木耳放入水中泡发，再切除底部。蒜切为两半。红辣椒一根去柄和籽并切为小段环状，另一根保持原状即可。

2 在中式炒锅内放入 1 大匙色拉油，热锅后将秋葵快速翻炒，再放热水，盖上盖子后蒸煮 2~3 分钟，捞出沥干放筇篱上备用。

3 擦拭中华炒锅后，再放入 1 大匙色拉油和大蒜入锅用中火煸炒。爆香后再放入猪肉，一边搅散一边煸炒，肉变色后再加入红辣椒继续煸炒。

4 加入秋葵、黑木耳并撒入料酒，再放入甜面酱和酱油一同翻炒，全部的食材和调料混合均匀后，撒入香油出锅即可。

20 分钟　1 人份 362 千卡　盐分 1.5 克

香煎剑鱼配秋葵酱

■ ■ ■ ■

切碎煮好的秋葵不仅容易食用，也可根据不同的调味习惯，或者加入不同的菜肴当中的方式，使菜单的种类变得多样。

将橄榄油替换为香油，柠檬汁替换为醋，再加入豆瓣酱，就能够变成和豆腐等食材十分搭配的中式调味汁。

材料（4 人份）

秋葵	2 袋（约 20 根）
盐	适量
A 〔橄榄油	4 大匙
盐	⅔ 小匙
胡椒	少许
柠檬汁	1 大匙
剑鱼肉	4 片
盐、胡椒	各少许
面粉	适量
番茄	1 个
色拉油	2 ½ 大匙
黄油	10 克

制作方法

1 秋葵除去顶部及棱角分明的坚硬部分，用盐揉搓，在沸水中煮至整体变软。放入冷水冷却，除去水分切为薄片，在食用前加入 A，制作为秋葵酱汁。（搅拌均匀后放置一段时间，酱汁会因为柠檬的酸味变色）。

2 剑鱼肉上撒盐和胡椒。番茄纵向一切为二，除去根部，再切为 1 厘米厚的半月形备用。

3 平底锅内放 ½ 大匙色拉油热锅，将番茄两面煎熟，装盘备用。

4 擦拭平底锅，放入 2 大匙色拉油及黄油热锅，并排放入除去水分后裹好面粉的剑鱼肉，用中火煎至两面上色。盖上锅盖调小火力，蒸烤 2 至 3 分钟。

5 剑鱼肉放入 3 的盘中，浇上秋葵酱汁即可。

15 分钟　1 人份 338 千卡　盐分 1.6 克

味噌秋葵肉片

■ ■ ■ ■

整个蒸煮后的秋葵进行炒制，口感刚刚好，有一种大量摄入蔬菜的感觉。

大蒜和红辣椒的风味，熟悉的中式味噌酱炒菜肴根据不同的食材组合，带给人崭新的全新的口感体验。

青椒

[挑选方法]

绿色鲜艳有光泽，花萼尖利，椒体饱满的是优良品。凹陷或者变形虽然不影响品质，但是要避免挑选整体都萎蔫的。

[保存方法]

放入保鲜袋中，再放进冰箱的蔬菜保鲜室保存。尽管可以保存4~5天，不过一旦有一个变坏就会传染给其他青椒，所以要小心留意，一旦有坏的及时扔掉。

[营养价值]

维生素C的含量比猕猴桃还要多，而且不怕加热也是显著特征。胡萝卜素、钾、食物纤维也是很丰富的。

梅干炖青椒肉片

■■■■

煮烂后不再泛绿的青椒失去了特殊的气味，甜味更加突出，非常好吃，即便一人吃4个都吃不够。

30 分钟 1 人份 291 千卡 盐分 2.2 克

材料（4人份）

青椒	16 个	色拉油	1 大匙
猪五花肉薄片	200 克	料酒	4 大匙
梅干（大）	2 个	水	½ 杯
红辣椒	2 根	甜料酒	3 大匙
生姜薄片	½ 块的量	酱油	2 大匙

制作方法

1 将青椒整体洗净擦去水分。猪肉切为5~6厘米的小条。

2 向锅中倒入色拉油加热，一边搅动猪肉一边中火炒制，变色后加入青椒炒至全部过油。

3 撒上酒，加水，用手撕碎梅干加入进去。然后加入红辣椒、生姜、甜料酒、酱油，搅拌一下。盖上盖子改用小火，中途上下翻动一下，煮制20分钟即可出锅。

材料（4人份）

青椒..................................12 个
沙丁鱼................................6 条
大蒜..................................2 瓣
红辣椒................................2 根
香叶..................................1 片
橄榄油................................4 大匙
白葡萄酒..............................3 大匙
盐....................................1 小匙
胡椒..................................少许

制作方法

1 将青椒整体的水分擦去。大蒜纵向切为两半。
2 去除沙丁鱼的头和内脏，洗净后擦干，长度一切为二。
3 向平底锅中倒入 2 大匙橄榄油，加入大蒜，小火炒至溢出香味，加入沙丁鱼、红辣椒、香叶，用中火炒至沙丁鱼两面焦黄，全部取出。
4 擦净平底锅后倒入 2 大匙橄榄油热锅，用大火翻炒青椒至全部过油。
5 将 3 中的所有东西倒回锅中，撒上白葡萄酒、盐、胡椒，快速搅拌，盖上盖子后小火蒸煮 10~15 分钟即可。

25 分钟　1 人份 260 千卡　盐分 2.9 克

番茄炖青椒配半熟蛋

■ ■ ■ ■

像普罗旺斯杂烩一样的夏季炖菜，只需煮制 10 分钟左右。未煮烂的蔬菜配上半熟蛋和芝士搅在一起食用，足够作为早午间餐或者午餐的主菜来食用。冷却后也相当美味，不过冷却食用的时候比起芝士更推荐撒些欧芹。

材料（4人份）

青椒..................................12 个
茄子..................................3 个
洋葱..................................½ 个
番茄罐头（400 克）...................2 罐
鸡蛋..................................4 个
大蒜..................................1 瓣
色拉油................................3 大匙
　┌ 盐..............................1 小匙
A │ 砂糖............................1 小匙
　└ 胡椒............................少许
芝士粉................................适量

制作方法

1 将青椒纵向一切为二，去除蒂和籽，斜向切为宽 2 厘米的小段。将茄子的蒂去掉，纵向一切为二，切为厚 1 厘米的小片。洋葱和大蒜切碎。
2 向平底锅中倒入色拉油加热，倒入洋葱和大蒜中火炒制，变软后加入青椒和茄子炒至变软。
3 压碎番茄罐头的番茄连汁一起混入，煮沸后加入 A，中火煮 10 分钟左右。
4 将鸡蛋逐个放入，盖上盖子将火调小，煮至鸡蛋半熟为止。出锅撒上芝士粉。

25 分钟　1 人份 378 千卡　盐分 1.6 克

橄榄油蒸煮青椒沙丁鱼

■ ■ ■ ■

不去掉青椒的蒂和籽，整个青椒直接用橄榄油烹炒，用少量的白葡萄酒蒸煮，可以使青椒的风味更好地浸入到沙丁鱼中，是一道很辣的料理。放凉了食用也很美味。对于初次体验的人也许会在意蒂和籽，不过，因为已经炒得萎蔫了，所以整体都可以一起吃掉。

黄瓜

蒜焖甜烧黄瓜猪肉

■ ■ ■ ■

将黄瓜煨炖，虽然质地变得柔软，但依旧能够保持口感，拥有让人垂涎的风味。

将黄瓜腌制至盐溶解并充分渗透至黄瓜内部，这样处理的黄瓜滋味更浓，请一定尝试这种制作方法。

70 分钟 1 人份 533 千卡 盐分 3.0 克

材料（4人份）

黄瓜	6 根（600 克）
盐	1 大匙多
五花肉	600 克
大蒜	7~8 瓣
色拉油	1 大匙
A ┌酱油	⅓ 杯
├甜料酒	¼ 杯
├砂糖	2 大匙
└水	1 杯

制作方法

1 黄瓜用盐充分盐渍，然后用水冲洗干净并除去水分，切除两端后再从中间切为长度相同的两段。猪肉切为1厘米厚的片备用。

2 锅内放色拉油热锅，放入猪肉用中火将两面煎至焦黄上色，再倒入没过猪肉的水后煮开锅。除去浮沫，盖上盖子用小火煨煮 20 分钟。

3 将煮肉的汤全部倒掉后放入A、黄瓜和整瓣的大蒜，用中火炖煮。开锅后盖上盖子，再炖煮 30~40 分钟即可。

黄瓜鳗鱼寿司拌饭

■ ■ ■ ■

按照米的重量放入一定比例的醋一同蒸煮，所以不会出现寿司饭中的水分过多的失败状况，在与食材混合时用大碗即可完成。从现在开始，就能掌握轻松制作寿司饭的方法。

40 分钟 1 人份 484 千卡 盐分 2.9 克

材料（4人份）

黄瓜	4 根（400g）
盐分	不到 1 大匙
A ┌水	4 大匙
└盐	1 小匙
米	2 杯
B ┌水	1⅔ 杯
├醋	⅓ 杯
├砂糖	2 大匙
├盐	1 小匙
└色拉油	½ 大匙
蒲烧鳗鱼	2 串（200 克）
青紫苏叶	10 片
切片的茗荷	4 个的分量

制作方法

1 米淘好后放在笊篱上静置 30 分钟以上。再放入电饭煲，与B 充分搅拌混合后，按照通常的方法蒸制米饭。

2 黄瓜用盐充分盐渍，然后用水冲洗干净并除去水分。除去两端后竖直切为两半，然后再放平切为薄片。放入碗中与A搅拌均匀，再静置15分钟。

3 鳗鱼竖直从中间剖开，切为1厘米的小段。青紫苏叶撕成大块备用。

4 将米饭盛在大碗中散开少许降温，趁有余热时加入鳗鱼搅拌均匀。

5 将黄瓜中的水分充分压紧实榨干，再与青紫苏叶和茗荷一同搅拌均匀后，一同放入 4 中再次混合即可。

[保存方法]

为了不让叶子腐坏，如果是密封袋中未开封状态的王菜，请直接放入冰箱的蔬菜冷藏室内储存。如果菜叶从袋子里露出来的话应该再套一层袋子，密封后放入冰箱保存。

[挑选方法]

王菜即为食用黄麻，学名长蒴黄麻。叶尖挺立且叶子具有一定厚度，色泽青翠的王菜为佳品。切口处没有变为茶色且水嫩，茎部有弹性且质地柔软也是新鲜王菜的一个判断标准。

[营养价值]

胡萝卜素、维生素E、钙的含量在蔬菜当中是第一。维生素C、钾、膳食纤维的含量也是位居前列。切断后流出的黏稠物质具有调整肠道环境的效果。

王菜

蒜烧王菜鱿鱼

■ ■ ■ ■ ■

王菜和鱿鱼一同焯煮，趁热仅仅加入中式酱汁混合均匀即可。如果没有绍兴酒，用日本酒制作也没问题。

20 分钟　1 人份　107 千卡　盐分 1.5 克

材料（4 人份）

王菜		⅔ 袋（100 克）
鱿鱼（大）		1 只（300 克）
A	香油	1 大匙
	绍兴酒	1 大匙
	盐	少许
蘸汁		
	蒜蓉	2~3 瓣的量
	酱油	2 大匙
	绍兴酒	1 大匙
	香油	1 大匙

制作方法

1 将王菜茎坚硬的部分切去10 厘米长左右后，再切成 2 厘米左右的段。

2 将鱿鱼的须和身体部分分开，身体部分剥去薄膜后切为1 厘米宽的圆环，须用菜刀背削去吸盘后切成合适食用的大小。

3 在锅内放入足够多的水并煮沸，然后放入A，用大火进行炖煮。待鱿鱼颜色变白且肉质紧缩后，再放入王菜一同焯煮，然后立刻捞出，并沥干水分。

4 放入大碗内，趁热将 ½ 混合均匀的蘸汁倒入大碗中进行搅拌，装盘后再将剩余的½ 蘸汁浇在料理上即可。

王菜寿喜烧

■ ■ ■ ■

原产于埃及的王菜，与日式料理邂逅竟然也如此完美。依此法炖煮，就会变得像茼蒿一样没有刺激的气味，让人立刻爱上这道菜。

15 分钟　1 人份　334 千卡　盐分 2.2 克

材料（4 人份）

王菜		1 袋（150 克）
牛肩肉（寿喜锅用肉）		250 克
葱		1 根
烤豆腐		1 块（250 克）
A	水	½ 杯
	酱油	¼ 杯
	甜料酒	¼ 杯
	砂糖	1 大匙

制作方法

1 将王菜茎坚硬的部分切去10 厘米长左右后，再均匀切为3~4 段。大葱斜刀切为1 厘米宽的段备用。烤豆腐沥干水分后切为适合食用的大小。牛肉片如果太大太长可切为两段使用。

2 在浅口的大锅内放入A 后用中火加热，煮开锅后加入葱段和牛肉，一边将牛肉片在锅内分散开一边等待开锅，然后除去浮沫。

3 肉变色后，放入豆腐和王菜，再次开锅煮沸，火力调至小火后再炖煮3~4 分钟即可。

[保存方法]
生的状态保存会导致品质下降，所以将毛豆煮熟后保存是上策。长在茎上的毛豆，如果明天能够食用的话，可以原样用报纸包裹后放入冰箱的蔬菜保鲜室内储存。

[挑选方法]
豆荚绿色色泽艳丽，豆粒饱满且整齐排列在豆荚内的毛豆为佳品。如果还有存留枝叶的话，需要注意枝叶是否变色，以及豆荚是否紧密地长在茎上。

[营养价值]
趁大豆未成熟时收获的毛豆是蛋白质的宝库，并且含有大豆没有的胡萝卜素和维生素C，同时各种维生素、钙、铁、膳食纤维的含量也很丰富。

毛豆

毛豆肉末咖喱

▪ ▪ ▪ ▪

蔬菜含量很少的肉末咖喱，加上毛豆一同制作的话，简简单单就能均衡营养，菜品的颜色也比原先丰富，并且豆子也能够充分吸收咖喱的滋味。毛豆选用煮熟保存的，或者用前一晚佐餐的剩余毛豆都是没问题的。

40 分钟　1 人份 264 千卡　盐分 3.2 克

材料（4人份）

煮熟的毛豆（出去豆荚）................
　　　　　　　　　　３/４ 杯（150 克）
肉末....................................200 克
洋葱......................................１/４ 个
胡萝卜....................................１/２ 根
番茄罐头（400 克）....................1 罐
大蒜、生姜碎末......各 1 个的量
色拉油、黄油............各 1 大匙
A⌈ 面粉、咖喱粉......各 1 大匙
　⌈ 欧式高汤精华（颗粒）
B⌈ ....１１/２ 大匙
　⌊ 伍斯特酱....................2 大匙
　⌊ 肉豆蔻..........................少许

制作方法

1 胡萝卜去皮，与洋葱和西芹一同切为碎末。
2 番茄罐头的番茄去籽，罐头汁也留做备用。将 A 混合均匀。
3 在平底锅内倒入色拉油、黄油、大蒜、生姜后用中火煎炒，香味散出后再放入洋葱、胡萝卜、西芹，并翻炒至蔬菜水分全部消失。
4 放入肉末煸炒至颗粒分明，将 A 撒入，翻炒至香气浓郁。
5 番茄罐头和番茄罐头汁同时加入到锅中，一边捣碎番茄一边搅拌均匀，再放入 B 和毛豆用中火煮开，再改为小火炖 15~20 分钟即可。

香烤毛豆鸡肉丸子

▪ ▪ ▪ ▪

将粗略剁碎的毛豆、肉末、面包屑用味噌调味搅拌均匀后，舀起一些并拍成扁平的饼状，正反面各烤 2~3 分钟就出锅。毛豆的口感和淡淡的清香完美结合的一道料理。易于制作，凉掉之后味道也不会有什么改变，很适合作为便当菜肴。

15 分钟　1 人份 230 千卡　盐分 1.2 克

材料（4人份）

煮熟的毛豆（去除豆荚）................
　　　　　　　　　　３/４ 杯（150 克）
猪肉末..................................250 克
葱..１/２ 根
　⌈ 味噌................................2 大匙
A⌈ 砂糖................................少许
　⌊ 面包碎屑........................１/４ 杯
色拉油....................................1 大匙

制作方法

1 用汤匙的背面将毛豆粗略地研碎。将葱叶粗略地切碎。
2 把 1 和肉末以及 A 放入碗中，用手将其混合搅拌 1 分钟。分为 8 等份，每一份做成厚 1 厘米的圆饼。
3 向平底锅中倒入色拉油加热，将 2 中的肉饼正反面分别加热 2~3 分钟，直至饼心烤熟。

茗荷

[挑选方法]

短小而有光泽、周身紧实的是优良品。个子大的，前端开出了淡黄色花的是不新鲜的，应尽量避免。

[保存方法]

趁新鲜的时候食用完是最好的。不得已需要保存的时候，用已喷湿的纸巾包裹好，放入保鲜袋后放在冰箱的蔬菜保鲜室保存。

[营养价值]

虽然除了钾和食物纤维以外，基本不含其他营养成分，但是比起营养成分，能在酷暑中给疲乏的身体带来美妙的辛辣体验是其最为突出的优点。

茗荷竹荚鱼沙拉

▪ ▪ ▪ ▪

应季的竹荚鱼非常肥美，最好是用醋来调味。比起生鱼片与蔬菜的搭配更好，口感清爽。加入番茄或者不加入番茄都很美味，可以依据当天其他的配菜来决定。

15 分钟 1 人份 232 千卡 盐分 1.9 克

材料（4 人份）

茗荷	6 个
竹荚鱼	4 条的量
盐	2 大匙
醋	适量
青紫苏叶	20 片
洋葱	1/2 个
番茄	1 个
色拉油	4 大匙
A 　醋	1/2 大匙
盐	1/3 小匙
胡椒	少许

制作方法

1 将竹荚鱼排列在筛子上，双面撒盐，静置 15~20 分钟。水洗后拭去水分，放置于水槽中并加入大量醋继续静置 20~30 分钟润湿。

2 用手将竹荚鱼沿头至尾的方向剥掉鱼皮，斜切为 6 毫米宽的小段。

3 将茗荷纵向切为两段，每一段纵向切薄。将青紫苏叶用手纵向撕为两半，横向分为 3 等份。洋葱纵向切薄，用冷水冲 3 分钟后沥除水分，将番茄去除花萼和籽，切为一口食用的大小。

4 将竹荚鱼和 3 放入碗中，倒入色拉油，撒上混合后的 A，搅拌后完成。

茗荷炒鸡肉

▪ ▪ ▪ ▪

在成品上点上一些醋的话，可以给茗荷染上鲜艳的色彩。不光菜色靓丽，味道也会变香，恰到好处的酸味也提高了食欲。虽然茗荷会随时间颜色逐渐变深，但是味道不会变差。

20 分钟 1 人份 299 千卡 盐分 1.4 克

材料（4 人份）

茗荷	12 个
鸡腿肉	2 块（500 克）
A 　盐	1/2 小匙
胡椒	少许
黑木耳	10 克
色拉油	1 大匙
料酒	1 大匙
盐	1/2 小匙
胡椒	少许
砂糖	1 大匙
醋	3~4 大匙

制作方法

1 将茗荷纵向切为 2~3 段。将鸡肉切为 3 厘米大小的小块，撒上 A。将黑木耳浸水后取出，切除木耳根，将大块的切为两半。

2 向平底锅中倒入色拉油后加热，将鸡肉从鸡皮开始放入，用中火烤熟两面。按照茗荷、木耳的顺序加入翻炒，撒上料酒，盖上盖子改小火焖烧 2 分钟。

3 将盐、胡椒、砂糖放入后翻炒，最后倒入醋简单炒一下出锅。

盛夏的茄子盛宴

炎炎夏日的茄子料理，水嫩嫩的，口感又柔软，对容易疲劳的身体没有那么大负担，除此之外，味道也令人感到相当美味。最近加茂茄子和小茄子，以及各式各样的茄子种类都有问世。利用不同茄子的自身特征采用不同的料理方式，一道道夏日茄子盛宴将轻松呈现。

制作 / 千叶道子

25 分钟 1 人份 293 千卡 盐分 3.1 克

农家味噌茄子

加茂茄子先用油煎炸后再涂上味噌进行烧烤。直到中间都完全变软，口感变得面面的，茄子风味浓郁和味噌的味道十分搭配。

材料（4 人份）

加茂茄子.............2 个（600 克）
农家味噌
┌ 西京味噌.................200 克
│ 料酒、甜料酒.......各 2 小匙
│ 白芝麻酱、砂糖...各 1 小匙
│ 蛋黄...........................1 个
└ 水...........................2 大匙
色拉油.............................适量

制作方法

1 在小锅内放入制作农家味噌的全部材料并混合均匀，用稍弱的中火加热。不断用木勺搅拌，不要让味噌变焦糊，直到锅内的物质浓缩凝练成有光泽的浓稠酱汁。

2 将加茂茄子的两端除去，竖直状态横向从中间一切为二，再将切面在水中浸泡1~2 分钟，除去水分沥干。然后分别在切面的两面用筷子扎 10 处不同的地方并抹上一些色拉油。

3 在平底锅中放入4~5 大匙色拉油，用火热锅，放入茄子将其两面分别煎至焦黄。在茄子的一面抹上农家味噌酱，再用刀在酱上划出格子状的划痕，最后用煤气炉的烧烤架烧烤至出现焦黄色即可。

茄子很容易吸油，所以在烧烤过程中色拉油的量变少的话，请适量添加。

加茂茄子和美茄子

无论哪种都是圆茄子的一个种类。如图，左侧为京野菜的一个种类，加茂茄子。直径 7~8 厘米，重约 300 克左右，相当有分量，在京都经常为人制作农家味噌茄子所用。右侧为美茄子，比加茂茄子稍微大一些。无论哪一种都是质地紧实，炖煮时不易炖烂，和油的搭配也是不错的形式，因此适合炖煮、煎炸和香煎的制作方法。

20 分钟　1 人份 308 千卡　盐分 2.1 克

盖浇炸茄子煮虾

软糯、滑溜溜的炸茄子和香甜的酱油卤汁搭配在一起，在舌间翩翩起舞。茄子从皮开始进行煎炸的话，成品的色泽会更加艳丽。

材料（4 人份）

加茂茄子	2 个（600 克）
大正虾	5~6 只
扁豆	3~4 个
A 高汤	2 杯
酱油、甜料酒	各 4~4 ½ 大匙
B 淀粉	2 大匙
水	4 大匙
生姜碎末	少许
油炸用油	适量

制作方法

1 加茂茄子去掉蒂，纵向切为 6~8 等份并用水浸泡，然后立刻捞出放置于笊篱上。虾去壳和头，并挑出虾线，用热水焯一下后，从中间剖成一半的厚度。扁豆去两头和筋，用热水焯煮后切为适合食用的大小。

2 将油炸用油加热至稍高的中等温度，将茄子表面的水分充分擦干后下锅油炸至漂亮的焦黄色后捞出。

3 在锅内放入 A 用大火加热，煮开锅后调小火力放入茄子和虾。稍微煮一下后再倒入已经混合均匀的 B 至芡汁浓稠。装盘，再佐以扁豆和生姜碎末即可。

材料（4 人份）

美茄子	2 个（700 克）
盐、胡椒	各少许
面粉	适量
扇贝贝柱	6 个
盐、胡椒、橄榄油	各少许
西葫芦	1 个（150 克）
番茄（小）	2 个
酱汁	
意大利黑醋	2 大匙
特级初榨橄榄油	4 大匙
盐、胡椒	各少许
罗勒叶	适量
橄榄油	适量

制作方法

1 在扇贝上撒上盐、胡椒、橄榄油，再将罗勒叶 4~5 片撕碎后与扇贝搅拌均匀，静置 10 分钟。西葫芦、番茄去柄，切为与扇贝相同厚度的片状备用。再撒上盐和胡椒预先入味，之后再裹上一层面粉。

2 在平底锅内倒入 1 大匙橄榄油热锅，将扇贝用中火煎至两面上色取出。再加入 1 大匙橄榄油后放入西葫芦和番茄片用中火煎烤至变软后取出备用。

3 再次放入 3 大匙橄榄油，将茄子的两面煎至焦脆。与 2 一同装盘，撒上适量的罗勒叶，最后将混合均匀的调味汁浇上即可。

20 分钟　1 人份 383 千卡　盐分 2.0 克

意式油醋汁风味香煎美茄子扇贝

分量十足的美茄子，适合制作西式香煎菜色。
裹了面粉再烧烤的茄子外焦里嫩，十分美味。

长茄子

是平时经常看到的长型茄子系谱中的一员。一般情况下，中长茄子长度为 12~15 厘米，长茄子的长度在 20 厘米以上。茄子肉质柔软，适合任何一种烹饪方法。如果茄子形状大小均匀，那么皮烤焦后，内部可以均匀膨胀起来，适合作为烤茄子使用。这样的茄子相对来说也比较容易吸油，用来制作煎炒菜肴也可以。

> 20 分钟 1 人份 30 千卡 盐分 0.9 克

烤茄子

绵延不绝的清香，柔软顺滑的口感。烧烤的料理方法使茄子本身的清甜香气以及水嫩口感充分表现出来，作为夏日里一道宴请菜肴也非常令人愉快。

材料（4 人份）

长茄子..............................4~6 个（500 克）
小葱、生姜碎末、酱油............................各适量

制作方法

1 将茄子原状放在已经预热的烤网或者煤气灶台的烤网之上，并用大火烧烤。当表皮焦黑且开始与肉质分离的时候，翻面继续烧烤。
2 用冰水冷却烤茄子，再立刻捞出，用厨房用纸擦干，用菜刀竖直状态下纵向切 2~3 道痕迹，再用长竹签从蒂部开始向底部刮掉表皮。除去蒂后再撕为 4~6 条。将小葱过水焯煮到颜色青翠后捞出，切为适合食用的大小。
3 在盘子中盛入茄子和小葱，再佐以生姜，最后点一些酱油在茄子上即可。

10 分钟 1 人份 192 千卡 盐分 3.3 克

10 分钟 1 人份 81 千卡 盐分 1.3 克

麻香茄子猪肉炒韭黄

花椒是从山椒中而来的，常被用为中餐调料的一种香辛料。利用这种香辛料可以制作出这道美味菜肴。猪肉煮熟后备用，使这道菜能够快速出锅。

材料（4 人份）

长茄子	4 根（400 克）
韭黄	1 把
猪肉（涮锅专用）	120 克
生姜薄片	2~3 片
葱花	2 大匙
花椒	1 大匙
色拉油	4 大匙
A ┌ 酱油	2 大匙
│ 料酒、砂糖	各 1 大匙
└ 水	2 大匙

制作方法

1 茄子去蒂、竖直纵向切为 6 等份并放入水中浸润，捞出后放置于笊篱上晾干。韭黄切为 3 厘米长的段，猪肉一片片地下入盛满沸水的锅中焯煮并迅速捞起。

2 花椒入小锅，用小火将花椒炒香，取出后放入研磨钵中研磨。

3 在中式炒锅中加入色拉油并用大火热锅，放入茄子进行煸炒。茄子与油充分浸透后加入生姜、葱、猪肉，再将混合好的 A 沿锅边倒入锅中，翻炒均匀。最后将花椒倒入锅中，加入韭黄与全部食材混合翻炒均匀后出锅即可。

使用烤茄子制作

茄泥配面包片

烤茄子的清香用橄榄油调味更上一层楼。柔软的长茄子的肉质，很适合制作出口感顺滑的茄泥。

材料（4 人份）

烤茄子（去皮且去掉蒂的茄子）	5 根
鳗鱼（鱼身）	2~3 块
A ┌ 蒜蓉	1/2 瓣的量
│ 盐、胡椒	各少许
└ 特级初榨橄榄油	1~2 大匙
法棍面包	1/2 根
大蒜	1/2 瓣
特级初榨橄榄油	少许
番茄、榛仁	各适量

制作方法

1 将烤茄子用菜刀敲打后粗略切碎。将鳗鱼也一同切碎后混合均匀。放入碗中，与 A 搅拌混合均匀。

2 法棍面包斜刀切为厚度为 1 厘米的斜切片，在其中一面涂上橄榄油，再用蒜被切过的横截面涂抹有橄榄油的那一面，放入烤面包机中烘烤加热。番茄横向切为两部分并去掉籽，切为 5 毫米见方的小块。

3 在烤面包片上，放茄泥，番茄丁和榛仁即可。

使用烤茄子制作

茄子冷制汤

烤茄子即使残留一部分皮也没有关系，反而会使这道汤的香味更浓郁。是口感顺滑的一道奶香十足的汤品。

材料（4 人份）

烤茄子（去皮及蒂）	5 根
西式高汤精华（固体）	1 个
沸水	1 3/4 杯 ~2 杯
牛奶	2/3 杯
盐	1/3 小匙多
胡椒	少许
鲜奶油	2~3 大匙
欧芹（备选）	少许

制作方法

1 将高汤精华捣碎溶解于热水中，冷却后备用。

2 将烤茄子粗略切碎。与 1 一同放入榨汁机中，至顺滑后倒入碗中。加入牛奶、盐、胡椒一同混合，放于冰箱中冷藏。

3 在食用前放入鲜奶油并混合均匀，倒入器皿中后用欧芹在上面进行装饰即可。

15 分钟 1 人份 231 千卡 盐分 1.3 克

10 分钟　1 人份 21 千卡　盐分 1.4 克

无水明矾有使茄子皮保持鲜艳紫色的效果。与盐混合均匀之后再均匀地全部涂抹在小茄子上。

如果有条件，请使用上图所示的专用容器进行腌渍，既可以调整配重的重量，也可以确保腌渍的成果。

小茄子

长约 3~5 厘米的迷你型茄子，又称一口茄。根据不同的产地和品种，形状可分为卵形或者略长的形状等。经常作为浅渍或芥末渍的腌渍食材使用，也能够活用小巧的形状制作炖煮的食物以及炸制食物。这类情况下需要竖直状态下纵向切很多道细刀口，如此一来滋味便更容易渗透至小茄子内部，使其更加入味。

浅渍小茄子

小巧的形状惹人怜爱，作为下酒菜招待客人也是很不错的。
需要腌渍一晚以上，在第二天的时候大概是最好吃的状态。

材料（4 人份）

小茄子............500 克（约 20 个）

┌ 无水明矾...................2 小匙
└ 盐...........................3 大匙

海带（15 厘米 ×4 厘米）........1 片

A ┌ 盐...........................2 ½ 大匙
　└ 水...........................5 杯

B ┌ 无水明矾...................⅓ 小匙
　└ 水...........................1 大匙

制作方法

1　将 A 放入锅中并用大火煮开，再充分冷却（为了杀菌效果，使用沸水能够使腌渍食物的保质期更长）。

2　去掉小茄子的蒂，擦干水分，用盐和无水明矾的混合物涂在茄子表面。再用水洗干净放在笊篱中备用。

3　腌渍用的容器（或者是大碗）内放入 B 将无水明矾溶解，再放入 1 和 2，以及切为细丝的海带，用重物（或者是 4~5 个碟子）压住，盖上盖子（或者保鲜膜）。放入冰箱，放置至少一晚后完成。

材料（4 人份）

浅渍小茄子......................10 个

A
┌ 葱丝..........................1 大匙多
│ 蒜蓉............................½ 小匙
│ 生姜碎末、砂糖...各 1 小匙
│ 盐................................⅓ 小匙
│ 缩面杂鱼干（或小银鱼干）碎
└ ....少许

B
┌ 酱油............................⅓ 杯
└ 砂糖、醋..............各 1 大匙

制作方法

1 在大碗中将 A 混合均匀后放置备用。

2 从茄子的中心处纵向深切一刀，将 1 均等地塞入各个小茄子中。

3 在腌渍用容器（或大碗）内放入茄子，将 B 混合均匀后倒入。放上重物（或者是 1 个碟子），再盖上盖子（或者是保鲜膜）。放置于冰箱中等待入味（大约 2~3 小时后能够食用）。再纵向一切为二，装盘即可。

在茄子的中心部位深切一刀，包括内侧在内的所有部分都用调味料涂抹均匀，再将辣椒塞入茄子中。

使用浅渍小茄子制作

韩式浅渍小茄子

使用韩国产、较为温和的辣椒制作的酱油腌渍食物。
辣椒和小银鱼干的风味越入味，腌渍的鲜美程度也会随之升高。

使用浅渍小茄子制作

什锦腌菜风味浅渍小茄子

加入梅干的红紫苏以及醋，味道清爽宜人。大量使用夏日的香味蔬菜，咀嚼时口感爽脆，唇齿留香。

材料（4 人份）

浅渍小茄子......................5~6 个
茗荷..............................2~3 个
黄瓜................................2 根
盐..................................少许
青紫苏叶..........................10 枚
新茗荷............................1 瓣
梅干口味的红紫苏............少许

A
┌ 醋..........................2~2½ 大匙
│ 淡口酱油、酱油......各 ½ 小匙
└ 砂糖........................1½ 小匙

制作方法

1 茄子纵向切为 4~6 等份，茗荷纵向切成薄片。黄瓜用菜刀拍碎后切为 4~5 厘米长的块，再用盐涂满全部食材并充分揉搓，再快速用水洗净后沥干水分。青紫苏叶切为细丝后放入水中使其饱满后，再除去多余水分。红紫苏粗略切碎。新茗荷切为薄片。

2 在碗中放入 A 并混合均匀，然后再加入 1，放置 10 分钟即可。

夏日飨宴

秋季主菜

Autumn
Vegetables

芋头

[挑选方法]

洗净的芋头比较容易损坏，所以周身覆盖泥巴的芋头是最佳选择。表面线状纹路清晰突出的芋头为佳品，挑选时请避开有裂纹的老芋头。

[保存方法]

将淤泥冲走充分干燥后，放入保鲜袋中放置于冰箱的蔬菜保鲜室内储存。因为和其他的芋类相比较容易腐坏，因此请尽早使用。

[营养价值]

维生素B1、钾、膳食纤维的含量较高，热量是红薯的一半以下。独有的黏性成分具有提高免疫力、促进低密度蛋白胆固醇排除的功效。

25 分钟 1 人份 187 千卡 盐分 2.1 克

糖醋芋头鱿鱼

▪ ▪ ▪ ▪

这是追求极致的一种组合。完全不需要多余的工序，芋头香糯，鱿鱼柔软入味的秘诀是最后放入鱿鱼，并用大火一口气炖煮加热而成。

材料（4 人份）

芋头（小）....10~15 个（540 克）			料酒................................2 大匙	
鱿鱼..2 只			酱油................................2 大匙	
A	水.............................1 杯		B	淀粉................................1 小匙
	砂糖....................2~3 大匙			水....................................2 小匙
	甜料酒.................1 大匙			

制作方法

1 将芋头的厚皮去掉（去掉一些切口处的角后使其圆滑）。放入水中煮制，直到水沸腾冒泡后捞出，再用水冲洗干净芋头的黏性成分。

2 将鱿鱼的身体和须分开，身体切为 1 厘米宽的环状，须切为合适食用的大小。

3 在锅内放入芋头和 A 中的水、砂糖并用大火加热，煮开锅后转为中火将芋头煮至几乎全部变软的状态。

4 再放入 A 中剩余的调味料，继续炖煮直至汤汁消失为止。

5 放入鱿鱼，用大火迅速煮制。再转圈倒入混合均匀的 B，加热至芡汁变得黏稠透明后关火即可。

84

30 分钟　1 人份 401 千卡　盐分 2.6 克

奶香芋头炖鲑鱼

■ ■ ■ ■

芋头绵密顺滑的口感与鲜奶油十分搭配，但是使用黄油和牛奶制作的白酱汁味道过于浓郁，因此，牛奶与鲜奶油按比例调配的轻盈香醇的酱汁最合适。也省去了另起炉灶制作酱汁的麻烦。

材料（4 人份）

芋头	8 个（600 克）
生鲑鱼肉切片	4 片（400 克）
A ⎡ 盐	1 小匙
⎣ 白葡萄酒	1 大匙
葱	1 根
冷冻绿豌豆粒	3 大匙
色拉油	1 大匙
B ⎡ 水	⅔ 杯
｜ 牛奶	⅔ 杯
⎣ 西式高汤精华（颗粒）	1 大匙
鲜奶油	½ 杯
盐、胡椒	各少许

制作方法

1 除去芋头的厚皮，切为 8 毫米厚的圆片。鲑鱼肉片每 1 片斜刀片为 2~3 片，撒上 A。葱切为 2 厘米宽的段，绿豌豆放在水中加热解冻备用。

2 在平底锅内倒入 ½ 备用大匙色拉油热锅，用中火分别煎烤鲑鱼肉片的两面。

3 锅内再放入 ½ 大匙色拉油热锅，然后倒入芋头和葱用中火煸炒，食材全部过油之后再加入 B 熬制。煮开之前转为小火，盖上盖子再熬制 10 分钟。

4 放入鲑鱼肉和鲜奶油，再炖煮 4~5 分钟。放入适量的盐和胡椒进行调味，最后放入绿豌豆粒后关火出锅即可。

芋头意式千层面

■ ■ ■ ■ ■

用芋头代替千层面制作的意面。
无需提前煮熟芋头，只须切为圆形薄片即可，
这样的处理方式是崭新的。
成品的口感仿佛像意面一样弹牙黏糯。

芋头

Autumn
Vegetables

90 分钟 1 人份 402 千卡 盐分 1.9 克

材料（4 人份）

芋头.....................6~8 个（500 克）
肉酱
┌ 混合型肉末.................350 克
│ 洋葱.........................1 个
│ 大蒜、西芹 ....各 ½ 个
│ 番茄罐头（整个番茄）.............
│ ....1 个（400 克装）
│ 香叶.........................1 片
│ 色拉油.....................2 小匙
│ 红葡萄酒.....................½ 杯
│ 水.........................1 杯
│ 砂糖.....................1 小匙
│ 盐.........................⅔ 小匙
└ 胡椒.........................少许
鲜奶油.........................¼ 杯
芝士粉.........................3 大匙

制作方法

1 制作肉酱。大蒜去皮，将西芹、洋葱与大蒜
切为碎末备用。在锅内倒入色拉油热锅，放入
洋葱、胡萝卜、西芹用中火细心煸炒，再加入
肉末和蒜末，炒至肉末粒粒分明。
2 将番茄罐头连同汤汁一同倒入锅内并将番
茄捣烂，再放入剩余的肉酱材料（从香叶到胡
椒），盖上锅盖用较弱的中火炖熬 30 分钟，直
到汤汁消失为止。
3 芋头削去较厚的皮，再切为 7 毫米厚的圆片。
4 在耐热容器内放入 ⅓ 分量的 2 的酱汁，再摆
上 ½ 分量的芋头片。然后按照剩余的 ½ 分量
的酱汁，剩余的芋头片，酱汁的顺序不断叠
加放入容器内，最后在表面撒上鲜奶油和芝
士粉。
5 烤箱预热 200 度，将容器放置于烤箱中段，
大约烤制 45 分钟后即可。

材料（4 人份）

芋头（小）	8~10 个（480 克）
鸡翅中	8~12 个
色拉油	1 大匙
高汤	1½ 杯
砂糖	2 大匙多
甜料酒	3 大匙
酱油	2 大匙

制作方法

1 芋头去掉厚皮后，再去掉各个面的突起（将切面的角略剥下一些使其变圆滑）。鸡翅截掉关节之后的部分，只取翅中备用。

2 向锅内倒入色拉油热锅，倒入鸡翅用中火煸炒至表皮焦糖色并有光泽，再放入芋头与锅内的鸡翅一同翻炒。

3 芋头全部过油之后，加入高汤、砂糖、甜料酒，盖上盖子后用较强的中火炖 15 分钟左右。

4 放入酱油后再炖煮 5 分钟左右，然后让全部食材都充分浸入汤汁内即可。

25 分钟　1 人份 355 千卡　盐分 2.6 克

凉拌炸芋头鱿鱼

■ ■ ■ ■

裹上用蘸面汁调味的面糊下锅炸制，
再配上白萝卜泥和滚烫的热蘸面汁制作的调味汁食用。
煮芋头和煮鱿鱼的组合在炖煮菜肴中十分和谐，
使用炸制的方法令两种食材的搭配依旧惊艳。

材料（4 人份）

芋头	8 个（600 克）
煮熟的鱿鱼足	3 根（300 克）
白萝卜泥	¼ 根的量
小葱碎末	10 根的量
A ⎡ 面粉	⅔ 杯
水	½ 杯
⎣ 蘸面汁（3 倍稀释）	1 大匙
B ⎡ 蘸面汁（3 倍稀释）	4 大匙
⎣ 水	1 杯
油炸用油	适量

制作方法

1 芋头去掉厚皮后，6 等分切为梳子形。把煮好的鱿鱼切为 3 厘米的小块。白萝卜泥轻轻挤掉一些水分。

2 将 A 混合后做成顺滑的面糊。

3 向锅中倒入油炸用油加热至中温，将芋头浸入 2 的面糊中，然后油炸 8~9 分钟。鱿鱼也浸入面糊后油炸 4~5 分钟。

4 把芋头和鱿鱼盛到器皿中，放上白萝卜泥。将煮沸后的 B 从上浇下，撒上小葱碎末即可。

30 分钟　1 人份 372 千卡　盐分 1.5 克

焖烧芋头鸡翅

■ ■ ■ ■

很多人认为制作炖煮芋头的菜肴很花费功夫，并且难度很大，但这道菜肴无需炖煮，直接在油锅中快速翻炒后再炖 20 分钟左右，鸡翅中的油脂和骨胶质渗出让鸡翅显得表面光亮，中间也丝丝入味，滋味万千。

[挑选方法]
根部呈白色且有光泽和弹性，叶子紧密地与根部连接在一起，颜色呈浓郁的绿色且水嫩新鲜的芜菁为佳品。根部过于粗大，或者看起来粗纤维的组织很多且根部坚硬的部分过多的芜菁应避免挑选。

[保存方法]
如果不去叶很容易长出根须，因此，应将根部和叶部分别放入保鲜袋中，再置于冰箱的蔬菜冷藏室内储存即可。

[营养价值]
根部与白萝卜一样含有维生素C、钾、以及淀粉酶。叶子则富含胡萝卜素、维生素C、钙、铁以及膳食纤维。

芜菁

Autumn Vegetables

40 分钟 1 人份 372 千卡 盐分 1.8 克

豆乳芜菁鸡肉

日式的奶油炖菜，能够成为一道下饭的好菜。
与牛奶相比，用豆奶炖煮不易使成分离，并且也无需在意气味。香浓黄豆风味，使这道菜浓郁芳醇。
使用成分调整的豆奶也没问题。但是请注意使用原味的品种。

材料（4 人份）

芜菁（小）.........6~8 个（500 克）			豆奶...............................2 杯	
芜菁叶...............................50 克			甜料酒.........................1 大匙	
鸡腿肉...............2 块（500 克）		B	砂糖.............................1 大匙	
A 盐...............................½ 小匙			盐...............................½ 小匙	
料酒.............................1 大匙			淡口酱油.....................½ 大匙	
色拉油.............................1 大匙				

制作方法

1 芜菁去皮，如果体积过大可切为两半使用。叶子切为 3 厘米长的段。鸡肉切为 3 厘米见方的块，撒上 A 预先调味。

2 选用口径大的锅，倒入色拉油开火，将鸡肉的鸡皮部分朝下进行油煎，用火煎 4~5 分钟后至色泽焦黄，再用同样的方法煎炸另一面。

3 放入 B 并用中火煮开，除去浮沫，然后放入芜菁。再次煮开锅后，转为小火再炖煮 20 分钟左右，最后放入芜菁叶，煮 1~2 分钟关火即可。

40 分钟 1 人份 241 千卡 盐分 2.6 克

芜菁沙丁鱼丸子汤

■ ■ ■ ■

清淡的汤汁，充分入味的芜菁，水嫩嫩、面面的，外加一丝清甜，在口中缓缓散开。

沙丁鱼的丸子，无需将鱼切片，而是用菜刀将鱼剁碎即可，省时省力。

材料（4 人份）

芜菁（小）.........6~8 个（500 克）

芜菁叶.................................100 克

沙丁鱼.................6~8 条（300 克）

A ┌ 生姜碎末......................2 瓣的量
  │ 葱花.........................¼ 根的量
  │ 盐.............................½ 小匙
  └ 面粉...........................1 大匙

B ┌ 高汤或水.........................5 杯
  │ 甜料酒...........................2 大匙
  │ 盐.............................⅔ 小匙
  └ 淡口酱油.......................1 大匙

制作方法

1 芜菁留 2~3 厘米长的茎，并纵向一切为二。茎中残留的根部的污泥，可以用竹签仔细挑出并清洗干净备用，再纵向去除芜菁皮。芜菁叶切为 3 厘米长的段备用。

2 沙丁鱼分别切为 3 片，在鱼身的部分斜入刀片 5 毫米深的数个刀口之后，将其一半的量用菜刀拍击并剁为碎末。

3 在碗中放入 2 的沙丁鱼和 A，用手揉 1 分钟，再做成 8~12 个等大的丸子备用。

4 在锅中用中火加热 B，开锅后放入芜菁。再煮沸开锅后转为小火继续炖煮 15 分钟左右。

5 将芜菁推到一侧后在汤汁中放入 3，煮 10~12 分钟。最后加入芜菁叶，再煮 2 分钟即可。

Autumn
Vegetables

芜菁

材料（4 人份）

芜菁（小）........6~8 个（500 克）
芜菁叶.............................100 克
猪肉末.............................150 克
A ┌ 砂糖、酱油............各 1 小匙
  └ 淀粉、色拉油........各 1 小匙
生姜碎末......................1 瓣的量
葱花..........................½ 根的量
色拉油...........................2 大匙
B ┌ 水..........................½ 杯
  │ 味噌..........................3 大匙
  │ 砂糖..........................2 大匙
  └ 酱油..........................½ 大匙
C ┌ 淀粉..........................1 小匙
  └ 水..........................2 小匙

制作方法

1 将芜菁去皮后纵切为 8~12 等分的银杏叶状块。芜菁叶切为 3 厘米长的段。肉末与 A 搅拌均匀，将 B 也混合均匀备用。

2 在平底锅中倒入色拉油热锅，按照生姜、大葱的顺序用中火煸炒出香。

3 煸炒出香味后，放入芜菁翻炒2~3 分钟，再放入肉末炒至颗粒分明，最后放入芜菁叶翻炒均匀即可。

4 将 B 沿锅的弧度一圈圈倒入锅中并用中火煮沸，除去浮沫后转为小火熬煮 3 分钟左右。关火后，加入混合均匀的 C 再仔细搅拌均匀即可出锅。

味噌肉末烩芜菁

浓稠的肉末卤汁搭配软嫩的芜菁是一般的烹制方法，
但这道菜的芜菁入口会有咯吱咯吱的爽脆口感。
半熟的芜菁带来全新的味觉体验。
快手料理，冷掉依旧美味，是一道值得推荐的好菜品。

20 分钟 1 人份 236 千卡 盐分 2.3 克

材料（4人份）

芜菁		6个（600克）
鲷鱼肉切片（小）		
		4片（300~500克）
A	酒	1大匙
	盐	1/2 小匙
黑木耳		1大匙
胡萝卜		1/4 小根（25g）
B	蛋白	1个的量
	淡口酱油	1小匙
	淀粉	1大匙
现磨芥末根		适量

制作方法

1 鲷鱼去骨，一切为二。与A混合均匀，静置10分钟备用。

2 黑木耳置于水中泡发，除去较硬的底部后切为细丝。胡萝卜去皮后切为极细的丝。

3 芜菁去皮后磨成泥，放入过滤器中静置3分钟简单沥干。放入碗内，加入B混合，再放入黑木耳与胡萝卜混合均匀。

4 在4个耐热器皿内将鲷鱼等分摆入碗内，并将3等分为4份分别铺在鲷鱼之上。盖上盖子或者轻轻盖上一层保鲜膜，2个耐热器皿一组放入微波炉内，加热6~7分钟。最后在芜菁上摆上一些现磨芥末即可。

25 分钟 1 人份 187 千卡 盐分 2.2 克

芜菁猪肉汤

材料包括芜菁以及大量芜菁叶、胡萝卜、猪肉，十分简单。

虽然只选用这些食材，但它们十分易熟，芜菁口味清淡柔和，丝丝入味。

根据喜好撒入七味辣椒粉，能让身体从内到外变得暖烘烘。

材料（4人份）

芜菁	4个（400克）
芜菁叶	150克
胡萝卜（小）	1根（150克）
猪五花薄切片	100克
色拉油	少许
料酒	2大匙
高汤	5杯
味噌	3 1/2 ~4 大匙

制作方法

1 芜菁去皮、纵切为8等分的梳子形块。叶子切为3厘米长的段。胡萝卜去皮后切为3厘米长的段，在纵切为两半之后再纵切为宽3厘米的块。猪肉切为2厘米宽的片。

2 锅内放入色拉油热锅，一边打散猪肉片，一边用中火煸炒，颜色变后加入芜菁与胡萝卜快速过油翻炒。

3 撒入料酒，再倒入高汤并煮开锅，盖上锅盖用较弱的中火炖煮12~15分钟。最后加入芜菁叶，将味噌溶解于汤水之中即可。

20 分钟 1 人份 212 千卡 盐分 1.8 克

微波鲷鱼芜菁蒸

芜菁泥搭配黑木耳与胡萝卜，浇在鲷鱼的切片之上，按照每2个人的分量放入微波炉内加热。

热腾腾、滑溜溜地放入口中，芜菁的清甜、鲷鱼的鲜美、现磨芥末根的独特风味逐渐在口腔中散发出来。

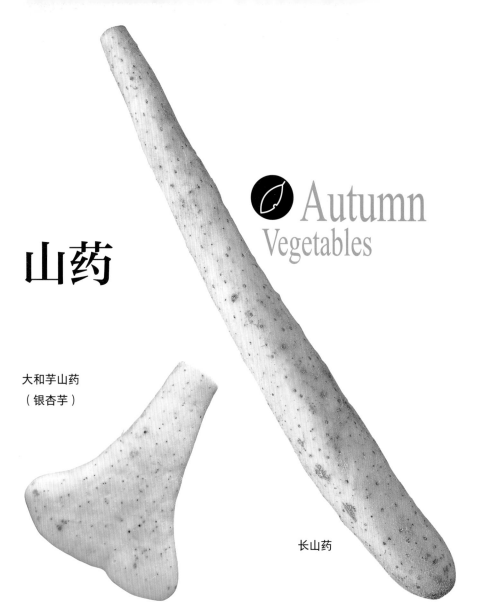

山药

大和芋山药
（银杏芋）

长山药

Autumn
Vegetables

[挑选方法]

切口处泛白且水嫩新鲜，表皮薄透呈现米色，根须发育较少，有弹性并保持一定重量的山药为佳品。如果颜色过于发白则可能是漂白处理过的山药，应避免挑选此类山药。

[保存方法]

用报纸包裹后放置于通风良好的阴暗干燥处。如果是真空包装的山芋，请置于冰箱的蔬菜保鲜室内储存。如果使用了一半，用保鲜膜包好再放入冰箱蔬菜保鲜室内保存即可。

[营养价值]

钾、维生素B1、膳食纤维含量丰富，并且消化酶中的淀粉酶的含量是白萝卜的数倍，其中包括淀粉糖化酶。黏稠成分具有防止低密度蛋白胆固醇的蓄积的功效。

15 分钟　1 人份 285 千卡　盐分 1.9 克

豆瓣酱炒山药肉片

■ ■ ■ ■

山药表面爽脆，里面软糯，如此独特的口感，使得为人熟知的炒菜变成与众不同的菜肴。
因为山药不易保鲜，所以请珍惜山药的味道，注意不要放入过多的豆瓣酱调味。

材料（4 人份）

大和芋山药	300 克	香油	1 大匙
蒜苗	1 把（100 克）	豆瓣酱	1 小匙
黑木耳	少许	B 酱油	1 大匙
猪肩里脊肉块	300 克	砂糖	1 小匙
A 酱油、料酒	各 2 小匙	盐、胡椒	各少许
淀粉	2 小匙		
香油	2 小匙		

制作方法

1 大和芋山药去皮，然后切为5~6 厘米长、8 毫米左右宽的条状。蒜苗切为5~6 厘米的段，木耳放入水中泡发，除去较硬的底部备用。

2 猪肉切为5~6 厘米长、1 厘米宽的肉条备用，并用A 腌渍入味。

3 在平底锅内放入香油热锅，再放入猪肉用中火翻炒3~4 分钟使其上色。

4 加入蒜苗和木耳一同翻炒1 分钟左右，接着加入山药稍稍翻炒至略上色。

5 倒入B 再翻炒2~3 分钟，试吃后根据口味放入盐和胡椒进行调整即可。

25 分钟 1 人份 276 千卡 盐分 1.0 克

散炸山芋饼

■ ■ ■ ■

新鲜油炸出锅，松软可口，冷却后，软糯入味，可一次品尝两种美味。

加入的肉末和秋葵，因为都经过事先处理入味，滋味很足，称得上是一道佐餐小菜。

大和芋山药磨成的山药泥黏性很强，过油、油炸的时候，都比一般的散炸菜要更容易成功。

材料（4 人份）

大和芋山药	300 克
┌ 盐	1/3 小匙
│ 蛋液	1 个的量
└ 面粉	1/4 杯
猪肉末	150 克
酱油	2 小匙
秋葵	5 根
盐	适量
柠檬块	适量
油炸用油	适量

制作方法

1 大和芋山药去皮并磨成泥状备用。

2 肉末用酱油抓揉入味。秋葵周身撒上盐，在砧板上揉搓后再用水冲洗，然后切为薄片备用。

3 芋泥与盐和蛋液充分混合均匀，面粉用茶漏筛入混合液中并用筷子不断搅拌，再放入肉末和秋葵，搅拌均匀备用。

4 在锅内放入油炸用油加热至中温，用大的勺子先在油中浸泡后，再去舀一勺 3 的混合物，并放入油锅中。保持原状油炸 2 分钟左右后，再翻面继续炸 2~3 分钟捞出。

5 装盘，并佐以柠檬即可。

材料（4人份）

长山药	400 克
杏鲍菇	1 盒（100 克）
鸡腿肉	2 块（500 克）
A ┌ 盐	⅔ 小匙
└ 胡椒	少许
小葱葱花	5 根的量
大蒜	2 瓣的量
黄油	10 克
色拉油	1 大匙
牛奶	⅔ 杯
西式高汤精华（颗粒）	½ 大匙
鲜奶油	½ 杯
盐、胡椒	各少许

制作方法

1 山药去皮，切为一口能够食用的滚刀块。杏鲍菇如有根去除根部，然后横切为两半，再纵向切为 4 份。

2 鸡肉断筋并除去多余的脂肪，切成一口可食用的大小，并撒 A 入味。

3 锅内放入拍扁的蒜、黄油、色拉油并用中火煸炒，煸炒出香味后加入鸡肉炒至变色。

4 放入山药和杏鲍菇翻炒 2~3 分钟，再倒入牛奶加高汤精华，在煮开锅之前转为较小的火炖煮 5 分钟。

5 放入鲜奶油，并撒入盐和胡椒，最后撒上一小把葱花稍微搅拌。装盘，再将剩余的葱花撒在表面即可。

30 分钟　1 人份 204 千卡　盐分 2.6 克

垮炖水菜大和芋山药泥

■ ■ ■ ■

将磨成泥状的大和芋山药泥与蛋液、面粉和盐一同搅拌混合，舀进清淡的汤水用小火煮 3~4 分钟。
大和芋山药滋味十足，仿佛像面疙瘩汤一般的柔软口感，作为米饭和乌冬面的替代品，在锅物料理的最后放入也是相当推荐的。

材料（4人份）

大和芋山药	200 克
┌ 盐	少许
│ 蛋液	1 个的量
└ 面粉	⅓ 杯
水菜	1 把（300 克）
油豆腐	2 枚
海带（5 厘米正方）	1 枚
水	3½ 杯
淡口酱油	3 大匙
甜料酒	3 大匙

制作方法

1 大和芋山药去皮后磨成泥状，加入盐和蛋液混合均匀，再将面粉一边用茶漏筛入碗中一边充分混合均匀。

2 水菜去根，切为 4~5 厘米的段。油豆腐用沸水焯煮去油，捞出后切为 6~8 个三角形状备用。

3 海带用厨房剪刀剪成细碎条状，与水一同放入浅口锅中并用中火加热煮沸。开锅后放入调料和炸豆腐，用小火炖煮 10 分钟。

4 选一把较大的勺子事先用水浸湿，捞一勺 1 的面糊使其自然落入锅中，保持小火状态继续炖煮 3~4 分钟。

5 放入水菜并盖上盖子，煮 1~2 分钟左右直到水菜变软出锅即可。

20 分钟　1 人份 500 千卡　盐分 1.9 克

奶油炖山药鸡肉

■ ■ ■ ■

选用易熟的山药进行料理，煮的时间仅仅需要 5 分钟。山药口感绵软但入口依然保留特别的口感，这道汤菜的酱汁温和清爽，比起口感醇厚浓郁的奶油炖菜更适合搭配白米饭一同食用。

Autumn
Vegetables

[保存方法]

如果带着叶子保存，则只有茎的部分会逐渐丧失水分，因此，可以将茎叶分离后分别放入保鲜袋或用保鲜膜包裹好放入冰鲜的蔬菜保鲜室内。

[营养价值]

西芹并不含有大量维生素类，茎的部分含有钾以及膳食纤维，叶子的部分则富含胡萝卜素，香味的成分有镇静神经的功效，对于消除食欲不振以及头痛具有一定功效。

[挑选方法]

西芹的茎笔直粗壮，叶子的颜色翠绿鲜艳且香味十足则为佳品。如果是切断的部分的话，请观察切口处，泛白并且水嫩新鲜的为佳品。

西芹

Autumn
秋

主
菜

山
药、西
芹

110 分钟 1 人份 569 千卡 盐分 2.8 克

红烩西芹排骨

■ ■ ■ ■

清香西芹与软嫩猪肉搭配，令人耳目一新的红烩菜肴。西芹的筋长时间炖煮后会比生食更容易在口中残留，介意的人可先将较粗的筋去掉即可。

材料（4 人份）

西芹	4 根（800 克）
猪肋排（炖煮用）	800 克

A
红葡萄酒	1½ 杯
香叶	2 枚
盐	1¼ 小匙
蕃茄酱	½ 杯
大蒜	2 瓣的量
黑胡椒颗粒	½ 小匙

盐、胡椒 ....各适量

制作方法

1 西芹的茎切为 3~4 厘米的段，切少量叶子备用。

2 尽量斜刀片除肋排上的肥肉，放入密封袋中，再放入西芹和 A，简单揉压后静置 2 小时以上入味。

3 在锅中放入 2 的全部食材，再一点点加水不断使其煮沸。除去浮沫，盖上盖子用小火炖煮 1 小时 30 分钟。中途打开盖子上下翻滚搅拌 2~3 次，如果汤汁变少需加水补充。

4 取下锅盖将火力调为大火，不断搅拌收汁 10~15 分钟，用盐和胡椒调整口味，最后再撒上西芹叶出锅即可。

10 分钟 1 人份 127 千卡 盐分 1.6 克

泰式西芹炒章鱼

■ ■ ■ ■

这是食材双双好搭档的一道料理。西芹浸水，恢复水嫩新鲜之后再进行翻炒，西芹叶利用关火后的余热翻炒几下后便会香气四溢。这种出锅时的处理方法与其他的出锅方式完全不同。

材料（4 人份）

西芹	2 根（400 克）
煮熟的章鱼足	2 根（200 克）
杏鲍菇	1 盒（100 克）
花生油或者色拉油	2 大匙
蒜末	1 瓣的量
红辣椒	1~2 根
鱼露	1½ 大匙

制作方法

1 西芹斜刀片切为薄厚均匀的片，西芹叶撕碎为适合食用的大小。再将处理好的西芹全部放入水中浸泡使其恢复水嫩状态，捞出沥干水分备用。

2 章鱼斜刀片切，杏鲍菇如有根部除去根部，再用手纵向撕为 4 份，过长的话再横向一分为二备用。

3 在平底锅中放入花生油并热锅，按照大蒜、红辣椒的顺序依次用小火煸炒。全部煸炒出香味后放入杏鲍菇用中火翻炒，全部过油之后再倒入西芹的茎部改为大火爆炒。西芹全部过油之后再加入章鱼切片快速翻炒均匀。

4 放入鱼露翻炒均匀，关火后放入西芹叶再搅拌均匀即可。

95

Autumn
Vegetables

小油菜

和风肉末小油菜

∎ ∎ ∎ ∎

这是拥有超高人气的麻婆料理的小油菜版本。用中国的蔬菜制作的话，比用茄子更加滋味正宗。使用小油菜的话，为了彰显菜色和口感，将小油菜和肉末各自炒好，然后勾芡混合是重点。

20 分钟　1 人份 253 千卡　盐分 2.5 克

材料（4 人份）

小油菜	4 株（500 克）	料酒	1 大匙
猪肉末	200 克	砂糖	½ 大匙
黑木耳	2 大匙	酱油	3 大匙
蒜末	1 瓣的量	A 淀粉	1½ 大匙
葱花	4 大匙	A 水	2 大匙
色拉油	2 大匙	香油	½ 大匙
盐	少许	水	适量
豆瓣酱	1~2 小匙		

制作方法

1 将小油菜的菜叶和菜茎切开，然后将菜茎纵向切为4等份。将木耳浸水后捞出，切掉根部，大块的切为两半。

2 向中式炒锅中倒入1大匙色拉油热锅，将小油菜的菜茎和盐倒入快速翻炒，加入3大匙水盖上锅盖，中火蒸煮2分钟左右。将小油菜的菜叶也放入稍煮一下取出。

3 向中式炒锅中加放1大匙色拉油热锅，用中火翻炒肉末，变色后按顺序加入大蒜、葱、豆瓣酱炒至散出香味。加入木耳快速翻炒一下，倒入料酒，加清水一杯后煮沸。加入砂糖、酱油，盖上盖子中火煮制5分钟。

4 放入小油菜快煮一下，将混合均匀的A倒入，淋上香油即可。

材料（4 人份）

小油菜		2 克（250 克）
牛舌（烧烤用）		250 克
	盐	½ 小匙
A	黑胡椒颗粒	1 小匙
	面粉	适量
黄油		30 克
色拉油		1 大匙
盐		½ 小匙
酱油		½ ~1 大匙
黑胡椒颗粒（根据喜好准备）		
		适量

制作方法

1 将小油菜长度切为 3 等份，菜茎纵向切为 6 等份。

2 牛舌太大的话切为两半，撒上 A 的盐，粗粒胡椒，裹上薄薄的面粉。

3 向平底锅中倒入 25 克黄油和色拉油，中火加热，放入牛舌后稍微加强火力，烹炒至变色为止。

4 加入小油菜的菜茎，撒上盐，炒至颜色变鲜艳为止。

5 将菜叶也加入，炒至颜色变鲜艳为止，加入黄油 5 克和酱油，改用大火快速整体拌匀。撒上粗粒胡椒后出锅。

20 分钟　1 人份 202 千卡　盐分 2.6 克

清炒肉片小油菜

■ ■ ■ ■

因为猪肉和海带可以烹出汤汁，所以香味扑鼻。开水焯过的小油菜和海带的口感搭配也很好，不会觉得味道单薄。猪肉的油脂将小油菜的味道深入挖掘出来，即便不使用油的料理，也提高了小油菜中胡萝卜素的吸收率。

材料（4 人份）

小油菜		4 株（500 克）
猪肩肉片（涮锅专用）		200 克
裙带菜（盐渍）		20 克
	高汤	1 ½ 杯
A	料酒	2 大匙
	甜料酒	2 大匙
	淡口酱油	3 大匙

制作方法

1 将小油菜的菜叶和菜茎切开，然后将菜茎纵向切为 4 等份。将猪肉切为一半的长度。将海带的盐分洗掉，浸水后捞出，擦干水分后切为 3~4 厘米长的小段。

2 向锅中倒入 A 的高汤汁，煮沸后加入调味料，加入猪肉后轻轻松动，中火煮至变色。

3 改用小火去除杂质，加入小油菜的菜茎后搅拌，盖上盖子后中火煮制 3 分钟左右。

4 菜茎煮软之后加入菜叶搅拌，将猪肉和小油菜贴近些许，加入海带后稍煮一下出锅。

15 分钟　274 千卡　盐分 1.6 克

黄油风味牛舌炒青菜

■ ■ ■ ■

最后混匀的黄油和酱油的风味，搭配啤酒和米饭都很不错。用面粉裹好牛舌烹炒的话，可以吸收小油菜析出的水分，让小油菜更加香脆，牛舌也更加顺滑。

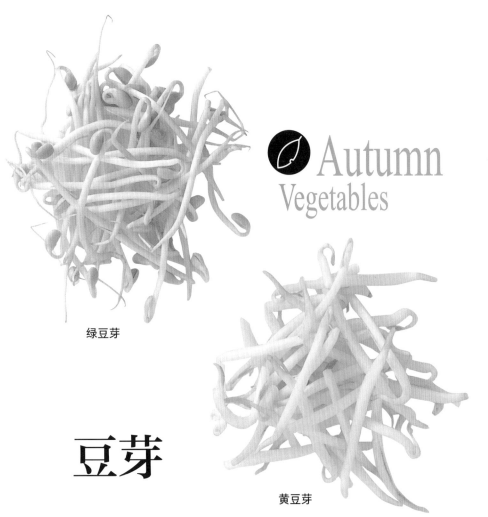

绿豆芽

黄豆芽

豆芽

Autumn
Vegetables

[挑选方法]

豆子和豆芽的颜色洁白，粗壮饱满，根须部未变色的是新鲜的。如果颜色过白的话有被漂白的可能，要多注意。

[保存方法]

保持装袋的状态可以放进冰箱的蔬菜保鲜室保存。浸水的话不仅会流失营养，而且杂菌容易繁殖，所以不要这样保存。由于豆芽容易腐坏，请尽早食用。

[营养价值]

虽然豆芽90%以上都是水分，但它作为淡色蔬菜富含大量优质蛋白质、维生素C、B族、钾、食物纤维。豆子大的豆芽的营养价值更高。

20 分钟　1 人份 177 千卡　盐分 1.9 克

民族风猪肉拌炒豆芽

■ ■ ■ ■

根据泰国风格沙拉改良，冷却后食用也是美味的一道菜。最初是使用木瓜，用豆芽代替的话也是完美的搭配。民族风味配合米饭，让人欲罢不能。

材料（4人份）

豆芽......................1 袋（200 克）	
彩色辣椒（红）......................½ 个	
猪肩里脊肉薄片......................150 克	
灯笼椒......................4 个	
大蒜......................1 瓣	
色拉油......................2 大匙	

A
| 粗切红辣椒......................1 个份 |
| 粗切虾干......................1 大匙 |
| 柠檬汁......................1 个份 |
| 鱼露......................2 大匙 |

水......................½ 杯

制作方法

1 将豆芽的根须摘除。辣椒纵向一切为二，去除蒂和籽后横向切成薄片。猪肉切为 2 厘米宽的小段。灯笼椒切为小片。

2 将大蒜切碎。向平底锅中倒入 1 大匙色拉油加热，用小火炒热大蒜，变淡黄色后取出备用，剩余的色拉油单放。

3 将 A 混合，与剩余的油混到一起。

4 擦干平底锅后倒入一大匙色拉油加热，大火炒制猪肉。过火后加入豆芽和辣椒快炒，加水盖上盖子，焖煮 1 分钟。

5 将 4 中水倒掉，加入 3 搅拌，灯笼椒和大蒜一起混合即可。

材料（4人份）

黄豆芽.....................1 袋（200 克）
萨拉米香肠..........................100 克
米.........................2 合（360 毫升）
香菜...................................1~2 株
大蒜.....................................½ 瓣
生姜薄片...........................3~4 片
A ┌ 豆瓣酱.........................1 小匙
  └ 酱油.............................1 大匙

制作方法

1 蒸米饭之前 30 分钟的时候，将米淘好放在箅子上，放入电饭煲加入普通量的水。
2 将黄豆芽的根须摘除，把萨拉米香肠切为 1 厘米的小块。分散放在米上，像往常一样蒸制。
3 将 1~2 株香菜大体分开切一切，做装饰用。
4 将大蒜、生姜和剩余的香菜切碎。与 A 混合。
5 米饭煮好后加上 4，搅拌均匀出锅，点缀上香菜。

20 分钟　1 人份 216 千卡　盐分 1.1 克

和风豆芽炒牛肉

■ ■ ■ ■

去掉根须的豆芽被称为"银芽"。与通常的炒豆芽味道不同，这是大阪烧风味的料理。如果使用超市卖的粗豆芽的话，能使其与小松菜的咀嚼口感相辅相成，味道更上一层楼。

材料（4人份）

豆芽.....................1 袋（200 克）
牛肉片...............................200 克
小松菜...............................150 克
色拉油.................................½ 大匙
砂糖.....................................3 大匙
酱油.....................................½ 大匙

制作方法

1 摘除豆芽的根须，将小松菜切为 1 厘米宽的小段。
2 向平底锅中倒入色拉油加热，一边松动牛肉一边大火翻炒，过了一半火的时候加入砂糖，一边搅拌一边翻炒。
3 加入豆芽再炒 1 分钟，然后放入小松菜和酱油快速翻炒后出锅即可。

40 分钟　1 人份 403 千卡　盐分 1.8 克

豆芽香肠蒸饭

■ ■ ■ ■

焖熟饭后再与大蒜、生姜、香菜、豆瓣酱和酱油混合，绝妙的和谐配搭。吃一大口，有各种味道在口中蔓延，豆芽的爽脆口感让人欲罢不能。如果喜欢辣味，可以多放一些豆瓣酱。

Autumn
Vegetables

[挑选方法]
外皮呈淡米色，有重量感，藕洞较大且均等的是优良品。外皮过白的、藕洞中很黑的尽量不要挑选。

[保存方法]
分节断开然后整体包在报纸里放入保鲜袋，然后放入冰箱的蔬菜保鲜室中保存。已经切开的莲藕为了保证切口不变色，全部放入密封袋中包裹紧实后存放在蔬菜保鲜室里。

[营养价值]
比卷心菜和小松菜的维生素C含量还要高，钾和食物纤维也相当丰富。食用的时候出现的丝状物是可以促进胃肠蠕动的黏蛋白。因为还含有丹宁酸，所以还有消炎的作用。

莲藕

25 分钟 1 人份 292 千卡 盐分 0.8 克

猪肉炸藕沙拉

▪ ▪ ▪ ▪

只要用手将炸好的藕片涂抹上盐、胡椒和醋，藕和猪肉的香味就能展现出来，而且脆爽可口。美味的窍门就是莲藕要用高温素炸，而猪肉要用淀粉包裹，中温小心炸好。

材料（4人份）

莲藕（大）	2 节（600 克）	盐	½ 小匙
醋	适量	胡椒	少许
猪腿肉切片	200 克	醋	3 大匙
淀粉	适量	油炸用油	适量
西洋菜	1 把		

制作方法

1 莲藕去皮，纵向一切为二，然后斜切为厚 6 毫米的小片。过一遍淡醋水，擦干水分。切去水芹的硬菜茎，切成容易入口的大小。

2 猪肉切成宽 5 厘米长的小段，油炸之前再薄薄地涂抹上淀粉。

3 向锅中倒入油炸用油加热至高温，将莲藕分 2~3 回炸至上色，出锅放入碗中。

4 将油调至中温，将猪肉小心炸至酥脆，加入 3 中。

5 向 3 中添加西洋菜，撒上调味料，全部混匀搅拌即可。

40 分钟 1 人份 375 千卡 盐分 2.7 克

莲藕厚味炖猪肉

▪ ▪ ▪ ▪

加入梅干、红辣椒、生姜后炖煮，浓厚味道之中的酸、辣、香脆有机地结合出深层次的美味。而且，因为用油炒过，只需要 20 分钟的炖煮时间，就能够充分入味。

材料（4 人份）

莲藕（大）.............. 2 节（600 克）

　醋..................................适量

猪肩里脊肉（炸猪排用）..............

..................................4 片（400 克）

梅干..............................2~3 个

色拉油.............................½ 大匙

酒................................3 大匙

水................................1 杯

┌ 红辣椒............................2 根

│ 生姜薄片................1 个的量

A│ 甜料酒......................2 大匙

│ 砂糖..........................1 大匙

└ 酱油..........................3 大匙

制作方法

1 莲藕去皮，纵向切为 4 等份，然后滚刀切为大块，过一下淡醋水冲洗后擦干水分。

2 猪肉分别一切为二。除去 A 中红辣椒的花萼和籽。

3 向平底锅中倒入色拉油加热，中火将猪肉两面烧至上色。加入莲藕烹炒，莲藕全部过油之后撒入甜料酒，加水煮沸。

4 用手将梅干适度撕碎后带核一同放入锅中。A 也加入混合，盖上盖子用小火煮 20~25 分钟。中途上下翻锅搅拌均匀（水分过多的话开盖后沥去多余水分）即可。

材料（4人份）

莲藕	2 大节（600 克）
醋	适量
鸡肉末	250 克
A　酒	2 大匙
酱油	½ 大匙
盐	¼ 小匙
生姜汁	1 小匙
调味酱	
调味汤汁	1 杯
甜料酒	2 大匙
酱油	2 大匙
淀粉	1 大匙
水	1 大匙

制作方法

1 莲藕去皮，过一遍淡醋水后擦干水分，擦碎成泥。

2 将鸡肉末和A放入碗中，用手搅拌好，将莲藕泥连带汤汁一起加入，进一步搅拌混合。

3 将2放到可以使用微波炉的浅碗中，平整表面。用保鲜膜轻轻盖好，用微波炉加热10分钟左右。

4 现在制作调味酱。使用小锅煮沸调味汤汁，加入甜料酒和酱油。用水溶好淀粉，勾芡，倒在3上即可。

90 分钟　1 人份 254 千卡　盐分 2.9 克

莲藕牛肉浓汤

■ ■ ■ ■

文火慢炖的厚片莲藕充分吸收了肉香。有着可与浓汤之星土豆媲美的口感。因为咸味淡薄，如果作为下饭的配菜的话，加一些醋或者酱油都是不错的选择。

材料（4人份）

莲藕	2 大节（600 克）
醋	适量
牛小腿肉（炖肉用）	400~500 克
胡萝卜（大）	1 根（250 克）
A　水	6 杯
葱（绿色部分）	6 厘米
生姜薄片	1 个的量
酒	⅓ 杯
盐	1 小匙
盐	1 小匙
胡椒	少许
日式黄芥末酱	适量

制作方法

1 用热开水煮制牛小腿肉10分钟左右，然后用水洗好。

2 将牛肉和A中的水放入大一点的锅中开火加热，煮沸后加入A中的其他材料，再次煮沸后改小火盖上盖子，继续煮30~40分钟。

3 莲藕去皮，切为1.5~2厘米厚的圆片，过一遍淡醋水后擦干水分。胡萝卜去皮，粗的部分切为1.5厘米厚的圆片，细的部分切为长3厘米的小段后再纵向一切为二。

4 取出2中的葱，加入莲藕、胡萝卜改用大火。煮沸后加盐改用小火，盖上盖子继续煮30分钟，然后撒上胡椒。出锅盛盘，点缀上糊状芥末。

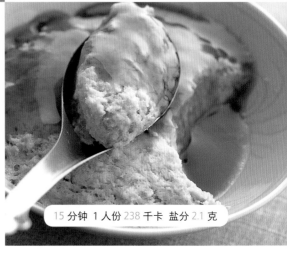

15 分钟　1 人份 238 千卡　盐分 2.1 克

蒸莲藕鸡肉泥

■ ■ ■ ■

将莲藕擦成泥，和肉末混合调味料放入碗中用微波炉热熟。甜辣酱更彰显了糯糯的口感。佐上汤汁酱油更别有风味。

Autumn
Vegetables

[挑选方法]

叶子呈淡绿色，切口处泛白且个头小巧的为佳品。比起重量较沉的生菜，较轻的生菜的叶子更柔嫩，没有苦味。挑选切开的生菜的话，菜的硬芯短小，菜叶蓬松卷曲，层叠包裹在一起的为佳品。

[保存方法]

菜叶很快就会发苦，因此尽快食用为宜。必须保存的情况下，用剥除的外菜叶包裹好生菜后放进保鲜袋，然后放入冰箱的蔬菜保鲜室内保存即可。

[营养价值]

水分的比例占95%，在全部蔬菜中，属于所含维生素和膳食纤维较少，钾含量略高的一种蔬菜。由于还含有苹果酸和氨基酸，具有缓解疲劳的功效。

生菜

15 分钟 1 人份 105 千卡 盐分 1.9 克

生菜煮蛤蜊

■ ■ ■ ■

将蛤蜊过火，开口的时候生菜的清脆口感也恰到好处。小番茄的酸味提升了味道。生菜的口感即便冷却后也很不错。

材料（4人份）

生菜	2 个（800 克）
蛤蜊（去沙）	500 克
盐	适量
小番茄	1 包（约15 个）
大蒜	2 瓣
A ┌ 白葡萄酒	1 大匙
├ 黄油	25 克
└ 西洋风汤精（颗粒）	2 小匙

制作方法

1 将生菜纵向6 等份切好，去除菜芯。将小番茄的蒂取掉，在外皮割开一个切口。把大蒜切为4 块。

2 用淡盐水把蛤蜊连壳相互擦洗，洗好后擦去水分。

3 向大一点的锅中放入大蒜，将生菜满满地排在锅底，上面放上蛤蜊和小番茄。

4 将A 洒在食材上面，盖好盖子中火加热，冒泡后改小火继续蒸煮5~6 分钟。上下翻动使之入味，关火出锅。

肉汁浇细切生菜

■ ■ ■ ■

切断菜纤维，将生菜细细切好，进一步突显了清脆的口感。利用炒肉的余热，熟软的生菜也很美味。

20 分钟 1 人份 385 千卡 盐分 2.0 克

材料（4人份）

生菜（小）	1 个（300 克）
牛五花（烧肉用）	250 克
A 酱油、香油、淀粉	各 2 小匙
胡萝卜	½ 根
葱	¼ 根
色拉油	1 大匙
B ┌ 水	1 杯
├ 西洋风汤精（颗粒）	½ 大匙
├ 蚝油	2 大匙
└ 酒	2 大匙
C ┌ 淀粉	1 大匙
└ 水	2 大匙

制作方法

1 切断菜纤维的情况下，将生菜切为宽5 毫米的小条，淋水使其保持鲜嫩状态。

2 将牛肉切为宽1 厘米的小条，与A 混合。胡萝卜去皮切为细丝，葱也斜切为薄片。将B 混合好备用。

3 向平底锅中倒入色拉油加热，将葱、胡萝卜按顺序放入锅内中火烹炒。胡萝卜炒软后放入牛肉，一边拨散一边烹炒至变色。

4 均匀浇入B，煮沸后取出杂质。混合好C 后倒入，勾芡。

5 沥去生菜的水分后出锅盛盘，放上4 即可。

山珍野味蒸饭

蘑菇、栗子、块根类蔬菜。秋季正好见识到丰盛的山珍，也正是新米上市的时候。因此，可以搭配足量的应季蔬菜和米饭一起炊煮。作为晚饭也很好，怎样都是令人称赞的料理。冷却后也很美味，推荐用作转天的便当。

制作 / 千叶道子

40 分钟 1 人份 431 千卡 盐分 1.9 克

材料（4 人份）

松茸	2~3 个（100~120 克）
米	3 合（540 毫升）
炸豆腐	1 块
高汤	约 630 毫升
A ┌ 酱油	1 大匙
│ 淡口酱油	1 大匙
│ 酒	2 大匙
└ 盐	⅓ 小匙
欧芹菜茎	适量

制作方法

1 淘米后放在筛子上，静置 30 分钟。

2 切掉松茸的根部，冲水后用厨房用纸轻擦掉污迹。松茸茎过长的话切为两半，纵向切为薄片。炸豆腐粗略切碎。

3 将米放入电饭煲，将高汤加到标注 3 合的刻度线位置，静置 30~40 分钟。加入 A 后简单搅拌一下，继续加入松茸和炸豆腐后按照普通流程蒸饭。

4 煮好后，盛入茶碗，点缀上切好的长度 1 厘米左右的欧芹茎即可。

准备工作

因为松茸的根部很坚硬，把松茸茎放在菜板上，像削铅笔一样用菜刀斜切点就可以了。

松茸蒸饭

沉醉于满满秋季的香味之中，饭桌都一瞬间安静了下来。作为调味的炸豆腐和酱油，炊制出简单而又让人满足的美味蒸饭。

※ 制作方法中 30~40 分钟的浸水浸泡这一步，尽管省却也可以，不过浸水的话能够炊制得更美味。

40 分钟 1 人份 462 千卡 盐分 3.4 克

松茸

不光有稀少昂贵的日本产品（照片最前方），最近相对便宜的其他国家产的松茸也逐渐在店面见到。左上是中国产，右上是加拿大产。香味的话日本产松茸是第一，加拿大产的也相当不错。中国产松茸香味较淡，但是味道很好。

材料（4 人份）

蘑菇

┌ 鲜香菇.............................6 个
│ 口蘑.....................1 包（100 克）
└ 舞茸.....................1 盒（100 克）
油豆腐....................................1 块
米...................... 3 合（540 毫升）
高汤.........................约 630 毫升
┌ 淡口酱油、酱油...各 1 ½ 大匙
A │ 盐......................................少许
└ 酒...................................2 大匙
酱汁
┌ 高汤.............................1 ¼ 杯
│ 蚝油............1 ½ ~2 大匙
│ 酱油..........................1 ½ 大匙
│ 酒...................................1 大匙
│ 砂糖...............................1 小匙
└ 淀粉...............................1 大匙
水...................................2 大匙

制作方法

1 淘米后放在筛子上静置 30 分钟。
2 切掉蘑菇的根部，将鲜香菇切成薄片，将口蘑和舞茸弄松散。将油豆腐切为细条。
3 向电饭煲中加米，注入高汤到 3 合的刻度线位置，静置 30~40 分钟。加入 A 后搅拌一下，撒上蘑菇和炸豆腐后按照平时一样炖煮。
4 制作酱汁。将酱汁材料中的高汤到砂糖这几样一起放进锅里中火加热，煮沸后加入淀粉和水搅拌勾芡。
5 米饭煮好后盛入茶碗中，浇上热热的酱汁，完成。

蚝油浇汁碎蘑菇盖饭

使用了 3 种足量的蘑菇。浇在米饭上的浓厚的蚝油令润滑的米饭更衬托出蘑菇富有嚼劲的口感。

秋日飨宴

※ 向米中注入高汤和调味料后，将蘑菇均匀撒上。放入足够的份量，完全遮盖住米。

栗子

栗子从绳文时代就开始被食用，《古事记》（712 年）中也有记载，是一种历史悠久的日常食物。有光泽且饱满，分量十足的是优良品。尽管可以保存相当长的时日，但是鲜度会很快流失，所以最好尽早食用。

准备工作

先用菜刀的刀刃根部从上至下划开栗子坚硬的外皮，最后剥开下面粗糙的部分。

如果连带内皮一起炊煮的话栗子颜色会变黑，所以厚厚地削去栗子内皮，稍微伤到栗子肉也没关系。

材料（4 人份）

牛腰肉（制牛排用）..........................
.........................1 块（250~300 克）
盐..少许
味噌底料：
　┌ 西京味噌..............250~300 克
　│ 信州味噌..........1 ½ ~2 大匙
　│ 甜料酒、料酒..........................
　└ ....各 1 ½ ~2 大匙
栗子饭（参照左边）..........................
.........................4 杯茶碗的分量

制作方法

1 在牛肉两面都撒好盐，静置 30 分钟。
2 味噌底料的材料全部混合在一起。
3 用厨房用纸擦干肉的水分，涂满味噌底料，装入带有密封条的保存袋中，置于冰箱中腌制 2~5 天（急用的时候，先放在冷暗的地方半天，然后放在冰箱 1 天）。
4 擦掉肉上面的味噌，室温下静置 20 分钟，用烧热的烧烤用网或者煤气灶烧烤架将肉两面烤焦。切为宽 1.5 厘米的小条，点缀在碗中的栗子饭上即可。

45 分钟　1 人份 450 千卡　盐分 1.6 克

栗子饭

虽然是女性和孩子喜爱的食物，但也很受男性的青睐，这就是栗子饭了。因为是酱油口味，所以和其他料理也很搭配，一定要试一试。

材料（4 人份）

栗子......12~16 个（净重 120 克）
米.........................3 合（540 毫升）
高汤（海带高汤）......约 630 毫升
　┌ 酒..........................2 大匙
A │ 甜料酒..........................2 小匙
　│ 淡口酱油..........................1 大匙
　└ 盐..........................½ 小匙

制作方法

1 淘米后静置在筛子上 30 分钟。
2 剥去栗子的外皮和内皮，个头大的话切为两半，用水充分洗净后静置在水中 10 分钟。
3 向电饭煲中倒入米，注入高汤到 3 合的刻度线位置，静置 30~40 分钟。
4 将擦干水分的栗子和 A 加入，搅拌一下后按照平时的样子炊煮。

味噌腌肉栗子饭

味噌腌制的肉香，与栗子那种天然的甘甜相得益彰。其他的只需要搭配香味野菜就能够享用这道美食。

45 分钟　1 人份 737 千卡　盐分 2.9 克

材料（4人份）

牛蒡......................½根（80克）
胡萝卜（小）..........½根（80克）
黑木耳...................................5克
炸豆腐...................................1块
银杏...................................12粒
米.....................3合（540毫升）
高汤....................约630毫升
A ┌ 淡口酱油.....................2大匙
  │ 酱油...........................1大匙
  │ 酒.............................2大匙
  └ 盐................................少许

制作方法

1 淘米后静置在筛子上30分钟。
2 用板刷擦掉牛蒡的皮后洗净，切为薄片后冲水，洗净后放在筛子上待用。
3 胡萝卜去皮，切为3~4厘米的细条。用水泡开木耳后切掉坚硬的根部，切为可以一口食用的大小。将炸豆腐也切为细条。
4 去掉银杏壳，向锅中倒入热水稍煮沸后放入银杏，用大汤勺背面将浮于表面的银杏薄皮除去。
5 向电饭煲中倒入米，注入高汤到3合的刻度线位置，静置30~40分钟。加入A后简单搅拌一下，加入2、3后按照平时的方法炊煮。
6 煮好后，点缀上擦干水分的银杏一切为二，大致搅拌一下完成。

40 分钟　1 人份 494 千卡　盐分 1.5 克

百合番薯硬米饭

百合根的美味，在于若隐若现的甘甜和些许的苦涩，并且吃起来软糯喷香。再与黏糯的白米饭和红薯搭配，令人感受到某种高级的风味。

什锦蒸饭

集合了五种鲜味的代表蒸饭。这一碗能满足任何人的蒸饭，可能算得上是家庭最豪华的美食。

45 分钟　1 人份 455 千卡　盐分 2.4 克

材料（4人份）

百合根（中）..........1个（150克）
红薯（中）..............1个（200克）
米.....................2½合（450毫升）
糯米..................½合（90毫升）
A ┌ 海带（10x4厘米）...........1块
  └ 水...........................600毫升
B ┌ 酒...............................2大匙
  │ 甜料酒......................1大匙
  └ 盐...............................1小匙

制作方法

1 将米和糯米淘好后放在筛子上静置30分钟。
2 洗去百合根的泥土，将鳞片逐片剥下洗净，浸水5分钟。
3 将番薯带皮切为宽1.5厘米的半月形，浸水5分钟。
4 向电饭煲中倒入米，加入A，静置30~40分钟。加入B后搅拌一下，擦干百合根和番薯的水分后也加入进去，按照平时的方法炊煮。

百合根

物如其名，就是野外盛开的百合花球根，像芋头一样松软的口感。因为容易损伤，经常被放在锯末中贩卖。时常作为茶碗蒸、炒菜的食材，中华料理中也常常使用。

准备工作

小心地将互相包住的百合瓣一片一片从根部剥下。坏的部分就用菜刀割掉。

40 分钟 1 人份 562 千卡 盐分 2.1 克

材料（4人份）

芋头.....................4 个（300 克）
鸡腿肉肉末....................100 克

A
┌ 砂糖...........................1 大匙
│ 酒..............................1 大匙
│ 甜料酒.......................1 大匙
└ 酱油.......................1½ 大匙

羊栖菜（干燥）.....................5 克
米.....................3 合（540 毫升）
高汤.....................约 630 毫升

B
┌ 酒..............................2 大匙
│ 淡口酱油...................1 大匙
│ 酱油..........................1 大匙
└ 盐...............................少许

制作方法

1 淘米后静置在筛子上 30 分钟。
2 去除芋头皮，一切为二后浸水 10 分钟左右洗掉黏液。将羊栖菜放在微温的水中，太长的可切为容易食用的长度。
3 向锅中放入鸡肉末，加入 A 后中火加热，不停地使用多根料理筷子搅拌保证肉末不被烤焦，制成肉松为止。
4 向电饭煲中倒入米，注入高汤到 3 合的刻度线位置，静置 30~40 分钟。加入 B 后搅拌，继续加入擦干水分的芋头、羊栖菜和鸡肉松，按照平时的方法炊煮。

鸡肉芋头蒸饭

尽管芋头的口感黏黏的，味道却很淡。如果搭配上甘甜入味的鸡肉松，则恰到好处。米饭也能够彰显出肉松的味道。

韩式牛肉豆芽蒸饭

韩国料理中号称黄金搭档的两样素菜。香油或者大蒜风味的牛肉，和大豆豆芽一起炊煮的米饭。一定要佐以韩式辣酱一起食用。

材料（4人份）

大豆豆芽.................1 袋（200 克）
切片牛肉（或者是切条牛肉）....150 克

A
┌ 酱油.......................1½ 大匙
│ 砂糖...........................2 小匙
│ 香油...........................2 小匙
│ 白芝麻末...................1 大匙
└ 大蒜末.......................少许

香油...............................少许
米.....................3 合（540 毫升）
水.................................600 毫升

B
┌ 淡口酱油（或者酱油）....2 大匙
└ 酒..............................2 大匙

韩式辣酱...........................适量

制作方法

1 淘米后静置在筛子上 30 分钟。
2 摘掉大豆豆芽的根须。
3 将牛肉与 A 混匀，用平底锅加热香油后放入肉，中火炒至上色，冷却。
4 向电饭煲中倒入米，注水到稍稍少于 3 合的刻度线位置，静置 30~40 分钟。加入 B 后搅拌一下，加入豆芽和肉之后按照平时的方法炊煮。出锅，点缀上韩式辣酱。

40 分钟 1 人份 507 千卡 盐分 2.7 克

45 分钟 1 人份 576 千卡 盐分 2.8 克

材料（4 人份）

银杏........................12 粒
鱿鱼..........................1 条
洋葱碎末................⅙ 个的量
米...............3 合（540 毫升）
黑米........................3 大匙
水........................540 毫升
A ┌ 西式高汤精华（固体）....½ 个
  │ 盐......................½ 小匙多
  └ 白葡萄酒或者酒........1 大匙
色拉油、盐、胡椒.........各适量

制作方法

1 洗好黑米后按照袋子的说明在一定量水中浸泡，淘完普通的米后也一起放在筛子上静置 30 分钟。

2 将鱿鱼的身体和足部分开。身体部分去皮，切为宽 1 厘米的圆环。将边缘和足部切为小段备好。

3 向平底锅中倒入适量色拉油加热，放入洋葱后用稍弱的中火炒软。加入鱿鱼快速炒一下，稍放些盐、胡椒。

4 向电饭煲中加入米、水、A（汤精捣碎）简单搅拌一下，继续加入鱿鱼和洋葱，按照平时的方法煮制。

5 银杏去壳，向平底锅中倒入多一些的色拉油加热，放入银杏开中火，用筷子搅拌炒至银杏的薄皮脱落。

6 肉炒饭完成后加入银杏搅拌一下。

莲藕五花肉蒸饭

切成大块的莲藕，煮出糯糯的米饭。切成圆块的猪五花肉，赋予其充实的酱油味，就完成了让肚子满足的蒸饭。

材料（4 人份）

莲藕（小）..........1 节（150 克）
胡萝卜............½ 根（100 克）
猪五花肉块....................150 克
酱油..........................1 大匙
海带（20 × 4 厘米）..........1 块
米...............3 合（540 毫升）
高汤....................约 630 毫升
A ┌ 酱油......................2 大匙
  │ 酒........................2 大匙
  └ 盐........................⅓ 小匙

制作方法

1 淘米后放在筛子上静置 30 分钟。

2 莲藕去皮，切成 1 厘米厚的银杏叶状，过水冲净后沥除水分。胡萝卜去皮，纵向一切为二后切为 1 厘米厚的小片。

3 用水小心润湿海带，切为长 7 厘米、宽 2 厘米的条状，然后打成结状（海带结）。猪肉切为 1 厘米的块状，涂上酱油备用。

4 向电饭煲中倒入米，添加高汤至 3 合的刻度线位置，静置 30~40 分钟。加入 A 搅拌一下，继续加入莲藕、胡萝卜、海带、猪肉，然后按照平时的方法煮制。

银杏鱿鱼黑米炒饭

刚下来的银杏是浓绿色的。过油炒制后会更鲜艳。煮好后飘散的鱿鱼香，应该是会令食客翘首以待的。

45 分钟 1 人份 523 千卡 盐分 1.6 克

准备工作

向平底锅中倒入能够铺满一层的足量油炒制银杏，不仅能够使银杏的薄皮自然脱落，成品还是卖相很好的绿色。这样直接撒上盐作为下酒菜也是不错的选择。

银杏

因为其独特的味道，大家对银杏各有好恶，不过长大后逐渐喜欢的人不在少数。银杏果开始的时候更多是绿色，冬天的时候变为黄色。果粒大且壳是白色的是优良品。

秋日飨宴

冬季主菜

菠菜

Winter Vegetables

[挑选方法]
叶子厚实有张力，菜茎粗细适中、有弹性的是优良品。如果菜茎比菜叶粗壮，菜根也过大的是过熟的菠菜，菜质硬且味道也稍逊色，应避免选取这样的菠菜。

[保存方法]
袋装的菠菜可以直接放入冰箱的蔬菜保鲜室保存。因为菜叶的水分会蒸发，开封的菠菜要润湿后用报纸包裹放在食品袋中保存。

[营养价值]
铁含量是蔬菜中的第一，胡萝卜素和钾含量也很丰富。促进铁吸收的维生素C、钙、食物纤维也很丰富。

30 分钟 1 人份 422 千卡 盐分 2.5 克

芝麻酱油炖菠菜鸡肉

鸡肉过油之后，加入新鲜菠菜煮软，撒上足量的芝麻，是一道拌菜风格的炖菜。
不仅无需仔细搅拌芝麻，而且分量十足，适合下饭，放凉后也非常可口，是很美味的料理。

材料（4 人份）

菠菜	2 把（700 克）		水	½ 杯
鸡腿肉	2 块（500 克）	A	甜料酒	3 大匙
煎焙白芝麻	6 大匙		酱油	3 ½ 大匙
色拉油	½ 大匙		生姜细丝	3 薄片的量
酒	3 大匙			

制作方法

1 用十字花刀切刻入菠菜根部，放入水中 10 分钟，洗净后沥除水分，长度切为 3 等份。将鸡肉切为 3 厘米长的小块。
2 向平底锅中倒入色拉油加热，用高火将鸡肉两面煎至上色，撒上酒，加入 A

煮沸。如果有杂质的话就去除，盖上盖子用小火煮制 15 分钟。
3 将肉拨置于锅的一边并加入菠菜，边搅拌边煮至柔软。撒上芝麻，搅拌全部食材使其均匀混合。

20 分钟 1 人份 159 千卡 盐分 3.3 克

菠菜炒生蚝

■ ■ ■ ■

因为想要口感软烂，用新鲜的菠菜直接下锅煸炒，不
容易除去浮沫，所以需要加水后快速蒸煮一下。
将生蚝炒至浓香四溢，搭配爽口的菠菜，
是一次能够吃下很多的一道小菜。

材料（4 人份）

菠菜	2 把（700 克）
生蚝（去壳）	300 克
盐	适量
淀粉	适量
大蒜	1 瓣
红辣椒	2 根
色拉油	2 大匙
盐	少许
水	⅓ 杯
A ┌ 料酒	1 大匙
│ 砂糖	½ 大匙
│ 酱油	3 大匙
└ 胡椒	少许

制作方法

1 用十字花刀切刻入菠菜根部，在水中冲洗 10 分钟
左右，再除去水分，切为长度相等的两段。生蚝在
盐水中浸泡并洗净，再除去表面水分。大蒜纵向切
为 3 块。红辣椒去籽和柄后备用。

2 在中式炒锅中放入 1 大匙色拉油热锅后放入菠菜，
再撒入盐，用猛火急炒。稍微有一些变软后立刻加
水，盖上锅盖蒸煮 1~2 分钟后，捞出在笊篱上沥干
备用。

3 除去中式炒锅中的水分后再加入 1 大匙色拉油，
放入蒜瓣用小火煸炒。香味散出后放入裹好淀粉的
生蚝，用中火将两面煎熟至些许上色，盖上锅盖焖
1 分钟左右。

4 放入红辣椒和 A，继续翻炒，菠菜回锅后快速翻
炒均匀后出锅即可。

材料（4 人份）

菠菜	2 把（700 克）
猪五花肉	400 克
A 盐	2/3 小匙
胡椒	少许
柠檬（无农药残留）的半月形切片	4~5 片
大蒜	1 瓣
香叶	1 片
色拉油	1 大匙
黑胡椒颗粒	1/2 小匙
白葡萄酒	1/2 杯
盐	1/3 小匙
胡椒	少许

制作方法

1 用十字花刀切刻入菠菜根部，在水中冲洗 10 分钟左右，再除去水分，切为长度相等的两段。

2 猪肉块如果太大可先切为两块，再切为 1 厘米厚的肉片，并撒上 A 入味。

3 在平底锅内放入色拉油和大蒜并用文火慢煎，放入猪肉使其两面煎至均匀上色，加入香叶和黑胡椒颗粒后迅速煸炒。撒入白葡萄酒，开锅后盖上锅盖将火力调至小火，中途翻面一次，焖蒸 15~20 分钟。

4 取出肉片，放入菠菜翻炒均匀，再盖上盖子用中火焖 2~3 分钟直至菠菜变软烂。

5 将猪肉回锅，放入盐、胡椒和柠檬片，翻炒均匀后出锅即可。

25 分钟 1 人份 180 千卡 盐分 1.4 克

中式奶汁炖火腿菠菜

■ ■ ■ ■

中式奶汁炖菜是用牛奶和水溶的淀粉制作而成的。
比起白酱汁制作方法更为简单，口感也更清淡。
菠菜加入少量的水焖蒸之后，
令人更易感受到它美妙的口感。

材料（4 人份）

菠菜	1 把（400 克）
A 水	1/2 杯
盐	1/4 小匙
圆火腿	100 克
葱花	4 大匙
生姜碎末	1 小匙
色拉油	2 大匙
料酒	2 大匙
牛奶	1 杯
盐	1/2 小匙
胡椒	少许
B 淀粉	1 1/2 大匙
水	1 1/2 大匙

制作方法

1 用十字花刀切刻入菠菜根部，放在水中冲洗 10 分钟左右捞出沥干水分，切为 4~5 厘米长的段。火腿用刀一分为二，再切为 7 毫米宽左右的条状。

2 在中式炒锅中放入 1 大匙色拉油热锅并放入菠菜翻炒，加入 A 后继续翻炒均匀，再盖上锅盖用中火焖蒸 1 分钟左右。然后捞出在笊篱上沥干水分备用。

3 中式炒锅除去水分后再加入 1 大匙色拉油热锅，放入葱末和姜末用小火煸炒，爆香后撒入料酒，再倒入牛奶加热至温热的程度，并用盐和胡椒调整口味。将菠菜回锅，稍煮一下，再加入混合好的 B，勾芡使之黏稠后出锅即可。

30 分钟 1 人份 451 千卡 盐分 1.4 克

猪肉焖菠菜

■ ■ ■ ■

利用猪肉鲜美的肉汁，将新鲜的菠菜焖熟。仿佛感觉不到菠菜的涩涩的口感，调味料只需用盐和胡椒，但香气浓郁，十分下饭。

70 分钟 1 人份 372 千卡 盐分 2.9 克

菠菜肉末咖喱

■ ■ ■ ■

说到绿咖喱，任何一样青菜都无法和菠菜比拟。
当季的菠菜滋味更甘甜，再搭配各种刺激的香料，
美味更上一层楼。

Winter
Vegetables

菠菜

材料（4 人份）

菠菜	2 把（700 克）
牛肉肉末	250 克
番茄罐头（整个番茄）	
	1 罐（150 克）
洋葱碎末	2 个的量
蒜末	1 瓣的量
姜末	½ 小块的量
红辣椒	2 根
香叶	1 片
肉桂棒	1 根
色拉油	4 大匙
咖喱粉	5 大匙
水	2½ 杯
番茄酱	2 大匙
酱油	½ 大匙
盐、胡椒	各适量

制作方法

1 用十字花刀切刻入菠菜根部，在水中冲洗 10 分钟左右，再除去水分，切为宽 1~2 厘米的段。红辣椒除去柄和籽备用。

2 在锅中加入 2 大匙色拉油热锅，放入洋葱、大蒜和生姜，用中火炒制软烂，再改为小火继续煸炒 30 分钟左右直至变为茶色。

3 倒入牛肉肉末后用中火煸炒至变色，再放入红辣椒、香叶、肉桂快速翻炒，放入 3 大匙咖喱粉后翻炒均匀。

4 倒水，把番茄罐头中的番茄捣碎后与汤汁一同倒入锅内，煮开锅后改为小火，除去浮沫，放入 1 小匙盐、番茄酱和酱油，盖上盖子焖煮 20 分钟左右。

5 平底锅中再放入 2 大匙色拉油热锅，倒入菠菜猛火快炒，用盐和胡椒调整口味，再放入 4 后煮 8~10 分钟，最后再放 2 大匙咖喱粉搅拌均匀即可。

Winter Vegetables

[挑选方法]

菜叶翠绿浓郁，叶片丰满肥厚，茎鲜嫩有韧性，个头比较大的小松菜为佳品。如果有根存留，挑选根壮硕且长的小松菜即可。

[保存方法]

如果有根和泥残留在小松菜上，应先除去并洗净，装入保鲜袋置于冰箱的蔬菜冷藏室内保存。因为泥土中含有有害细菌，因此，将带泥土的蔬菜放置于冰箱内保存是万万不可的。如果是袋装的、干净清洁的蔬菜，可以按原样置于冰箱内的蔬菜保鲜室内保存。

[营养价值]

在蔬菜中钙的含量处于顶尖水平。胡萝卜素、钾的含量也同样丰富，维生素C和铁含量比菠菜中的含量还要高。

小松菜

蒜炒小松菜木耳牛肉片

■ ■ ■ ■

小松菜的灰质及涩味含量较少，因此，新鲜的小松菜用爆炒的制作方法为佳。
让蔬菜全部过油之后再撒上一些水和盐焖一下，粗壮的茎部也会刚好软硬适中，口感绝佳。
和裹上淀粉之后软嫩的炒肉片搭配，滋味绝妙。

20 分钟　1 人份 248 千卡　盐分 1.1 克

材料 (4 人份)

小松菜................1 把（400 克）	大蒜................1 瓣
A ⌈ 水................½ 杯	色拉油................2 大匙
⌊ 盐................¼ 小匙	料酒................2 大匙
牛肉................200 克	盐................⅔ 小匙
淀粉................1 大匙	胡椒................少许
黑木耳................2 大匙	

制作方法

1 如果是大棵的小松菜，可以用十字花刀将一株分成 4 部分，再切为 5~6 厘米长的段。牛肉可以切大片一些便于食用。木耳用水泡发，如果有硬根可除去，同样也是不要切太大块。蒜切为 2 块备用。

2 在中式炒锅中倒入 1 大匙色拉油，热锅后倒入小松菜用大火快炒。全部小松菜都过油之后再加入A混合均匀，盖上盖子用中火焖 1~2 分钟，从锅中捞起在

笊篱上沥干备用。

3 除去中式炒锅中的水分，再倒入 1 大匙色拉油和蒜瓣，用小火煸炒，爆香后将过好淀粉的牛肉放入锅中，一边搅拌打散牛肉片，一边用中火炒熟。

4 肉变色后立刻加入黑木耳翻炒，撒上料酒、盐和胡椒，最后将小松菜回锅一同翻炒均匀即可。

材料（4人份）

小松菜..................1 把（400 克）
猪肩里脊肉片..................200 克
蟹味菇..................1 盒（100 克）
高汤..................1½ 杯
　　┌ 料酒..................2 大匙
A ┤ 甜料酒..................2 大匙
　　└ 淡口酱油..................3 大匙
白芝麻碎末..................2 大匙

制作方法

1 将小松菜的茎叶分离，切为 4 厘米长的段。除去蟹味菇的根部，并用手使其散开。
2 将猪肉片一片片展开后放入热水中，迅速焯煮后取出，除去水分后备用。
3 在锅内倒入高汤和 A，混合均匀并煮开锅，再放入猪肉和蟹味菇，再次开锅后用中火炖煮7~8 分钟。
4 放入小松菜的茎，过一会儿再放入叶子，然后再炖煮 4~5 分钟。出锅装盘，撒上白芝麻碎末即可。

25 分钟 1 人份 216 千卡 盐分 1.7 克

中式小松菜烩油炸豆腐

■ ■ ■ ■

将豆腐油炸，再炒鸡蛋，然后炒小松菜，最后将材料一齐倒入平底锅翻炒均匀后出锅。
豆腐外包裹的淀粉，自然变成了这道菜的芡汁，口感顺滑，加入的蚝油使其滋味浓郁，除此之外，整道菜的菜量也是十分充足的。

材料（4人份）

小松菜..................1 把（400 克）
木棉豆腐..................1 块（300 克）
淀粉..................适量
鸡蛋..................2 个
　　┌ 绍兴黄酒..................2 大匙
　　│ 蚝油酱汁..................2 大匙
　　│ 酱油..................1 小匙
A ┤ 砂糖..................1 小匙
　　│ 豆瓣酱..................½ 小匙
　　│ 鸡精（颗粒）..................½ 小匙
　　└ 热水..................¼ 杯
色拉油..................适量

制作方法

1 将豆腐放入耐热容器中，不用盖盖子，在微波炉内加热 2 分钟，取出后在其上方压重物放置15~20 分钟，使豆腐中的水分充分排干。
2 小松菜切为 3~4 厘米长的段。鸡蛋打散混合均匀。将 A 材料全部混合均匀备用。
3 在大平底锅中倒入 1 厘米左右深的色拉油，将油加热至中等温度。豆腐纵向一切为二，再横刀切为 8 份，裹好淀粉之后下油锅炸，用大火将两面炸 3 分钟直至变色。
4 取出豆腐，色拉油留取 2 大匙左右，用大火加热，再倒入蛋液，快速打散翻炒后取出备用。
5 放入小松菜继续大火翻炒，然后将豆腐回锅并加入 A。煮开锅之后再将鸡蛋回锅翻炒均匀出锅即可。

20 分钟 1 人份 194 千卡 盐分 2.3 克

清炖猪肉小松菜

■ ■ ■ ■

以爽口清脆著称的慢炖菜。
如果选用不含过多灰分（无机物）的小松菜，绝对是超简便的一道小菜。
如果猪肉先用水焯过再炖煮，汁水不会过于浓稠，菜的口味也会相应变得清淡爽口。

白菜

[挑选方法]

白菜叶色泽艳丽不发蔫，切口处水嫩新鲜，紧实地包裹在一起，放在手里有分量的为佳品，如果是切开的部分白菜，可以观察切口处的叶片切面是否平整，叶子是否卷裹得紧实。如果断面处已经开始生长或不齐的，则证明已放置较长时间。

[保存方法]

用报纸把整棵白菜全部包裹住，置于通风的阴暗处，如此一来，在冬季可以保存数周。切开的白菜用保鲜膜包裹或放入保鲜袋内再置于冰箱的蔬菜保鲜室内即可。

[营养价值]

钾、钙的含量相对较高，淡绿色的外层叶子还含有胡萝卜素。

Winter
Vegetables

白菜炖猪肉

■ ■ ■ ■

这是一道非白菜莫属、不费事、只需要炖煮的小菜。
在菜叶之间夹上猪肉片，放在锅里炖煮，
被香浓的味噌包裹着，软嫩多汁。
加入韩式辣酱或者豆瓣酱，最后变成一道麻辣料理也很好吃。

70 分钟 1 人份 470 千卡 盐分 2.7 克

材料（4人份）

白菜	½ 棵（1.2 千克）	味噌	80~100 克
猪五花肉薄切片	400 克	胡椒	少许
料酒	⅓ 杯	棉线	适量
水	2 杯		

制作方法

1 白菜纵向切为两半，在每片叶子中间将猪肉一片片展开夹入白菜中，用棉线轻轻系住固定。

2 用口径大的锅把1摆放在锅内并倒入料酒和水，盖上锅盖，等到开锅后调小火力至微火再炖煮10分钟。

3 味噌溶于锅中，再炖煮20分钟，然后撒入胡椒。

4 松开棉线，将白菜夹猪肉切为喜好的大小，装盘后将汤汁淋在料理上即可。

20 分钟 1 人份 110 千卡 盐分 1.6 千克

白菜炒虾仁

■ ■ ■ ■

谈及中餐中的白菜菜肴，
不得不提到大家所熟悉的八宝菜。
这道菜则是将八宝菜简化为"三宝菜"。
量足的佐餐小菜，也便于制作。
这道菜色彩丰富，白菜的香味也完全保留在里面。
绝对是一道清爽又美味的小菜。

材料（4 人份）

白菜	¼棵（600 克）
小虾仁	250 克
黑木耳	5 克
薄姜片	3 片
色拉油	1 大匙
料酒	2 大匙
A ┌ 鸡精（颗粒）	¼小匙
└ 水	½ 杯
盐	1 小匙
胡椒	少许
B ┌ 淀粉	⅔ 大匙
└ 水	1⅓ 大匙
香油	½ 大匙

制作方法

1 将白菜的芯和叶分离，菜芯纵向一切为二后再斜刀片为 3 厘米长的片，叶子纵向切分为 4 等份后再切为 5 厘米长的段。生姜切为 5 毫米长宽的方片。

2 小虾仁去掉虾线。木耳用水泡发，并切除较硬的根部，再切分为两朵。A 混合均匀备用。

3 中式炒锅内加入色拉油和姜末，用小火慢慢炒香，有香气后加入白菜芯和虾，调至较强的中火后翻炒均匀。

4 白菜变软及虾仁变色后，再放入木耳和白菜叶继续翻炒，撒上料酒，然后加入A、盐和胡椒一同继续翻炒。

5 最后加入混合均匀的B勾芡，然后再撒上些香油，关火出锅即可。

117

20 分钟　1 人份 330 千卡　盐分 2.1 克

酒烧白菜肉片配麻酱蘸料

■ ■ ■ ■

要想去除猪肉的腥味，只需用 1 杯烧酒即可。
烧酒不会像日本酒那样炖煮时越发甘甜，
对于肉和鱼来说，也具有去腥的效果。
将白菜立放摆入锅内，在间隙中夹上肉片，
然后就只需要炖煮便可，是一道完全不费力的佳肴。

**Winter
Vegetables**

材料（4 人份）

白菜叶	5~6 片（500 克）
猪肉片（涮锅用薄片）	400 克
A 烧酒（25 度）	1 杯
水	2 杯
盐	1 小匙

麻酱蘸料

白芝麻酱	4 大匙
酱油	3 大匙
砂糖	1 大匙
醋	2 大匙
水	2 大匙
香油	2 小匙

制作方法

1 白菜横向斜刀片为 4~5 厘米宽的片状。

2 用口径大的浅底锅将白菜的切口处立放并一片片靠紧摆好，在白菜的间隙中再一片片夹入猪肉薄片。

3 将 A 混合均匀后绕圈倒入锅内，盖上盖子并用中火加热。冒热气的时候将锅盖移开一点便于酒精蒸发，再调整火力至小火炖煮 10 分钟。

4 制作麻酱蘸料。将麻酱充分搅拌后，再将其余材料按菜谱顺序依次倒入麻酱中并混合均匀。

5 白菜和猪肉片简单控水从锅内捞出装盘，并佐以麻酱蘸料。煮菜的汤汁浇在菜上也没问题。

材料（4人份）

白菜叶..............4~5片（400个）
青椒.................................3个
猪里脊肉或者猪肩里脊肉（炸猪
　排用）..............4块（400克）

A ⌈ 酱油.........................2小匙
　│ 料酒.........................2小匙
　└ 面粉.........................2大匙

香油.................................3大匙

B ⌈ 砂糖.........................3大匙
　│ 酱油.........................3大匙
　│ 醋............................3大匙
　│ 料酒.........................1大匙
　└ 水...........................¼杯

C ⌈ 淀粉.........................1大匙
　└ 水...........................2大匙

糖醋白菜肉片

■ ■ ■ ■ ■

白菜、猪肉、青椒一同翻炒，再用糖醋汁勾芡使其变得黏稠。
和受大家喜爱的糖醋里脊是同一种糖醋芡汁，材料简单，猪肉也无需
事先油炸，轻松就可顺利出锅。

制作方法

1 白菜横向斜片为5厘米宽的片，然后再纵向切为2厘米宽的条。青椒去柄和籽后滚刀切块。猪肉切为5~6块，在A中盐渍入味静置10分钟。将B混合均匀备用。

2 在平底锅内倒入2大匙香油热锅，猪肉用面粉裹好后用中火将两面分别煎烤2分钟左右，取出备用。

3 将平底锅擦拭干净再加入1大匙香油热锅，然后用中火翻炒白菜芯和青椒。材料全部过油之后，再加入白菜叶和B，翻炒2~3分钟。

4 将备好的肉回锅再翻炒2~3分钟，倒入混合均匀的C，芡汁变浓稠之后出锅即可。

20分钟 1人份433千卡 盐分2.5克

白菜油豆腐卷

■ ■ ■ ■

都是越炖越入味的食材，这种料理方法使其变成
高级的西式菜色。
白菜豆腐卷能够冷冻保存，所以有空闲时可以多
做一些在冰箱内备用。

30分钟 1人份188千卡 盐分2.3克

材料（4人份）

白菜叶（小）.......10片（800克）
　盐...............................少许
油豆腐............................4枚
葫芦干（干瓢）...............20克
　盐...............................适量
高汤...............................3杯
甜料酒............................3大匙
淡口酱油.........................3大匙

A ⌈ 淀粉.........................2大匙
　└ 水...........................4杯

制作方法

1 将白菜叶每3片在盐水内焯煮3分钟左右。捞出后在笊篱上展开放凉，煮白菜的汤置于一旁。炸豆腐留长边不动，在短边处用刀划开并展开成一枚，用刚刚焯煮白菜的水快速焯煮后捞出，待降温后将水分全部除去。

2 葫芦干用水沾湿再用盐揉搓，置于稍温的开水中泡发10分钟。

3 在用卷帘时先放置5枚白菜叶，横向重叠放置，最后向菜叶边缘内侧对折。在白菜卷上将展开的豆腐皮两枚横向摆好，向自己身前的方向进行卷裹。用卷帘除去多余的水分后，松开卸下，再次拧紧除去水分后切为12等份，用葫芦干在6等分的各处系紧，并从中间将整个白菜卷一切为二备用。再按照相同制作方法再做一卷帘白菜卷。

4 在锅中倒入高汤煮开，加入甜料酒和酱油，再次开锅时将3摆放于锅内。上面盖一层布或者纸后再盖紧盖子，调小火力炖煮10分钟左右。

5 去除4中的白菜卷，用刀在系紧的葫芦干之间切开白菜卷，使其变为3等份。装盘，再将混合均匀的A倒入此前的锅中，制作芡汁至浓稠，最后浇在白菜豆腐卷上即可。

Winter
Vegetables

西蓝花

芝士奶油西蓝花焗饭

■ ■ ■ ■

无需分成小株，而是将整个西蓝花从中间一切为二，搭配培根、玉米、酱汁用火烘烤而成。食材的味道层次鲜明，同时还能享受分享所带来的乐趣。

40 分钟　1 人份 230 千卡　盐分 1.5 克

材料（4 人份）

西蓝花（大）.........1 棵（350 克）	香叶...½ 片
盐...少许	面粉.................................2 ½ 大匙
培根..............................2 片（35 克）	牛奶...2 杯
玉米粒罐头...........1 罐（50 克）	盐..⅔ 小匙
酱汁：	披萨用芝士.........................2 大匙
┌ 黄油...................................10 克	胡椒...少许
│ 橄榄油.............................1 大匙	容器用黄油...........................少许
└ 捣烂的蒜.....................1 瓣的量	

制作方法

1 除去西蓝花的茎，然后多剥去一些茎的外皮。在充足的开水中加入盐，将茎部焯煮5分钟。然后加入花蕾的部分再煮5分钟，锅内西蓝花的上下位置调换之后再煮5分钟。最后将花蕾朝下与茎部一同捞出置于笊篱上沥干。紧接着再将培根在同一锅热水中快速焯煮一下，并捞出备用。

2 花蕾部分纵向切为两半，茎切为1厘米宽的厚片。培根按4等分切为4部分备用。

3 制作酱汁。在平底锅中放入从黄油到香叶的食材并用中火加热，当黄油熔化至一半时加入面粉耐心翻炒，直到沸腾的气泡变小。将锅从火上移开，牛奶分两次加入锅内，每一次都耐心混合均匀。当面粉全部溶解后再次用中火加热，煮开锅后调小火力煮5~6分钟，加入盐、芝士和胡椒，除去锅内的大蒜和香叶。

4 在耐热容器中涂满黄油，将2并排摆入容器中，将玉米粒散落在容器内，浇上酱汁，在预热至250度的烤箱内，置于烤炉上方烤架焗烤7~8分钟即可完成。

材料（4人份）

西蓝花的花蕾（大）	..................1棵的量（250克）
土豆	3~4个
大蒜碎末	1瓣的量
香叶	½片
橄榄油	2大匙
黄油	25克
面粉	2½大匙
热水	2½杯
盐	1¼小匙
胡椒	少许

制作方法

1 将西蓝花分成小簇，花簇以下的部分（细茎）切成4~5毫米厚的小段。土豆去皮切为1厘米厚的片状，如果太大可以再切一刀变为半月形。

2 在平底锅内放入橄榄油、黄油、大蒜、香叶并用中火加热，黄油融化一半的时候再放入土豆和西蓝花一同翻炒。土豆表面略微变透明的时候筛入面粉，大幅度翻炒让全部食材都裹上面粉。

3 倒入热水，用木铲等工具在锅底轻刮使面粉充分溶解。放入盐后盖上盖子炖煮5分钟左右。

4 像将西蓝花捣烂一般将全部食材搅拌混合，然后再盖上盖子将火力调小炖煮5分钟左右。最后撒上胡椒，将全部食材再翻动搅拌一次即可。

> 20分钟 1人份151千卡 盐分1.9克

蚝油西蓝花扇贝

■ ■ ■ ■

预先焯煮或预先调味，中途取出不费功夫，调味也很简单。

只需烹炒便能做出正宗风味。煮过的扇贝，使其保持饱满状态，干贝柱十分鲜美，用浓厚的调料和XO酱料理，使其美味更胜一筹。

材料（4人份）

西蓝花（大）	........1棵（350克）
煮熟的扇贝（小）	..........14~15个（200克）
大蒜	1瓣的量
色拉油	1大匙
盐	两撮
热水	4大匙
XO酱	2大匙多
料酒	2大匙
酱油	2小匙
胡椒	少许

制作方法

1 西蓝花除去茎，切分为小块。将茎部剥去较厚的外皮，随意切为一口食用的大小。大蒜拍烂。

2 扇贝用厨房用纸包住，除去水分。

3 在平底锅中放入色拉油和大蒜，用中火加热1分钟左右。倒入西蓝花后迅速加入盐和热水，翻炒一遍后，盖上锅盖焖1分钟使其变熟。

4 再加入扇贝稍微搅拌，再盖上锅盖加热1分钟左右。

5 将材料全部置于锅的一侧，在另一侧放入XO酱翻炒出香味，然后将料酒和酱油从上方顺时针淋入并快速翻炒均匀，撒入胡椒后再次翻炒均匀，出锅即可。

> 25分钟 1人份217千卡 盐分1.7克

西蓝花炖土豆

■ ■ ■ ■

炖煮到软烂的蔬菜拥有天然的香甜和柔和的口感。推荐再搭配一道鱼或肉进行快手烧烤的主菜进行食用。

[挑选方法]

通体雪白饱满，质地紧密且有重量感的为佳品。带叶的菜花观察菜花叶挺直有活力，切口处水嫩的是新鲜菜花。

[保存方法]

因为容易变色，所以菜花要焯煮过后放入保存容器中再置于冰箱内储存。不能焯煮的情况下，要放入保鲜袋内或用保鲜膜包裹好后置于冰箱的蔬菜保鲜室内储存。

[营养价值]

维生素 C 的含量比菠菜和卷心菜要多，钾、维生素 B 族、膳食纤维、蛋白质的含量在蔬菜界也属于佼佼者。

Winter Vegetables

菜花

辣炒花刀菜花虾仁

■ ■ ■ ■

用花刀刻出细小痕迹的菜花口感非比寻常。再将它与韭菜末以及芝麻碎末一同与辛辣酱料炒制，弹牙的虾仁也别有一番风味。生姜、大蒜、一味辣椒粉的量可根据个人口味增减。

材料（4 人份）

菜花....................1 棵（400 克）	大蒜....................2 瓣
虾....................15~20 只	┌ 酱油....................3 大匙
┌ 盐....................⅓ 小匙	│ 砂糖....................1 大匙
A │ 料酒、淀粉....................各 ½ 小匙	B │ 一味辣椒粉....................1 小匙
│ 香油....................1 小匙	│ 白色芝麻碎末....................2 大匙
韭菜....................½ 把	└ 香油....................½ 大匙
生姜....................1 块	香油....................2 大匙

20 分钟　1 人份 237 千卡　盐分 2.8 克

制作方法

1　菜花纵向一切为二，然后在菜花表面十字刀刻下 2 厘米宽的刀痕。
2　虾去除虾线，将尾巴尖端斜刀切下，除了虾尾之外全部去壳，再裹上 A。
3　韭菜切为 2~3 毫米宽的碎末，生姜去皮后与大蒜一同研磨成泥，和全部 B 一同搅拌均匀。

4　平底锅内倒入香油，热锅后将菜花下锅用中火炒制 2~3 分钟，再加入虾，炒至变色。
5　将 3 均匀淋入锅中，为了耗干汤汁中多余的水分，再继续炒制 2~3 分钟即可。

材料（4人份）

菜花..................1 棵（350 克）
生鲑鱼肉..............4 块（400 克）

A
- 盐..........................⅓ 小匙
- 白葡萄酒................1 大匙
- 面粉......................2 大匙

鲜香菇......................8 个
大蒜..........................2 瓣
色拉油......................1 大匙
黄油..........................1 大匙

B
- 水..........................½ 杯
- 盐..........................⅓ 小匙
- 黄油......................10 克

制作方法

1 菜花切分为小株。香菇去除坚硬根部，在表面刻划出十字花刀。大蒜切为薄片备用。

2 每块生鲑鱼再斜刀片为 2~3 片，均匀裹上 A。

3 在平底锅内放入色拉油和黄油并用中火加热，将鲑鱼两面煎至略上色。

4 将鲑鱼集中在平底锅中央，在周围放入菜花、香菇和大蒜，再将 B 全部均匀撒在食材上。盖上锅盖用中火煮开锅后，再调至小火焖蒸 15 分钟即可。

香辛菜花炖牛肉

■ ■ ■ ■

在生姜、大蒜、八角、肉桂棒的综合作用下，浅尝一小口，身体瞬间变得温暖起来。如果食用其中的生姜与大蒜，还具有预防感冒的功效。

40 分钟 1 人份 237 千卡 盐分 2.2 克

焖蒸黄油菜花鲑鱼

■ ■ ■ ■

鲑鱼略烤后放入生菜花，仅用黄油和少量的水便可焖蒸制作而成。菜花的香甜、鲑鱼肉的浓厚香味，与黄油风味相互融合渗透，即使不加任何调料，也能完成一道香醇的美味料理。

材料（4人份）

菜花..................1 棵（350 克）
牛腱肉....................500 克
胡萝卜（大）............1 根
色拉油....................1 大匙

A
- 生姜......................4 块
- 大蒜......................4 瓣
- 八角......................1 个
- 肉桂棒..................1 根
- 绍兴黄酒................¼ 杯
- 盐..........................1 小匙多
- 水..........................5 杯

盐、胡椒................各适量
香菜（如果有可备）.........适量

制作方法

1 菜花切分为小株。胡萝卜去皮后切为滚刀块。牛腱肉切为 1.5 厘米厚的块，如太大可一分为二。A 中的生姜去皮备用。

2 在锅内倒入色拉油热锅，牛腱肉用中火煎烤至两面上色。将水慢慢倒入锅中，开锅时除去浮沫，然后用小火再炖煮 5 分钟。

3 倒掉汤汁，放入 A 并用中火加热，煮开锅后再放入菜花和胡萝卜。再次开锅时调至小火并盖上锅盖，炖煮 20~25 分钟，放入较多的盐和适量胡椒调整口味。

4 装盘，放香菜点缀即可。

25 分钟 1 人份 277 千卡 盐分 1.4 克

叶子状态翠绿无变色，茎的切口处水嫩新鲜，并且粗细适中的为佳品。生的状态往往不易辨认，香气越浓郁的茼蒿越新鲜。

[保存方法]

放入袋内的茼蒿叶子尖端不应有枯萎的迹象，将袋口系严实，置于冰箱的蔬菜保鲜室内保存。带有根部的茼蒿与不带根部的茼蒿相比能多保存几日。如果根部沾有泥土，那么请清洗干净后再放入保鲜袋，置于冰箱的蔬菜保鲜室内保存。

[营养价值]

胡萝卜素的含量比小油菜及菠菜要高，钙、铁、膳食纤维的含量也很丰富。

茼蒿

Winter Vegetables

15 分钟　1 人份 271 千卡　盐分 2.6 克

茼蒿金枪鱼沙拉

■ ■ ■ ■

鲜的茼蒿软嫩，口感极好，香气也适中。
令人吃惊的是，它的香气比炒熟的茼蒿要少很多。
金枪鱼不用刀背做拍背处理，只是单纯地片下来做刺身就很好。其实搭配刀拍牛肉的滋味也很不错。

材料（4 人份）

茼蒿................1 把（200 克）		淡口酱油................¼ 杯
金枪鱼肉（刺身用）...1 块（400 克）		甜料酒................¼ 杯
盐................½ 小匙	A	醋................¼ 杯
紫洋葱................½ 个		色拉油................¼ 杯
色拉油................½ 大匙		日式黄芥末酱............1 大匙

制作方法

1 金枪鱼整体撒上盐，放置 10 分钟，并除去水分。在平底锅内放入色拉油并用中火热锅，在金枪鱼表面分别炙烤 40 秒左右，使其上色。然后迅速用盘子等器皿装盘，除去热气之后放入冰箱内降温 30~40 分钟。

2 摘取茼蒿的叶子，并放入凉水中，使其恢复生鲜状态。紫洋葱垂直于纤维的走势横着切断纤维，也放入冷水中。

3 将金枪鱼切为 5 毫米宽的片，将除去水分的茼蒿、紫洋葱混合均匀。最后装盘，再将混合均匀的 A 浇在上方即可。

材料（4人份）

茼蒿	2 把（400 克）
旗鱼鱼身切片	3 片（300 克）
A ┌ 料酒	½ 大匙
└ 酱油	½ 大匙
淀粉	1 大匙
色拉油	2 大匙
B ┌ 料酒	2 大匙
│ 砂糖	½ 大匙
│ 酱油	2 大匙
└ 胡椒	少许

制作方法

1 取茼蒿叶，将旗鱼切为宽1厘米的块，并且用A腌制。

2 在中式炒锅内倒入色拉油热锅，旗鱼裹上淀粉之后放入油锅煎炸，用中火煎至外皮变色为止。

3 加入B并混合均匀，加入茼蒿后快速翻炒均匀出锅即可。

20 分钟　1 人份 275 千卡　盐分 0.8 克

辣炒蒜香茼蒿肉片

■ ■ ■ ■

用大蒜和红辣椒煸炒的意式风味料理方法让茼蒿原有的香气更加浓郁，让人不忍停箸。这道菜的要点在于用凉水淋过新鲜脆嫩茼蒿叶进行烹调，然后在茼蒿变软缩小⅓的时候立刻停火出锅即可。

材料（4人份）

茼蒿	1 把（200 克）
猪肩里脊肉（炸猪排用）	
	2 大块（300 克）
A ┌ 盐	½ 小匙
└ 胡椒	少许
大蒜	3 瓣的量
红辣椒	2 根
橄榄油	¼ 杯
白葡萄酒	1 大匙
黑胡椒颗粒	½ 小匙

制作方法

1 取茼蒿叶，并用冷水浸泡使其恢复新鲜。大蒜横向切为薄片并且去芯，红辣椒去柄和籽，并且切为小圈。

2 猪肉切为2~3厘米宽的条，并撒上A。

3 在平底锅内倒入橄榄油和大蒜并用中火煸炒，待大蒜被煸炒为金黄色时取出。

4 放入猪肉和红辣椒，继续用中火将猪肉的两面煎烤，撒上白葡萄酒后将火力调至大火。

5 将大蒜重新放入锅中，然后放入除去水分的茼蒿，并且大幅度翻炒，当有⅓左右的茼蒿变软后关火，撒上黑胡椒颗粒出锅即可。

15 分钟　1 人份 212 千卡　盐分 1.9 克

中式茼蒿炒旗鱼

■ ■ ■ ■

茼蒿叶炒菜很容易炒至脱水发蔫，所以，这道菜的要诀就在于最后放入茼蒿叶翻炒均匀后立刻出锅。

剩下的茼蒿的茎部可以放入味噌汤或者火锅里，或者焯煮后与煎烤芝麻汁凉拌即可将其全部用完。

大葱

[挑选方法]

从根部到尖端都饱满鲜嫩有光泽，葱白和葱叶的白色和绿色鲜明为佳品。切口处或根部保持新鲜水嫩状的大葱鲜度有保证。

[保存方法]

洗过的大葱可以切为冰箱能容纳的长度再放入保鲜袋内，置于蔬菜保鲜室内保存。带有泥土的大葱用报纸等物包裹好置于干燥阴暗的地方保存即可，或者直接埋入土中也是可以的。

[营养价值]

绿色的部分富含胡萝卜素、钙和维生素C。白色的部分含有大部分芳香成分的大蒜素，具有抗疲劳和镇静的效果。

葱爆牛肉

■ ■ ■ ■

因为葱和牛肉下油锅的时候会噼啪作响，因此这道中餐得名葱爆牛肉。是一道与米饭绝配，且食材工序简单至极，任谁都爱的好味之选。和牛肉一同腌制的葱段下锅爆炒，葱香和入味程度是没有这道工序的葱爆牛肉完全不能比拟的。

20 分钟 1 人份 304 千卡 盐分 1.5 克

材料（4 人份）

大葱..............2 根（200 克）	色拉油..............2 大匙
牛肉薄片或牛肉片.........300 克	B ┌ 酱油..............2 小匙
A ┌ 酱油..............1½ 大匙	├ 醋..............2 小匙
├ 料酒..............1½ 大匙	└ 黑胡椒颗粒..............适量
├ 色拉油..............1 大匙	
└ 捣烂的蒜瓣..............1 瓣的量	

制作方法

1 葱纵向一切为二，再斜刀切为 5 毫米宽的葱段。

2 牛肉如果太大可以切为一口食用的大小，在案板上加入 A 之后进行揉搓入味。加入葱段再使其混合均匀，静置 10 分钟左右。

3 在平底锅中倒入色拉油和 2 中的蒜瓣，用中火加热 1 分钟左右。当平底锅充分受热后改为大火倒入牛肉和葱段，快速大火将牛肉炒至变色。

4 倒入 B，从锅底大幅度翻动 2~3 次使其混合均匀即可。

材料（4人份）

葱（白色部分）....3根的量（250克）		
鸡腿肉.................2块（500克）		
面粉.................1½小匙		
汤头		
┌ 高汤.................2杯		
│ 酱油.................2大匙		
│ 料酒.................2大匙		
│ 甜料酒.................2大匙		
└ 盐.................1小撮		
柚子皮细丝.................适量		
鲜芥末泥.................适量		

制作方法

1 葱切为4厘米的段，用烤网或煤气炉烧烤架文火慢烤，直到表面出现烧焦的颜色。
2 鸡肉除去多余的脂肪，切为一口可以食用的大小，面粉过筛撒在鸡肉两侧的表面上。
3 在锅内将汤头的材料全部放入并用中火煮开锅，再放入肉，盖上锅盖炖煮10分钟。然后加入葱段再炖煮3分钟左右即可。
4 装盘，佐以柚子皮细丝和鲜芥末泥即可。

30 分钟　1 人份 222 千卡　盐分 1.6 克

微波清蒸葱香竹笺鱼

■ ■ ■ ■

以大葱作为除鱼腥味的食材，能够使菜肴口感丰富的蔬菜，以及佐餐佳品的调味料，这是一道能够发挥大葱全部特色的代表性中餐菜色。
使用微波炉清蒸工序简单，使用沙丁鱼、青花鱼、鳕鱼等鱼类替代竹笺鱼也很美味。

20 分钟　1 人份 309 千卡　盐分 1.7 克

材料（4人份）

大葱.................2根（200克）		
竹笺鱼.................4条（600克）		
┌ 料酒.................3大匙		
A │ 生姜汁.................1大匙		
└ 盐.................⅔小匙		
色拉油.................2大匙		
香油.................2大匙		
B ┌ 酱油.................1大匙		
└ 盐.................¼小匙		

制作方法

1 大葱白色和绿色部分切开。白色部分先切为4~5厘米长的葱段，再纵向从中心处切入将芯取出，再重复上一步将葱白一片片展开，层叠在一起，切为细丝（白发葱丝）。
2 绿色部分同样从最初切断的部分开始切为4~5厘米长的段，再展开。如果黏液渗出，用厨刀先将黏液刮去，再纵向切为细丝。最后将剩余的葱和葱芯放置于他处备用。
3 除去竹笺鱼的鱼鳞、鱼鳃、内脏和鱼鳍，分别从两面纵向浅浅切入一个刀口，然后和混合均匀的A一同拌匀。
4 剩下的大葱和葱芯的¼量铺在耐热容器内，将竹笺鱼并排放置于大葱上，再将等量的葱和葱芯铺在竹笺鱼上。轻轻盖上一层保鲜膜，用微波炉加热7分钟。余下的两条竹笺鱼依此法炮制。
5 竹笺鱼装盘，将1和2的葱丝摆放于鱼的上面。
6 平底锅内倒入色拉油和香油，用较弱的中火加热1分钟，放入B，然后迅速关火并搅拌，趁热将其倒在5的上方即可。

葱段烧鸡肉

■ ■ ■ ■

煎烤过的葱段再快速烹煮，香气四溢，口感适中，甘甜味也刚刚好。稍微费点功夫，菜品的样子就立刻别具一格。
搭配裹上面粉炖好的鸡肉，
让煎烤的葱段的滋味更加突出。
柚子皮和鲜芥末，无论哪一种都定是佐餐必备品。

Winter Vegetables

水芹

[挑选方法]

茎叶的色泽艳丽，笔直不发蔫的为佳品。茎发黄、有折断的现象，或者呈现软烂的状态都是品质不佳的信号。

[保存方法]

将根用浸过水的厨房用纸包裹好，再将整株水芹用报纸包裹，然后再放入保鲜袋中置于冰箱的蔬菜保鲜室内储存。这样做的目的是使水芹特殊的香气完全保留下来。

[营养价值]

胡萝卜素、钾、维生素C的含量相对较多。香气很浓郁，这种味道具有发汗、降血压以及解毒等功效。

水芹牛蒡炖牛肉

■ ■ ■ ■

这是一道带有水芹与牛蒡的香味，辅以令人欲罢不能的口感的小菜。

水芹很容易熟透并且容易入味，这道菜的要诀是将茎部煸炒至柔软的状态，再放入叶子立刻关火，利用余热便可以使水芹变熟。

材料（4人份）

水芹……………………2 把（260 克）
牛蒡……………………1 根（150 克）
牛肉（涮锅用）………………300 克
A ┌ 酱油………………………2 小匙
  │ 砂糖………………………2 小匙
  │ 淀粉………………………2 小匙
  └ 色拉油……………………2 小匙
色拉油……………………2 大匙
B ┌ 砂糖、料酒…………各 1 大匙
  └ 酱油………………………2 大匙

制作方法

1 除去水芹底部的根，切为 4~5 厘米长的段，再将茎叶分离。牛蒡用勺子将皮刮去，斜刀削成竹叶段，用水冲洗浸泡并除去浮沫，再沥干。牛肉切为两半，用 A 入味。

2 在平底锅中倒入色拉油热锅，放入牛蒡用中火煸炒至颜色变通透，放入牛肉，一边打散牛肉一边翻炒至牛肉变色。

3 加入水芹的茎和 B，用大火炒制 2~3 分钟。加入水芹叶后关火，稍微翻炒一下后用余热将水芹叶焖熟即可。

15 分钟 1 人份 421 千卡 盐分 1.9 克

民族风味西芹鲷鱼蒸饭

■ ■ ■ ■

用鱼露调味过的鲷鱼蒸饭与大量的新鲜水芹段，搅拌后清香扑鼻，凉了也很美味。

食用时如果挤入一些柠檬汁，滋味又进一层。

材料（4人份）

水芹……………………2 把（260 克）
鲷鱼肉切片……3 大片（250~300 克）
A ┌ 盐…………………………1/3 小匙
  └ 料酒………………………1 大匙
米…………………………………3 杯
水…………………………………3 杯
B ┌ 鸡精（颗粒）……………1/2 大匙
  └ 鱼露……………………3~4 大匙
煎焙白芝麻………………………2 大匙
香油………………………………1 大匙

制作方法

1 在蒸饭前至少 30 分钟将米淘洗好并置于笊篱上。水芹去根，切为 1.5 厘米长的段。鲷鱼斜刀片为 1~2 厘米宽的段，并撒上 A 备用。

2 将米倒入电饭锅，鲷鱼置于米饭之上，再将 B 混合好均匀浇在鲷鱼和米饭之上，然后按照通常的方法将米饭蒸熟。

3 蒸熟时加入水芹，撒上芝麻、香油，然后上下翻动，将全部食材搅拌均匀即可。

40 分钟 1 人份 581 千卡 盐分 3.5 克

水菜

[保存方法]

如果看起来不水灵新鲜，最好尽快食用。必须保存的时候，袋装的水菜就保持原样，已取出的水菜则放入保鲜袋中，置于冰箱的蔬菜保鲜室内储存即可。

[挑选方法]

茎部笔直，水嫩新鲜，叶子颜色青翠，叶子的尖端不发蔫的为佳品。切口处水嫩新鲜，根部越呈现白色越是新鲜。

[营养价值]

富含胡萝卜素、维生素C、钙、钾以及膳食纤维等营养元素。

清炒水菜猪肉

■ ■ ■ ■

这是一道煸炒焦脆猪肉与脆爽的水菜组合的小菜。
这种美妙的口感与食盐的咸味有关，吃掉多少都不嫌多。

15 分钟 1 人份 252 千卡 盐分 1.2 克

材料（4 人份）

水菜	1 把（400 克）
猪五花肉薄切片	200 克
色拉油	1 大匙
料酒	2 大匙
盐	²⁄₃ 小匙
胡椒	少许

制作方法

1 将水菜的根部切除，再切为3~4厘米长的段。猪肉切为1厘米宽的肉丝。

2 在中式炒锅内倒入色拉油并放入猪肉，用较弱的中火耐心煸炒至猪肉变得焦脆。

3 调至大火并放入水菜，快速翻炒，然后倒入料酒，撒入盐和胡椒，翻炒几下出锅即可。

寿喜锅风味水菜煮鸡肉

■ ■ ■ ■

水菜的炖煮菜，一般制作方法为清淡的煮制凉拌菜，如果再搭配鸡肉并用较浓的调味炖煮，则变身为一道地道的佐餐小菜。
不过即便下料猛重，也要注意保持水菜的爽脆口感，秘诀就在于让水菜快速受热。

20 分钟 1 人份 355 千卡 盐分 2.3 克

材料（4 人份）

水菜	1 把（400 克）
鸡腿肉	2 块（500 克）
生姜	1 块
色拉油	1 大匙
料酒	3 大匙
甜料酒	2 大匙
砂糖	1 大匙
酱油	3 大匙

制作方法

1 水菜去根，切为3~4厘米长的段。鸡肉切为3厘米见方的块。生姜去皮后切为细丝。

2 平底锅内倒入色拉油并热锅，将鸡肉煎至两面焦黄，再加入姜丝快速翻炒并撒上料酒。

3 将剩余的调料倒入锅中并煮开锅，调小火力盖上盖子炖煮5~6分钟。

4 将鸡肉拨至一边后再放入水菜，上下翻动几次稍煮一下即可出锅。

驱散严寒的蔬菜锅

冬日里的温暖令人心生安慰。锅物料理能够温暖身体自不必说，大家围坐在锅边，筷子同时伸向锅中，也是一种温暖人心的美好景致。蔬菜锅，则是除了美好回忆之外，锅物料理最实在的益处。现在就让满满的蔬菜成为主角，为大家介绍能够款待宾客的几款风雅锅物料理。

制作/ 千叶道子

20 分钟 1 人份 120 千卡 盐分 3.5 克

材料（4 人份）

芜菁...........5~6 个（500~600 克）
水芹.........................½ 根（50 克）
迷你胡萝卜 ....4 根
生蚝.................................300 克
木棉豆腐............½ 块（150 克）
汤头
┌ 高汤............................5 杯
│ 盐.............2 ½ 小匙 ~1 大匙
│ 料酒............................2 大匙
│ 甜料酒........................1 大匙
└ 淡口酱油.....................2 小匙
A ┌ 淀粉..........................1 ½ 大匙
  └ 水............................3 大匙
香味调料
□ 辣萝卜泥、小葱葱花...各适量

制作方法

1 芜菁去皮磨成泥，置于笊篱上自然沥干水分备用。
2 水芹去根，切为 2 厘米长的段。迷你胡萝卜去皮。生蚝用流水仔细清洗干净。
3 胡萝卜用热水焯煮至变软后取出。接着将生蚝放入热水中迅速焯一下，使其肉质紧实。
4 豆腐置于笊篱上自然沥干多余水分备用。
5 在砂锅内放入汤头的材料并煮开锅，加入混合好的A，调小火力。
6 放入芜菁泥，全部搅拌均匀，放入胡萝卜和生蚝，再将豆腐掰碎放入，再放入水芹煮至变软，最后加入香味调料后食用即可。

汤头开锅后可以加入溶解好的淀粉，浓稠的汤汁更能令身体感到温暖。

雪蚝锅

将芜菁磨成泥，仿佛制造了雪景。比起它的兄弟白萝卜，芜菁的口感更佳细腻有层次。生蚝的顺滑口感也令人着迷。

15 分钟　1 人份 119 千卡　盐分 3.3 克

萝卜丝白菜螃蟹锅

说起美味无需多言的锅物料理，首先想到的一定是螃蟹锅。将不易熟的白萝卜丝先焯煮后备用，然后就可以将全部食材一同煮熟。

材料（4 人份）

白萝卜...4 厘米长的段（150 克）
白菜叶（大）....3~4 片（300~400 克）
带壳的煮熟螃蟹..............500 克
葱（小）..................1 根（100 克）
金针菇......................1 袋（100 克）
茼蒿.........................1 把（200 克）
汤头
┌ 高汤.............................5 杯
│ 甜料酒..........................½ 杯
│ 料酒.............................½ 杯
└ 淡口酱油......................½ 杯
蘸汁：
柚子醋酱油（市面有售）......适量

制作方法

1 如果螃蟹太大，切分成适合食用的大小，在蟹腿的壳上用刀切一道痕方便剥取。

2 白菜芯沿着纤维走势切为 4 厘米左右长的细丝。白菜叶撕碎为适合食用的大小。

3 白萝卜去皮，纵向切为细丝，然后再用热水迅速焯煮一下。

4 葱切为薄片。金针菇去根，切分为 2 段。茼蒿切除硬梗，也切分为 2 段。

5 砂锅内将汤头的材料煮开锅，然后再放入螃蟹。再次开锅时将全部的蔬菜依次放入，最后等全部食材放入并开锅后，搭配柚子醋酱油食用即可。

90 分钟 1 人份 331 千卡 盐分 2.4 克

冬日飨宴

和风法式炖菜

肉文火慢炖，汤汁自然，纯柔鲜美，因此，调味料只需盐和胡椒即可。西式的炖菜需要芜菁，在这里使用芋头以保证日式风味的纯正。

主食是
胡椒汤泡饭

将浓缩了肉和蔬菜鲜味的炖肉菜汤浇在饭上成为美味的汤泡饭。将料理加热后先尝一下咸淡，如果味道不够可适量加入盐和胡椒，然后浇在温热的白米饭上。再将黑胡椒颗粒大量撒上去即可完成。黑芝麻或者白芝麻颗粒都可以，如果是现磨的芝麻碎末为最佳。

材料（4 人份）

芋头（小）............4 个（250 克）
胡萝卜................1 根（200 克）
西蓝花（大）........1 棵（300 克）
牛腱子或者牛五花的块状肉......
..............................600 克

A {
水....................10 杯
葱....................1/2 根
洋葱..................1/4 个
白胡椒（如有条件）....5~6 粒
}

盐、胡椒..................各适量
香辛作料：
　黄芥末、盐..................各适量

※ 如果肉不是整块的，用大块状的也可。

制作方法

1 整块牛肉切为 3~4 大块。如果是五花肉的话，可以用棉线束绑起来，在较大的锅中和 A 一同放入并煮开锅，除去浮沫后将火力调小，再炖煮 40 分钟。

2 芋头去皮，用沸水焯煮一下后沥干备用。胡萝卜去皮。西蓝花切分成小棵备用。

3 在 1 的锅内加入 2 小匙盐，炖煮 15 分钟左右至肉软烂，再放入芋头和胡萝卜，继续炖煮 15 分钟。

4 放入西蓝花，煮 4~5 分钟后用盐和胡椒调味。

5 将牛肉和胡萝卜切分开，和汤一同倒入碗内，再佐以黄芥末和盐即可。

材料（4 人份）

韭菜	1 把（100 克）
洋葱	1 个（250 克）
香葱	1 把（150 克）
木棉豆腐	1 块（300 克）
鳕鱼鱼身切片	3~4 块
盐	½ 小匙
牛肉切片	100 克

A ┌ 酱油............................1 大匙
  │ 砂糖............................1 小匙
  │ 白芝麻碎末..................2 小匙
  │ 香油............................2 小匙
  └ 蒜泥............................少许
水..6 ½ 杯

韩式锅调料：

┌ 韩国辣椒（粗磨）...........
│ ....2 小匙 ~1 大匙
│ 生姜泥........................1 小匙
│ 香油........................1 ½ 大匙
│ 水........................1 ½ 大匙
└ 蒜泥........................1 瓣的量
B ┌ 信州味噌..............2~2 ½ 大匙
  └ 韩式辣酱..................1 大匙

制作方法

1 鳕鱼切为 3~4 块，撒上盐后静置 10 分钟。

2 韭菜和香葱均切为 5 厘米长的段。洋葱切为 6 等分的半月形。豆腐切分为 8 块，放在笊篱上，稍微控干一下水分。

3 在牛肉片上撒入 A，并且用中火在锅内炒制。牛肉变色后，加水煮开锅，除去浮沫后将火力调小，炖煮 10 分钟变成牛肉汤。

4 在小锅内放入韩式锅调料，用微火加热，充分混合均匀炒制 2 分钟使其溢出香味后关火备用。

5 在砂锅内放入牛肉汤，再加入炒制过的韩式锅调料并加热。根据汤头的咸淡程度适当加入 B，煮开锅后加入鳕鱼和 2，一边煮一边食用即可。

蔬菜鳕鱼锅

从炒制的牛肉中萃取汤头，源自经典韩国料理方法的炖锅菜品。虽然辛辣但是滋味醇厚，让人不忍停箸。

20 分钟 1 人份 304 千卡 盐分 2.5 克

韩式锅调料，必须用微火加热并且不断搅拌才可以。精华被充分加热，辣味才能充分显示出来。如果是不太能吃辣椒的人，可以适当调节韩国辣椒的量。

主食是
盖浇乌冬面

在辣锅里加入乌冬面作为结尾。用锅内剩余的汤汁，加入稍稍焯煮过的一把乌冬面，开锅后再浇上 1~2 个分量的鸡蛋液，盖上盖子关火即可完成。

牛蒡西洋菜炖鸡肉丸子

事先煮好鸡肉丸子，再放入锅中的时候就不会再出杂质，过程中汤汁也不会浑浊。我们就用剩余的汤汁做高汤。

材料（4人份）

牛蒡................1根（150~200克）
西洋菜...2把
鸡肉馅.....................................300克

A
┌ 鸡蛋...1个
│ 洋葱切碎.......................1/6个
│ 水...½大匙
│ 料酒.....................................½大匙
│ 白味噌.................................2小匙
│ 酱油.....................................1小匙
└ 盐...¼小匙
水...5杯
海带（15×4厘米）.................1块

B
┌ 淡口酱油.....................40毫升
│ 酱油.................................40毫升
│ 甜料酒.............................80毫升
└ 料酒.................................40毫升

香辛料：
┌ 一味辣椒粉或者七味辣椒
│ 粉、花椒粉、小葱葱花.........
└ ....各适量

制作方法

1 将鸡肉馅和A倒入碗中，用手搅拌至变黏粘到一起。

2 向锅中加入水和海带，加热。煮沸后改用中火，用两个勺子将1中的肉酱做成球形后放入锅中，煮到肉丸子明显变色后取出，沥除水分。用滤网过滤煮剩的汤汁，滤出4杯，静置。

3 牛蒡去皮后擦洗净，太粗的话就切薄，之后过一遍水。除去水分，放入开水中快速焯一下。将西洋菜长度一切为二。

4 将煮好的高汤和B放入土锅中煮沸，继续放入丸子、牛蒡、西洋菜，边煮边配合适量的香辛料食用。

20分钟 1人份263千卡 盐分3.5克

15 分钟　1 人份 298 千卡　盐分 2.0 克

材料（4人份）

水菜............1 ½ 把（300~450 克）
猪里脊肉（涮肉用）....250~300 克
魔芋丝.......................................1 袋
汤头：
- 高汤.......................................5 杯
- 西京味噌.........................300 克
- 信州味噌.................1 ½ 大匙
- 酒糟（条件允许的话可以使用干酒糟）...........................50 克

制作方法

1 切去水菜菜根，切为5~6 厘米的长度。将魔芋丝用开水焯一下，切为容易入口的长度。

2 向土锅中倒入煮汤材料中火加热，搅拌至顺滑为止。

3 煮沸后加入猪肉、水菜、魔芋丝，就可以边煮边吃了。

葱段鸭肉锅

别致的组合，打造出了一个有点厚重的锅料理。咀嚼的时候，葱段的甜味搭配鸭肉的肥满厚味，佐以重味酱油调制的汤汁，堪称绝配。

材料（4人份）

葱（小）.................2 根（200 克）
鸭胸肉切片..............200~250 克
木棉豆腐.................1 块（300 克）
汤头：
- 高汤.......................................2 杯
- 料酒.......................................¼ 杯
- 甜料酒..................................¼ 杯
- 酱油.......................................1 大匙
- 淡口酱油..............................1 大匙
蛋黄萝卜泥：
- 白萝卜泥.............................½ 杯
- 蛋黄...........................1 个的量

制作方法

1 将葱切为4 厘米的小段。豆腐切为8 块，放上筛子稍微沥除水分。

2 制作蛋黄萝卜泥。将白萝卜泥放在筛子上自然滤掉一些水分，然后用指尖按压，进一步去除水分，和蛋黄混合。

3 向土锅中放入煮汤的材料加热，煮沸后倒入鸭肉、豆腐、葱段，再次沸腾后可以搭配蛋黄萝卜泥食用了。

10 分钟　1 人份 281 千卡　盐分 3.9 克

水菜猪肉味噌涮锅

这是一道可以尽情享受水菜爽脆口感的简单锅料理。如果向味噌的汤汁中加入酒糟的话，味道就更加浓厚了。

蔬菜的标识

在商店中贩卖的蔬菜会有各种各样的标识方法。但是像"有机""少农药"等这样的词汇，即使有所耳闻，也不一定明白它们的正确含义。因此，为了能够购买到安全放心的蔬菜，在这里介绍大家比较关心的一些蔬菜标识方式。

1. 所有的蔬菜必须标识出原产地

根据《日本农业标准法》的规定，所有的蔬菜必须标识出其一般名称（胡萝卜、南瓜等）以及他们的原产地。如果产地是外国也是如此。所谓的原产地，就是都道府县（如果是外国则是国名）或者是一般大家熟识的地名。袋装的蔬菜或者是有个别包装的蔬菜会在包装上贴上标识标签，包括散装贩售的蔬菜，都会在蔬菜的附近标有明确且易懂的标签。并且，这样的标识方法还适用于蔬菜以外的生鲜食品（肉、鱼、米等）和加工食品（火腿、牛奶等）。

※《日本农业标准法》（JAS 法）
正式名称应为《农林物质标准化及质量标志管理法》。该法律于2000 年全面推广实施，2002 年修订，其中对于日本农林标准和食品标识（品质标识基准）有了规定。

3. 在各大超商中开始可以随处见到倡导安心安全的超市原创品牌的蔬菜

在各大超商中开始以"健康培育（大荣）""能够看到面容的蔬菜（伊藤洋华堂）"等名称贩售的"超市原创品牌蔬菜"。这是大超商与农家或生产团体签订协议，从培育的土壤就开始严格要求，根据严苛基准所培育而成的蔬菜，他们的共同特征是与之前相比农药和化肥的使用量都相应减少。

此外，导入"可追踪系统"也是特征之一。在标签中记载的地址可以在互联网中进行访问，输入相对应的认证号码，蔬菜在田地间栽培的情况以及生产者、农药和化肥的使用量都可以进行查询。如此一来，生产者可以负起责任，消费者也能更安心地购买，可以称得上是一种全新的流通消费模式。

2. 未使用农药和化学肥料的蔬菜标识为"有机农产品"，此外，对于减少农药和化肥栽培的蔬菜标识为"特别栽培农产品"

有机农产品

· 未使用农药和化肥
· 栽培所使用的田地，在播种以前 2 年以上未被使用农药和化肥
· 从生产到销售的各道工序都有记录可循

根据JAS 法，"有机农产品"会使用"有机JAS标志"进行标识。使用"有机"或者"Organic"进行表述的蔬菜标识，如果没有"有机JAS 标志"将不被认可，违反者也将受到法律的惩罚。

想要获得"有机JAS 标志"，生产者必须受到指定机构的认可。指定机构是指向农林水产省提出申请得到认定的机构，几乎都是法人机构。认定机构则会至少一次对申请者的田地进行视察以及确认蔬菜的销售情况。但是判断的标准并没有法律依据，而是根据各个认定机构自身情况而定的。所以生产者只要没有特别故意地违反标准，则不会受到严苛的惩罚，这是当今的现状。

此外，"有机农产品"因为选用无农药、无化肥的方式培育而成需要耗费更多的精力，所以价格会比普通蔬菜要贵很多。

特别栽培农产品

· 使用通常标准50% 以下的农药和化肥栽培而成
· 在商标标识中明确记载农药及化肥的使用情况
· 从生产到销售的各道工序都有记录可循

根据农林水产省新标准的规定，在该产地中农药的使用次数在通常使用剂量的50% 以下，化肥中氮素成分含量在通常使用剂量的50% 以下所栽培的蔬菜被称为"特别栽培农产品"。在此之前，使用通常剂量的化肥，农药的使用在通常的50% 以下所栽培的蔬菜被称为"少农药"产品，现在的规定则是农药和化肥的使用量均在一半以下被统称为"特别栽培农产品"，"无（少）农药""无（少）化肥"的标识则已被禁止。

但是这个新标准并不受法律约束，所以不同的生产者和店铺会用各自的"少农药""无化肥"等表述进行标识，能否值得信赖，则需要一双火眼来进行辨别。

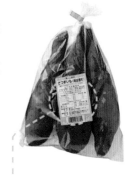

農林水産省新ガイドラインによる表示

特別栽培農産物

化学合成農薬：当地比　5割減(使用回数)
（リトルア剤使用）
化学肥料：当地比　5割減(窒素成分量)

栽培責任者	オレンジ太郎	
住　　所	東京都新宿区西五軒町13-1	
連 絡 先	TEL03-5227-5804	
確認責任者	オレンジ組合	
住　　所	東京都新宿区北五軒町13-2	
連 絡 先	TEL03-5227-5814	

化学合成資材の使用状況

使用資材名	用途	使用回数·量
○○○○	殺菌	1回
	殺虫	2回
△△△△	元肥	窒素4kg／10a
▽▽▽▽	追肥	窒素1kg／10a

Part 3

有蔬菜更放心

每日都想搭配的佐餐小菜

　　有了蔬菜的佐餐菜品,这一天的饭席就十分成功。即使是忙碌到购买外带的便利主菜的日子,只要有蔬菜佐餐一道,就能够拯救整桌菜。本章前半部分是单种蔬菜和调味料混合的简单副食,后半部分则是根据蔬菜种类列出的副食制作方法。

只用一种蔬菜和几种调味料

佐餐小菜

特急版

洗净蔬菜、改刀等准备工序通常比想象的要花时间，仅仅使用一种蔬菜，便能完成一道超简单的佐餐小菜。

使用普通的、异国风味或者意式风味的调料，再利用日常储藏的木鱼花或者海带，能够轻松地创作出"再来一道"的佐餐小食。

新土豆的金平炒

口感和鲜嫩汁水兼备的菜品。

7 分钟
1 人份 140 千卡
盐分 1.4 克

材料 (4 人份)

新土豆	8~9 个（300 克）
香油	2 大匙
A	甜料酒	1½ 大匙
	酱油	2 大匙
	斜切的辣椒碎	1 根的量

制作方法

1 将新土豆放入盛满水的碗中，互相摩擦清洗干净，再平均切为 6 个扇形块备用。

2 平底锅内倒入香油热锅，加入新土豆翻炒 3 分钟。

3 加入 A 后调至大火，再翻炒至水分蒸发完全后出锅即可。

绿芦笋拌炒芝麻

三两下就能做出，余味无穷的美味。

7 分钟
1 人份 81 千卡
盐分 0.6 克

材料 (4 人份)

绿芦笋	8~10 根（300 克）
煎焙白芝麻	3 大匙
盐	½ 小匙
香油	1 大匙

制作方法

1 芦笋切除 1 厘米左右的根部，刮去厚皮，斜刀切为 3~4 厘米长的段备用。

2 将芝麻简单切碎，放入碗中再加入盐混合均匀。

3 平底锅内倒入香油热锅，放入芦笋用中火炒至全部过油。再调至大火炒至上色后炒 1 分钟，加入 2 上下翻炒均匀出锅即可。

新土豆拌豆瓣沙拉酱

与和食的搭配也很赞。

15 分钟
1 人份 138 千卡
盐分 0.5 克

材料 (4 人份)

新土豆	8~9 个（300 克）
沙拉酱	3 大匙
豆瓣酱	¼ 小匙
酱油	1 小匙
香油	1 小匙

制作方法

1 将新土豆放入盛满水的碗中，互相摩擦清洗干净。平均切为 4 瓣，过水迅速焯煮一下。

2 在耐热碗中放入调味料充分混合，再倒入新土豆搅拌均匀。用保鲜膜或者微波炉专用盖盖在碗上，在微波炉内加热 9~10 分钟后即可。

伍斯特酱炒春卷心菜

香辣的刺激口感让人欲罢不能。

7 分钟
1 人份 53 千卡
盐分 0.4 克

材料（4 人份）

春卷心菜............. ⅓ 个（300 克）
香油............................1 大匙
伍斯特酱......................2 大匙

制作方法

1 春卷心菜或切或撕为 4 厘米的片状。
2 在耐热碗内放入卷心菜，并浇上香油和伍斯特酱。盖上保鲜膜或者微波炉专用盖用微波炉加热 4~5 分钟即可。

荷兰豆金平炒

根据喜好撒上一些一味辣椒粉也没问题。

5 分钟
1 人份 60 千卡
盐分 0.7 克

材料（4 人份）

荷兰豆......................200 克
香油............................1 大匙
┌ 甜料酒......................1 大匙
A │ 酱油........................1 大匙
└ 水........................1~2 大匙

制作方法

1 荷兰豆掐两端去筋。
2 在平底锅内放入香油热锅后加入荷兰豆用中火炒制 1 分钟，倒入 A 再炒制 1 分钟出锅即可。

特
急

副
菜

中式糖醋腌春卷心菜

辣椒的量根据自己的喜好添加。

7 分钟
1 人份 50 千卡
盐分 0.6 克

材料（4 人份）

春卷心菜............. ⅓ 个（300 克）
┌ 醋............................3 大匙
│ 砂糖........................1 大匙
A │ 香油........................1 大匙
│ 盐..........................½ 小匙
└ 红辣椒的小段..................少许

制作方法

1 将春卷心菜或撕或切为 3 厘米的片状。
2 在耐热碗中放入 A 搅拌均匀，再放入卷心菜稍拌一下。盖上保鲜膜或者微波炉专用盖在微波炉内加热 4~5 分钟即可。

醋味噌拌荷兰豆

因为是滋味温和的荷兰豆，所以正好与白味噌和橄榄油搭配，温和不刺激，醋与味噌调味绝佳。

5 分钟
1 人份 89 千卡
盐分 0.5 克

材料（4 人份）

荷兰豆......................150 克
盐............................少许
┌ 白味噌......................2 大匙
A │ 醋..........................2 大匙
│ 橄榄油......................2 大匙
└ 砂糖........................1 小撮

制作方法

1 荷兰豆掐两端去筋，再放入盐的沸水中焯煮 40~50 秒，捞出后在笊篱上摊开沥干备用。
2 将 A 混合，加入荷兰豆搅拌均匀即可。

味噌炒油菜花

在热腾腾的饭上盖上盖浇上此道小菜，春意扑鼻而来。

7 分钟
1 人份 65 千卡
盐分 1.3 克

材料（4 人份）

油菜花	1 把（200 克）
香油	1 大匙
味噌	40~50 克
料酒	½ 大匙
砂糖	1 小匙
胡椒	少许

制作方法

1 切去油菜花的少许根部，将油菜花切为 1 厘米宽的段。

2 在平底锅内倒入香油热锅，放入油菜花用中火炒至熟软。加入味噌稍微翻炒一下后倒入料酒、砂糖、胡椒，快速翻炒均匀出锅即可。

芝麻拌韭菜

芝麻的香气和醇厚口感，令韭香变得温和。

7 分钟
1 人份 98 千卡
盐分 0.7 克

材料（4 人份）

韭菜	2 把（200 克）
盐	少许
白芝麻碎	6 大匙
A ┌ 砂糖	1 小匙
A │ 酱油	1 大匙
A └ 高汤	2 大匙
棉线	适量

制作方法

1 将一把韭菜一分为二，在根部用棉线轻轻系好，放入加有盐的沸水中分两次迅速焯煮一下，捞出后置于冷水中冷却。沥干水分，松开棉线，切为 3 厘米长的段备用。

2 在碗中倒入芝麻碎，再放入 A 混合均匀，最后加入韭菜拌匀即可。

素炒油菜花

先放盐再炒，色香味都有很大提升。

7 分钟
1 人份 118 千卡
盐分 1.0 克

材料（4 人份）

油菜花	1½ 把（300 克）
色拉油	3 大匙
盐	½ 小匙
料酒	1 大匙
酱油	1 小匙

制作方法

1 切去油菜花少许根部，撕下茎叶，将茎和叶分别一切为二备用。

2 在平底锅内倒入色拉油热锅并放入盐，加入油菜花的茎用中火炒制 2 分钟，再放入花蕾和叶翻炒 30~40 秒。

3 撒入料酒，大火收汁继续翻炒，最后倒入酱油翻炒均匀出锅即可。

酱油蒜苗冷菜

不使用高汤而是用鸡精，更能彰显食材本身的风味。

15 分钟
1 人份 34 千卡
盐分 0.8 克

材料（4 人份）

蒜苗	2 把（200 克）
A ┌ 水	½ 杯
A │ 鸡精（颗粒）	1 小匙
A │ 甜料酒	1 大匙
A └ 酱油	1 大匙

制作方法

1 将蒜苗两端各切除一些后切为 3~4 厘米长的段。

2 在浅口锅中倒入 A 用中火煮沸，开锅后放入蒜苗，不断搅拌使其上下翻滚 10 分钟后出锅即可。

烤蚕豆

从略微烤焦的豆荚中剥出的蚕豆粒饱满香喷喷，口感醇香细腻，甘甜新鲜！

7 分钟
1 人份 11 千卡
盐分 0.0 克

材料（4 人份）

蚕豆（带豆荚） .... 12 根

制作方法

1 在煤气灶的烤网上将蚕豆荚摆好，先用大火烤制 3 分钟，再翻面烤制 2~3 分钟。

2 将豆荚整根摆盘，稍凉之后立刻取豆食用即可。

芝麻醋香南瓜

完成时裹上芝麻蘸上醋汁，食欲倍增，是保存时间也相当可观的一道炖煮小菜。

15 分钟
1 人份 175 千卡
盐分 0.7 克

材料（4 人份）

南瓜 .... ¼ 个（400 克）
A ┌ 水 .... ½ 杯
　├ 甜料酒 .... 2 大匙
　└ 砂糖 .... ½ 大匙
白芝麻碎屑 .... 4 大匙
醋 .... 1½ 大匙

制作方法

1 南瓜切为 2 厘米厚、3 厘米长的块状。放入锅中并加入 A，盖上锅盖用较强的中火进行炖煮。开锅后调至小火再炖煮 10 分钟。

2 关火，放入醋和芝麻与南瓜全部搅拌均匀出锅即可。

蘸面汁黄油风味西葫芦

用微波炉料理，口感绵软细腻入味，配白饭令人欲罢不能。

10 分钟
1 人份 40 千卡
盐分 0.8 克

材料（4 人份）

西葫芦 .... 2 根（300 克）
黄油 .... 10 克
A ┌ 蘸面汁（3 倍稀释）..... 1½ 大匙
　└ 淀粉 .... 1 小撮

制作方法

1 西葫芦两端分别切除一些，从中间截为 2 段后再每段平均切分为 4 条备用。

2 避开耐热容器中央，将西葫芦平铺于容器中，黄油撕碎撒落在各种出，再将混合均匀的 A 浇在上面。

3 盖上保鲜膜，用微波炉加热 6 分钟。取下保鲜膜上下翻转，使味道融合。

王菜辣味噌

下饭一级棒。放置于冰箱内可保存一周的时间。

15 分钟
1 人份 128 千卡
盐分 1.9 克

材料（4 人份）

王菜 .... 1 袋（150 克）
香油 .... 2 大匙
A ┌ 味噌 .... 60 克
　├ 砂糖 .... 3 大匙
　├ 料酒 .... 3 大匙
　└ 一味辣椒粉 ..... ⅓ ~ ½ 小匙

制作方法

1 王菜去除 10 厘米左右坚硬的根茎，再切为 1 厘米宽的段。

2 在锅内倒入香油热锅，放入王菜，用中火炒至体积变为大约最初总量的一半。

3 将混合好的 A 倒入锅内全部搅拌均匀翻炒，待水分变少后调至小火，慢慢地仔细地熬煮，熬煮至水分完全消失后出锅即可。

柚子醋拌青椒

烤到发软的青椒，是具有清爽口感的一道凉拌菜。

10 分钟
1 人份 23 千卡
盐分 0.9 克

材料（4 人份）

青椒................................8 个
柚子醋酱油........................4 大匙
木鱼花....................1 包（5 克）

制作方法

1 青椒纵向一切为二，去除蒂和籽。用烧烤架或者烤网，将青椒的两面用中火烤至柔软，再斜刀切为 1 厘米宽的条。

2 放入碗中，加入柚子醋酱油和木鱼花搅拌均匀即可。

香油拌黄瓜

用盐浅渍过的黄瓜和香油搭配，一道美味的中华沙拉就此诞生。

5 分钟
1 人份 21 千卡
盐分 0.4 克

材料（4 人份）

黄瓜................................2 根
　盐............................½ 小匙
香油............................½ 大匙

制作方法

1 黄瓜横切为薄片，放入碗中再撒入盐，放置 10 分钟左右直到黄瓜失水变蔫。

2 用清水洗净黄瓜上的盐巴，再除去多余的水分。放入容器内，倒入香油后搅拌均匀即可。

木鱼花炒苦瓜

让苦瓜原本的风味更加浓郁，作为凉菜也很美味。

10 分钟
1 人份 23 千卡
盐分 1.1 克

材料（4 人份）

苦瓜（中）..........1 根（350 克）
　盐............................1 小匙
木鱼花..............½ 包（2.5 克）
色拉油............................少许
酱油................................少许

制作方法

1 将苦瓜两端切除，纵向一切为二，并除去瓤和籽。再切为 4~5 毫米的片，并撒入盐搅拌均匀。

2 将木鱼花生煎备用。

3 在平底锅中放入色拉油充分热锅后，将苦瓜所含的水分蒸发，用中火快速翻炒。苦瓜色泽变鲜艳，滴入酱油后立刻关火，将 2 揉搓后放入锅中搅拌均匀即可。

芝麻味噌拌嫩豆角

食材本身带有的爽脆口感，再搭配浓厚的凉拌酱，很是美味。

7 分钟
1 人份 70 千卡
盐分 0.9 克

材料（4 人份）

嫩豆角..........................100 克
　盐................................少许
　　┌ 黑芝麻....................3 大匙
A　│ 味噌......................1 ½ 大匙
　　│ 砂糖......................1 大匙
　　└ 酱油......................½ 小匙

制作方法

1 除去嫩豆角上的硬尖，在盐水中焯煮 2 分钟。捞出后控干冷却，将水分充分沥干。

2 并排放在案板上，用擀面杖轻敲，再切为 3 厘米长的段。

3 在碗中将 A 混合均匀，加入嫩豆角拌匀即可。

辣拌秋葵

和热乎乎的白米饭最搭配。切成小段放在白米饭上也可以。

10 分钟
1 人份 35 千卡
盐分 0.5 克

材料（4 人份）

秋葵	2 袋（约 20 根）
盐	适量
A ┌ 酱油	1 大匙
├ 醋	1 大匙
├ 香油	1 大匙
├ 砂糖	1 大匙
└ 豆瓣酱	½ 小匙

制作方法

1 秋葵去柄并剥去萼，用盐揉搓后，在沸水中焯煮 2~3 分钟。然后捞出放置于冷水中冷却，除去水分，并将秋葵斜刀切为两部分。

2 在碗中将 A 充分混合，再放入秋葵拌匀即可。

芥末酱油汁毛豆

芥末要在酱油汁毛豆入味后加入，会更彰显独特的风味。

5 分钟
1 人分 85 千卡
盐分 0.8 克

材料（4 人份）

煮熟的毛豆（从豆荚中取出）	1½ 杯（300 克）
A ┌ 海带细丝（5 厘米长）	10 根
├ 淡口酱油	¼ 杯
├ 甜料酒	¼ 杯
└ 水	1 杯
芥末膏	1~2 小匙

制作方法

1 在锅中放入 A 并用中火煮开锅，然后再煮 1 分钟左右将甜料酒中的酒精成分蒸发干净。倒入保存器具中，冷却备用。

2 在 1 中放入毛豆，并放置于冰箱中冷藏 2 小时以上入味，最后将芥末溶解在酱油汁中即可。

沙拉酱烤秋葵

刚烤好的沙拉酱口味温和，放凉后又变成沙拉风味的小食。

10 分钟
1 人份 106 千卡
盐分 0.3 克

材料（4 人份）

秋葵	2 袋（约 20 根）
沙拉酱	4 大匙
一味辣椒粉	少许

制作方法

1 秋葵去柄并剥去花萼，用牙签逐次刺穿 2 根秋葵备用。

2 在小烤箱托盘内并排摆好，涂上沙拉酱，烤 5 分钟左右，最后撒上一味辣椒粉即可。

甜醋腌茗荷

刚煮熟的茗荷立刻腌渍会变为好看的红色。成品可以在冰箱内储存 4~5 日。

5 分钟
1 人份 20 千卡
盐分 0.3 克

材料（4 人份）

茗荷	8 个
盐	1 小匙多
A ┌ 醋	½ 杯
├ 水	2 大匙
├ 砂糖	2 大匙
└ 盐	¼ 小匙

制作方法

1 茗荷纵向一切为二，再沿着芯的部分纵向切入 2 厘米深。放入碗中并撒上盐，在足量沸水中焯煮 2 分钟。捞出置于笊篱上沥干水分备用。

2 将 A 充分搅拌均匀后放入保存器具中，在茗荷还有温度的时候放入，待冷却后食用即可。

鱼露拌番茄

咖喱或辛辣料理的绝配小菜。

5 分钟
1 人份 22 千卡
盐分 0.5 克

材料（4 人份）

番茄........................3 个（450 克）
鱼露................................½ 大匙
醋....................................½ 大匙

制作方法

1 番茄去柄后切为 2~3 厘米见方的小块。

2 放入碗中，加入鱼露和醋搅拌均匀即可。

韩式拌豆芽

制作超快速，是值得珍藏的一份菜谱。

7 分钟
1 人份 93 千卡
盐分 0.5 克

材料（4 人份）

豆芽.......................1 袋（200 克）
香油................................1 大匙

A
白芝麻碎屑................4 大匙
鸡精（颗粒）...........¼ 小匙
盐...............................¼ 小匙
一味辣椒粉.....................少许

制作方法

1 将豆芽的根须摘除。

2 向平底锅内倒入香油热锅，放入豆芽用大火爆炒 1 分钟左右。

3 将 A 倒入碗中，豆芽趁热加入碗内，混合均匀即可。

伍斯特酱炒小番茄

炒到外皮剥落，再佐以伍斯特酱调味是关键的一步。

10 分钟
1 人份 37 千卡
盐分 0.3 克

材料（4 人份）

小番茄................2 盒（约 30 个）
色拉油..............................⅔ 大匙
伍斯特酱..........................⅔ 大匙

制作方法

1 小番茄去柄。

2 平底锅中倒入色拉油热锅，放入小番茄用中火耐心翻炒。当外皮开始开裂，加入伍斯特酱，稍微翻炒一下出锅即可。

芜菁沙拉

最好使用特级初榨橄榄油制作这道意式沙拉。

5 分钟
1 热分 105 千卡
盐分 0.5 克

材料（4 人份）

芜菁........................4 个（400 克）
芜菁叶................................少许
盐、胡椒..........................各少许
橄榄油................................3 大匙

制作方法

1 芜菁剥去茎上 2 厘米左右长的外皮，使用切片器纵向将芜菁切为薄片。

2 同时将芜菁片放入冷水中，使其保持爽脆口感，再捞出除去水分。

3 芜菁和芜菁叶先盛于盘中，撒入盐和胡椒，再转圈撒入橄榄油，最后将全部材料混合搅拌均匀即可。

酒渍芝麻香菇

如果事先用水焯煮则会影响口感，用酒腌渍过再焯熟最能留住风味。

7 分钟
1 人份 65 千卡
盐分 0.3 克

材料（4 人份）

鲜香菇..........................12 个
料酒.............................1 大匙

A ┌ 白芝麻酱..................2 大匙
　├ 砂糖.........................2 小匙
　├ 酱油.........................1 小匙
　└ 盐............................少许

制作方法

1 香菇去根，延轴线切入一个小口，再用手撕开一分为二。

2 在锅中放入香菇和料酒用中火加热，当香菇的水分从内部渗出，用筷子边搅拌边等到水分完全消失为止。

3 关火，加入搅拌均匀的 A 一同拌匀即可。

香菇海带

快速制作，清淡美味。在冰箱可保存 3～4 日。

10 分钟
1 人份 23 千卡
盐分 0.6 克

材料（4 人份）

鲜香菇............................8 个
海带...............................8 片

A ┌ 料酒.........................¼ 杯
　└ 水............................¼ 杯
砂糖...............................1 大匙
酱油...............................2 小匙
盐..................................少许

制作方法

1 海带用厨房专用剪刀剪为 1 厘米见方的片，放入 A 中静置 10 分钟以上。

2 鲜香菇去根，沿着纵轴在香菇表面刻入十字花刀，再用手将香菇撕为 4 瓣。

3 将 1 放入锅内用小火加热，煮至汤汁完全消失为止。

4 放入香菇盖上盖子煮 1 分钟，加入调味料，用中火一边加热一边搅拌直至汤汁消失为止即可。

橄榄油炒杏鲍菇

秘诀就在于用小火煸炒。鲜味倍增，口感也更加弹牙。

10 分钟
1 人份 73 千卡
盐分 0.5 克

材料（4 人份）

杏鲍菇...............2 袋（300 克）
橄榄油..........................2 大匙
盐..................................⅓ 小匙
胡椒...............................少许

制作方法

1 杏鲍菇如果有根则去除，如果杏鲍菇很大则纵向一切为二，再用手撕为厚度为 1 厘米的条状。

2 在平底锅内放入橄榄油热锅，放入杏鲍菇用小火耐心煸炒 5～6 分钟。杏鲍菇变软后撒入盐和胡椒即可。

沙拉酱芝麻拌芋头

沙拉酱和芝麻浓郁的风味，更能彰显芋头的软糯口感，是十分独特的一道小菜。

10 分钟
1 人份 97 千卡
盐分 0.2 克

材料（4 人份）

芋头..............4～5 个（350 克）

A ┌ 沙拉酱.....................1½ 大匙
　├ 黑芝麻.....................1½ 大匙
　└ 酱油......................少许

制作方法

1 芋头除去较厚的外皮，用水快速冲洗干净。放入耐热容器内并覆上一层保鲜膜，用微波炉加热 4～6 分钟（中途上下翻面）。

2 待热气消散后，切为粗条状，再和已经混合均匀的 A 一同搅拌均匀即可。

特急

副菜

145

芝麻拌生菜

很容易入味，所以用手搅拌即可。

7 分钟
1 人份 44 千卡
盐分 0.8 克

材料（4 人份）

生菜..................1 棵（400 克）
　　盐......................½ 小匙
　　┌切碎的白芝麻............2 大匙
A　│酱油.....................½ 大匙
　　└砂糖......................1 小匙

制作方法

1 将生菜大致撕为 3 厘米见方的块并放入碗中，撒上盐后立刻用手揉拌 15~20 次。然后再静置 3~4 分钟，最后用双手压住生菜稍微除去一些水分备用。

2 将 A 倒入生菜碗中，用手搅拌均匀即可。

XO酱拌小油菜

蒸煮后立刻调味，小油菜不会变得水水的。

7 分钟
1 人份 63 千卡
盐分 0.5 克

材料（4 人份）

小油菜..................2 棵（250 克）
红辣椒的小段............1 根的量
色拉油...................1 大匙
水.......................2 大匙
XO 酱....................2 大匙
料酒.....................½ 大匙
酱油、胡椒..............各少许

制作方法

1 将小油菜的茎叶切分开，茎再纵向切为 6 等份。

2 平底锅内倒入色拉油热锅，用中火炒制小油菜，全部过油之后加入水，盖上盖子用中火蒸煮 1~2 分钟。

3 加入红辣椒、XO 酱翻炒，然后再撒入料酒、酱油和胡椒翻炒调味即可。

凉拌生菜丝

拌上盐之后浇上开水，关键就在于无需煮。

7 分钟
1 人份 15 千卡
盐分 0.6 克

材料（4 人份）

生菜..................1 棵（400 克）
　　盐......................⅕ 小匙
木鱼花..............2 包（10 克）
沸水.......................½ 杯
酱油................1~1½ 大匙

制作方法

1 将生菜叶一片片剥落，横向切为 5 毫米宽的细条。再与盐轻柔地混合在一起。然后将生菜条散放在笊篱上，将 2 升的沸水按照画圈的方式从上浇下。生菜变软后，再置于冷水中冷却，最后用力攥紧除去生菜水分备用。

2 将茶漏中放木鱼花，再用热水浇过，收集过水木鱼花的高汤，稍冷却后再与酱油搅拌在一起备用。

3 生菜丝装盘，再淋上 2 的汤汁即可。

韩式沙拉酱炒小油菜

如果没有韩式辣酱，用豆瓣酱或者一味辣椒粉充当辛辣调料也可以。

10 分钟
1 人份 75 千卡
盐分 0.7 克

材料（4 人份）

小油菜..................2 棵（250 克）
色拉油...................1 大匙
　　┌沙拉酱.................1 大匙
A　└韩式辣酱...............2 大匙
　　盐......................少许

制作方法

1 将小油菜的茎叶切分开，茎纵向一切为二，再纵向切为 1 厘米宽的条状备用。叶子如果太大可以纵向切为两部分。将 A 混合均匀备用。

2 平底锅中倒入色拉油热锅，茎用大火爆炒，全部过油之后再加入叶子进行翻炒。

3 当叶子上全部都挂上油的时候加入 A，用大火快速爆炒，撒上盐出锅即可。

伍斯特酱照烧藕

比起用酱油调味，滋味更加浓厚。

10 分钟
1 人份 111 千卡
盐分 1.2 克

材料（4 人份）

莲藕（大）..............1 节（300 克）
醋......................................适量
香油.................................1 大匙
甜料酒..............................2 大匙
伍斯特酱...........................3 大匙

制作方法

1 莲藕去皮，切为 1 厘米厚的片，放在淡醋水内快速漂洗，擦干水分备用。
2 平锅内倒入色拉油热锅，将莲藕并排放于锅中，并用中火煎烤莲藕两面。然后再倒入甜料酒和伍斯特酱，一边翻炒一般炖煮皆可。

醋溜藕条

制作方法比糖醋腌渍简单，量看起来也很多。

10 分钟
1 人份 94 千卡
盐分 0.5 克

材料（4 人份）

莲藕（大）..............1 节（300 克）
醋......................................适量
色拉油..............................1 大匙
A ┌ 砂糖.............................2 大匙
  │ 醋................................4 大匙
  └ 盐...............................1/3 小匙

制作方法

1 莲藕去皮，切为 5 厘米长、1.5 厘米宽的条状，在淡醋水中快速清洗，擦干水分。
2 锅内倒入色拉油热锅，莲藕用中火耐心煸炒，倒入 A，继续翻炒直至汤汁全部消失即可。

味噌呛炖藕条

加入芝麻，口感和滋味更上一层楼。

10 分钟
1 人份 140 千卡
盐分 1.2 克

材料（4 人份）

莲藕（大）..............1 节（300 克）
醋......................................适量
香油.................................1 大匙
A ┌ 料酒............................1 大匙
  │ 高汤............................4 大匙
  │ 甜料酒.........................2 大匙
  └ 味噌............................2 大匙
煎焙白芝麻........................2 大匙

制作方法

1 莲藕去皮，纵向均等切为 4 条，然后再滚刀切为一口能够食用的大小。用淡醋水快速冲洗干净，擦干水分备用。
2 锅内倒入香油热锅，用中火炒制莲藕，再倒入 A 一同翻炒。
3 火关小并盖上盖子，炖煮到汤汁消失为止。关火，放入芝麻再搅拌均匀即可。

韩风凉拌菠菜

和传统的日本拌菜不一样的制作方法，完成后放置一段时间也很美味，在冰箱内可冷藏 3 ~ 4 日。

10 分钟
1 人份 33 千卡
盐分 0.5 克

材料（4 人份）

菠菜.............................1 把（350 克）
盐......................................少许
A ┌ 香油..........................1/2 大匙
  │ 酱油..........................1 小匙
  │ 砂糖、盐....................各少许
  │ 一味辣椒粉..................少许
  └ 煎焙白芝麻..................1 小匙

制作方法

1 菠菜根部用十字花刀切入，在水中冲洗 10 分钟左右。除去水分切为 3~4 厘米长的段。
2 锅内放入足量的水并煮沸，加入盐和菠菜并搅拌，用大火再煮开锅一次。捞出置于笊篱上，用汤匙背面压住菠菜用力挤出水分。
3 菠菜放入容器内，按照顺序加入 A 的材料并混合均匀即可。

鲜拌卷心菜

使用外侧的菜叶后再加入内侧的菜叶，成品软硬适中，口味柔和。

7 分钟
1 人份 20 千卡
盐分 0.8 克

材料（4 人份）

卷心菜..................¼ 个（200 克）
A ┌ 高汤....................................2 杯
  │ 料酒................................2 大匙
  │ 酱油............................1½ 大匙
  └ 盐................................⅓ 小匙
木鱼花......................................适量

制作方法

1 卷心菜去芯后切为 5 厘米见方的小块。

2 在锅内加入 A 并用中火加热至开锅，放入 1，快速煮至卷心菜变软。

3 连同汤汁一同盛入器皿中，放入大量的木鱼花即可。

蚝油汁浇西蓝花

只是浇上与水混合的蚝油酱汁，竟能如此美味。

7 分钟
1 人份 71 千卡
盐分 0.4 克

材料（4 人份）

西蓝花的花蕾（小）..................
......................1 棵的量（160 克）
A ┌ 蚝油酱............................2 小匙
  └ 水................................1 小匙
油炸用油..................................适量

制作方法

1 西蓝花切分成小簇，如果簇太大的话可以从下方切一刀撕开分为 2 块或者 3 块。

2 在锅内倒入油炸用油，将油加热至较低的中温，放入西蓝花，用筷子在油锅内搅拌 30 秒左右使西蓝花变熟。

3 沥干油分，将西蓝花盛于盘中，将混合均匀的 A 转圈倒入盘中即可。

意式油醋汁浇烤卷心菜

不同于日常的炒卷心菜，滋味新鲜独特。

7 分钟
1 人份 47 千卡
盐分 0.5 克

材料（4 人份）

卷心菜（大）.......¼ 个（300 克）
橄榄油....................................1 大匙
盐..⅓ 盐
意式醋汁................................2 大匙
黑胡椒颗粒............................½ 小匙

制作方法

1 卷心菜带芯切为 4 等分的扇形备用。

2 在平底锅内倒入橄榄油热锅，将卷心菜的两面分别用中火各加热 2 分钟。

3 盛于盘中，撒上盐和意式醋汁，再撒上胡椒粉末即可。

黄油酱油风味凉拌西蓝花

黄油的浓郁香气和风味在咀嚼的过程中逐渐在口腔中释放。

5 分钟
1 人份 51 千卡
盐分 0.4 克

材料（4 人份）

西蓝花的花蕾（小）..................
......................1 棵的量（160 克）
黄油....................................1½ 大匙
酱油....................................1½ 小匙
木鱼花......................................适量

制作方法

1 西蓝花切分成小簇。并排放入耐热容器中，并且用保鲜膜轻轻盖在容器上方，用微波炉加热 2 分钟。

2 在较小的平底锅内放入黄油并用中火加热，黄油融化一半的时候加入酱油，一边晃动平底锅，一边让黄油完全溶解在酱油中。

3 除去水分的西蓝花盛于盘中，将 2 转圈淋在西蓝花上，最后撒上木鱼花即可。

风味拌白菜

用酱油调味，所以在挤干水分之前要先用水将盐粒清洗干净。

7 分钟
1 人份 72 千卡
盐分 1.7 克

材料（4 人份）

白菜..............不到 ½ 棵（700 克）
　盐.......................................½ 大匙
红辣椒的小段..............1 根的量
鲣鱼细丝..................1 袋（5 克）
色拉油.................................1 大匙
　┌ 料酒...............................1 大匙
A │ 甜料酒...........................1 大匙
　└ 酱油...............................1 大匙

制作方法

1 将白菜切为 2~3 等份，菜芯纵向切为 1 厘米宽的条，菜叶纵向切为 2 厘米宽的条状备用。撒上盐，用盘子等重物按压静置 30 分钟，然后用水冲洗干净之后用力挤干白菜的水分。

2 平底锅内倒入色拉油热锅，然后放入红辣椒和白菜，用中火翻炒至白菜全部过油。加入鲣鱼细丝快速翻炒，最后倒入 A 炒至均匀即可。

芝麻炝拌茼蒿

比焯煮更方便，味道偏向于正统的芝麻炝拌类小菜。

5 分钟
1 人份 81 千卡
盐分 0.8 克

材料（4 人份）

茼蒿..........................1 把（200 克）
香油.....................................1 大匙
　┌ 砂糖...............................1 大匙
A │ 淡口酱油.......................1 大匙
　└ 白芝麻碎.......................2 大匙

制作方法

1 切去茼蒿 5 厘米左右的根部，再切为 3~4 厘米长的段。A 混合均匀备用。

2 平底锅内倒入香油并热锅，先放入茼蒿中间较硬的部分用中火稍煸炒，再放入较软的菜叶部分一同煸炒。

3 当生茼蒿还剩一半左右的时候加入 A 一同煸炒，再将火力调至大火翻炒 30 秒左右使酱汁与茼蒿均匀混合即可。

四川泡菜风辣炒白菜

川味料理的前菜。要诀就在于将热乎乎的腌渍汁全部倒在白菜上，然后放入冰箱冷藏。

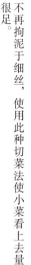

7 分钟
1 人份 72 千卡
盐分 1.5 克

材料（4 人份）

白菜..............不到 ½ 棵（700 克）
　盐.......................................½ 大匙
　┌ 香油...............................1 大匙
　│ 红辣椒斜切的小段....1 根的量
A │ 砂糖...............................3 大匙
　└ 醋...................................4 大匙

制作方法

1 将白菜切为 2~3 等份，菜芯纵向切为 1 厘米宽的条，菜叶纵向切为 2 厘米宽的条状备用。撒上盐，用盘子等重物按压静置 30 分钟，用水冲洗干净之后用力挤干白菜的水分。

2 平底锅内倒入 A 用小火加热，待砂糖完全溶解后趁热浇在白菜上。搅拌均匀之后待白菜稍凉，放入冰箱内使之冷却即可。

胡萝卜芝麻拌菜

不再拘泥于细丝，使用此种切菜法使小菜看上去量很足。

15 分钟
1 人份 85 千卡
盐分 1.1 克

材料（4 人份）

胡萝卜.....................2 根（400 克）
红辣椒斜切的细段......1 根的量
色拉油.................................1 大匙
高汤.....................................½ 杯
　┌ 甜料酒...........................1 大匙
A │ 砂糖...............................1 小匙
　└ 酱油...........................1½ 大匙
煎焙白芝麻..........................适量

制作方法

1 胡萝卜去皮，纵向切为 4 等份后，再斜切为一口可以食用的大小。

2 在锅内放入色拉油，热锅后再倒入红辣椒和胡萝卜，用中火翻炒至胡萝卜全部过油。加入高汤后煮开锅，最后放入 A 搅拌均匀。

3 盖上盖子用中火炖煮 8 分钟左右，取下盖子待汤汁收尽。最后装盘撒上芝麻即可。

特急

副菜

根据想要使用的
蔬菜查找

佐餐小菜

迷你图鉴

一天之内需要摄入 350 克~400 克蔬菜。为了达到这个目标，不仅仅是主菜，还需要借助配菜和蔬菜佐餐小菜的力量。

想用今日买回家的蔬菜，或者是冰箱里有的蔬菜来做点什么，用这个迷你图鉴立刻就能查询到，轻松过上健康的膳食生活。

沙拉酱拌毛豆南瓜

▪ ▪ ▪ ▪

毛豆也可以使用微波炉加热。

材料（4 人份）

毛豆（有荚）	200 克
A 盐	1 大匙
水	2 大匙
南瓜	¼ 个（350 克）
B 沙拉酱	3 大匙
番茄酱	2 大匙

制作方法

1 毛豆撒上 A 后揉搓入味，在耐热容器内散开摆好。保鲜膜轻轻铺盖在容器上，用微波炉加热 7 分钟后，从豆荚中剥出毛豆。
2 南瓜仔细去皮，切为一口能够食用的大小后摆放在耐热容器内，保鲜膜轻轻铺盖在容器上，用微波炉加热 8 分钟。
3 用叉子简单将毛豆捣碎，再加入南瓜，一边捣碎一边混合均匀。待温度降低后，再倒入搅拌均匀的 B 再次拌匀即可。

甜味噌拌青紫苏炸豆腐

▪ ▪ ▪ ▪

将炸豆腐烤过使其油脂脱落后使用也可。

材料（4 人份）

青紫苏叶	30 枚
炸豆腐	2 块
A 甜面酱	2 大匙
香油	1 小匙
韩国辣椒（粉末、或者是一味辣椒粉）	少许
煎焙白芝麻	少许

制作方法

1 炸豆腐放入沸水中稍焯煮一下，用笊篱捞出使其油脂脱落。再控干水分，纵向一切为二，然后切为 5 毫米宽的条状备用。
2 青紫苏叶纵向一切为二且重叠放置，再横向切为 6 毫米宽的条状备用。
3 在碗中倒入 A 后搅拌均匀，再加入炸豆腐和紫苏叶一同搅拌均匀。装盘后撒上芝麻即可。

10 分钟　1 人份 82 千卡　盐分 0.5 克

25 分钟　1 人份 179 千卡　盐分 0.4 克

秋葵冷制汤

秋葵黏糊糊的口感，仿佛浓郁的汤汁。
浇在白饭上或者挂面上都是可以的。

材料（4 人份）

秋葵	2 袋（约 20 根）
盐	适量
茗荷薄片	1 个的量
青紫苏叶细丝	5 枚的量
煎焙白芝麻	6 大匙
味噌	2 大匙
高汤	3 ½ 杯

制作方法

1 秋葵去柄，然后用盐揉搓，再用水冲洗干净，切为薄片备用。
2 在捣碎钵中将芝麻碾碎，加入味噌后充分捣碎搅拌，再放入高汤使其浓厚。最后加入秋葵搅拌均匀后，置于冰箱内降温。
3 装盘，将茗荷和青紫苏叶细丝置于汤汁之上即可。

10 分钟 1 人份 54 千卡 盐分 1.1 克

10 分钟 1 人份 53 千卡 盐分 0.6 克

梅干凉拌秋葵纳豆

秋葵快速焯煮后再剁碎，比生吃更能与纳豆的味道完美融合。

材料（4 人份）

秋葵	2 袋（约 20 根）
盐	适量
纳豆	2 小盒（80 克）
梅干	2 个
酱油	少许

制作方法

1 秋葵去柄，再把边角剥掉用盐揉搓，然后用沸水迅速焯煮。捞出后用冷水降温，除去水分，斜刀切为 1 厘米宽的条状备用。
2 梅干去核，果肉用厨刀大致拍打后备用。
3 将秋葵和纳豆充分搅拌至有黏稠感，再加入梅干肉和酱油继续搅拌均匀即可。

10 分钟 1 人份 115 千卡 盐分 1.2 克

小杂鱼炒秋葵

快速制作的传统常备菜之一，就着这道菜喝一杯可好？

材料（4 人份）

秋葵	2 袋（约 20 根）
缩面小杂鱼	4 大匙
色拉油	1 大匙
水	2 大匙
A ┌ 料酒	2 大匙
└ 酱油	1 小匙

制作方法

1 秋葵去柄，再把边角剥掉，斜刀一切为二。
2 平底锅内倒入色拉油，热锅后，用中火煸炒秋葵，秋葵全部过油后倒入小杂鱼翻炒出香气。
3 撒入水后盖上锅盖，调至小火焖 2 分钟左右，再撒入 A 快速翻炒均匀出锅即可。

芜菁泡菜

■ ■ ■ ■

带着皮的芜菁，用盐粒揉搓放置即可。

材料（4人份）

芜菁（小）........4~6 个（300 克）
盐.........................2 小匙
┌ 葱末........................½ 根的量
│ 蒜泥........................2 瓣的量
│ 生姜泥......................½ 块的量
A │ 酱油、砂糖.............各 2 大匙
│ 白芝麻碎..................1 大匙
│ 一味辣椒粉...............2 大匙
└ 香油........................1 小匙

制作方法

1 芜菁带皮切为 3 厘米见方的块状，撒上盐用手轻轻揉搓后静置 30 分钟。
2 将 A 搅拌混合，轻微除去芜菁渗出的水分后加入 A 中，搅拌均匀即可。

10 分钟 1 人份 115 千卡 盐分 0.8 克

煎烤芜菁排

■ ■ ■ ■

表面汁浓软烂，中间味道清淡爽口，要点就在于裹好面粉后烹调。

材料（4人份）

芜菁（小）........4~6 个（300 克）
面粉........................2 大匙
蒜末........................1 瓣的量
橄榄油......................2 大匙
酱油........................3 大匙
意式醋汁....................2 大匙
芜菁叶（如有则备）...............少许

制作方法

1 芜菁带皮切为 1.5 厘米厚的片状。叶切为小段备用。
2 平底锅中倒入橄榄油和蒜末，用中火煸炒出香味。
3 芜菁裹上薄薄一层面粉后下锅，用中火煎烤芜菁厚片的两面各 2 分钟，待两面上色后放入意式醋汁和酱油，使酱汁与芜菁厚片充分混合。
4 芜菁起锅装盘。将芜菁叶碎末撒在表面即可。

凯撒沙拉风拌芜菁

■ ■ ■ ■

决定性的食材，就在于芝士粉和加入大蒜的酱汁。

材料（4人份）

芜菁........................4 个（300 克）
芜菁叶......................50 克
番茄........................1 个
┌ 橄榄油.....................3 大匙
│ 醋.........................3 大匙
A │ 芝士粉....................3 大匙
│ 蒜泥......................1 瓣的量
└ 盐.........................½ ~ ⅔ 小匙

制作方法

1 芜菁去皮，纵向一切为二，再纵向切为薄片，叶横向切为小段。并且将芜菁和叶浸泡在冷水中待用。
2 番茄横向一切为二后除去籽，再除去柄后切为 1.5 厘米见方的块状备用。
3 芜菁和叶子恢复新鲜后除去水分，与番茄搅拌均匀后装盘。将 A 充分混合均匀后浇在上方即可。

5 分钟 1 人份 71 千卡 盐分 3.3 克

10 分钟 1 人份 105 千卡 盐分 2.0 克

芝士酸奶南瓜沙拉

■ ■ ■ ■

使用与南瓜最搭配的乳制品，
是营养均衡的完美组合。

材料（4人份）

南瓜	¼个（350克）
水	½杯
普通酸奶	6大匙
比萨用芝士	30克
A ┌ 色拉油	2大匙
├ 醋	1大匙
└ 盐	少许

制作方法

1 南瓜切为2厘米的块状放入锅中，加入水并
盖上锅盖，用大火加热。开锅后将火调小再蒸
煮10分钟左右，除去水分备用。
2 南瓜趁热和A充分搅拌均匀。待完全凉透
后，加入酸奶与芝士再次搅拌均匀即可。

10分钟 1人份 154千卡 盐分 0.5克

15分钟 1人份 391千卡 盐分 0.3克

鳀鱼炒南瓜

■ ■ ■ ■

佐酒绝佳小菜！
尝试一次就会让人上瘾。

材料（4人份）

南瓜	¼个（350克）
鳀鱼（鱼身）	4块
蒜末	½瓣的量
色拉油	2大匙
胡椒	少许

制作方法

1 南瓜一切为二，再切为8毫米厚的片状。鳀
鱼切为1厘米宽的条状备用。
2 在平底锅内倒入色拉油热锅，然后将南瓜片
并排放入锅内，用小火将南瓜两面上色，再盖
上锅盖煎3分钟左右使南瓜变熟。
3 放入鳀鱼和蒜末，用中火和南瓜一同煎炒出
香味，最后撒上胡椒出锅即可。

15分钟 1人份 190千卡 盐分 0.4克

南瓜鲣鱼花天妇罗

■ ■ ■ ■

鲣鱼的香气和鲜味，
为南瓜天妇罗的甘甜增添美味。

材料（4人份）

南瓜	½个（700克）
面糊：	
┌ 鸡蛋	1个
├ 冷水	⅔杯
├ 盐	¼小匙
├ 面粉	1杯
└ 鲣鱼花	2袋（10克）
油炸用油	适量

制作方法

1 南瓜一切为二，再切为8毫米厚的片状。
2 制作面糊。鸡蛋打散，混入冷水和盐，再放
入面粉大致搅拌几下，倒入鲣鱼花后简单搅匀
即可。
3 将锅内的油温控制在稍低的中温，将南瓜在
面糊中裹糊后捞出放入油锅炸至酥脆即可。

芝士炒菜花

■ ■ ■ ■

香稠浓厚的芝士焗菜。

材料（4人份）

菜花	1棵（350克）
比萨用芝士	50克
大蒜	1瓣
橄榄油	2大匙
盐	⅓小匙
白葡萄酒	1大匙
胡椒	少许

制作方法

1 菜花切分成小簇。

2 在平底锅内放入捣过的大蒜和橄榄油，用中火煎炒出香味，再放入菜花翻炒3~4分钟，然后再撒入盐和白葡萄酒。

3 加入披萨用芝士，待芝士融化并和菜花充分混合后，撒上胡椒出锅即可。

10分钟 1人份 77千卡 盐分0.7克

菜花佐芝麻酱汁

■ ■ ■ ■

切成薄片的菜花佐以余味无穷的酱汁，即使是初次生吃也可简单入口。

材料（4人份）

菜花（小）	1棵（200克）
A 白芝麻酱	3~4大匙
蚝油酱汁	1大匙

制作方法

1 菜花切分成小簇，再纵切为薄片。

2 将A充分混合，适当地放在菜花薄片上即可。

10分钟 1人份 129千卡 盐分0.7克

咖喱焖菜花

■ ■ ■ ■

热着凉着都好吃，在冰箱内可保存2~3天。

材料（4人份）

菜花	1棵（350克）
姜末	1块的量
色拉油	1大匙
孜然籽	1大匙
咖喱粉	1小匙
盐	½小匙
水	2大匙
黄油	10克
柠檬汁	1~2小匙

制作方法

1 菜花切分成小簇。

2 在平底锅内放入色拉油热锅，倒入姜末和孜然籽用中火煎炒，再倒入咖喱粉耐心翻炒出香味。

3 加入菜花和盐翻炒1分钟左右，再加入水和黄油并盖上盖子，煮开锅后，改为小火蒸煮5分钟。关火撒入柠檬汁即可。

5分钟 1人份 89千卡 盐分0.5克

速煮荷兰豆裙带菜

■ ■ ■ ■

同为当季时蔬，在淡淡的春日之味中
大吃一顿吧。

材料（4人份）

荷兰豆	150 克
裙带菜（盐封）	50 克

A
水 .... ½杯
甜料酒 .... 1 大匙
淡口酱油 .... 1 大匙

制作方法

1 荷兰豆掐头去丝。裙带菜洗去盐粒后放入
水中泡发，沥干水分后切为1厘米见方的小块
备用。
2 在锅内加入A用中火煮开，然后加入荷兰豆
上下搅拌煮1~2分钟，再加入裙带菜煮1分钟
即可。

10 分钟 1 人份 63 千卡 盐分 0.5 克

5 分钟 1 人份 65 千卡 盐分 0.8 克

奶油煮荷兰豆

■ ■ ■ ■

使用比鲜奶油更加浓稠、
更易保存的奶油芝士。

材料（4人份）

荷兰豆	200 克
奶油芝士	50 克

A
水 .... ⅔杯
西式高汤精华（颗粒）... 1 小匙
盐、胡椒 .... 各少许

制作方法

1 荷兰豆掐头去丝。
2 奶油芝士恢复成室温简单拌匀。
3 在锅中加入A用中火煮开，然后放入荷兰豆
上下翻煮2~3分钟。
4 加入奶油芝士待其融化，用盐和胡椒调味，
再调至大火，使奶油芝士与荷兰豆充分混合
即可。

5 分钟 1 人份 29 千卡 盐分 0.8 克

金枪鱼拌荷兰豆

■ ■ ■ ■

焯煮后立刻搅拌，冷热皆可。

材料（4人份）

荷兰豆	150 克
盐	少许
金枪鱼罐头（80 克装）	1 罐

A
酱油 .... 1 大匙
砂糖 .... 1 小匙
生姜泥 .... 少许

制作方法

1 金枪鱼沥干汁水，稍微打散后放入碗中，加
入A充分搅拌均匀。
2 荷兰豆去头和丝，在加有盐的沸水中焯煮
40~50秒，捞出置于笊篱上沥干。
3 荷兰豆趁热与1混合均匀即可。

蘸面汁炖蘑菇

■ ■ ■ ■

汤汁较多，所以用做盖浇蛋或者焖饭
的材料都非常美味。

材料（4人份）

舞茸.....................1盒（100克）
杏鲍菇.................1盒（100克）
鲜滑子菇.............1盒（100克）
蘸面汁（3倍稀释）........50毫升
水.......................1杯

制作方法

1 舞茸去根切为方便食用的大小。杏鲍菇同
样有根的话去掉根部并切为3厘米长的段，再
纵向切为薄片。鲜滑子菇用水快速冲洗一下
备用。

2 锅中倒入蘸面汁、水和蘑菇，用中火炖煮
7~8分钟，并不时搅拌即可。

榨菜拌蘑菇

■ ■ ■ ■

决定成败的关键就在于细葱丝和香油。

材料（4人份）

杏鲍菇.................1盒（100克）
盐.......................少许
葱.................6厘米长的段
榨菜.......................30克
香油.......................1大匙

制作方法

1 杏鲍菇去根切为3~4厘米长的段，再切为5
毫米见方的小块，放入加了盐的沸水中焯煮一
下，捞出后铺开放凉。

2 葱切为3厘米长的段，再纵向朝中心深切一
刀，将葱一层层展开并重叠放置，再切为细丝
（白发葱丝）。榨菜泡水中除去多余盐分，切为
3厘米长的细丝。

3 将杏鲍菇、细葱丝、榨菜和香油搅拌均匀
即可。

5 分钟 1 人份 46 千卡 盐分 0.4 克

蒜香黄油炒蘑菇

■ ■ ■ ■

最后加入黄油翻炒均匀出锅，滋味更
浓郁。

材料（4人份）

鲜香菇（大）.....................6~8个
大蒜.......................1瓣的量
红辣椒的小段...........½个的量
黄油.......................10克
白葡萄酒或料酒...........¼杯
A ┌ 盐.......................¼小匙
  │ 胡椒.......................少许
  └ 黄油.......................10克

制作方法

1 鲜香菇去根，切为5毫米厚的薄片。蒜也切
为薄片备用。

2 在平底锅内放入黄油与大蒜用中火炒香，再
放入红辣椒和鲜香菇，翻炒一下后立刻加入白
葡萄酒翻炒1分钟。

3 加入A搅拌均匀，黄油融化后立刻关火出锅
即可。

10 分钟 1 人份 28 千卡 盐分 1.4 克

10 分钟 1 人份 37 千卡 盐分 0.9 克

简易卷心菜酸菜

■ ■ ■ ■

用卷心菜自带的水分和柠檬汁蒸煮食材，即使料理时间短也能够获得地道的滋味。

材料（4 人份）

卷心菜	½ 个（400 克）
柠檬	½ 个

A | 盐 | ⅔ 小匙 |
| 香叶 | 1 片 |
| 黑胡椒颗粒 | 少许 |

制作方法

1 卷心菜去芯后切成大块，放入锅（除铝锅）中。将柠檬汁挤入锅内，再放入 A。
2 盖上锅盖用中火加热，出现蒸汽时，将火力调为小火再蒸煮 5 分钟。然后打开盖子将全部食材翻拌之后盖上锅盖，再蒸煮 2~3 分钟即可。

5 分钟　1 人份 54 千卡　盐分 0.6 克

10 分钟　1 人份 39 千卡　盐分 0.8 克

酱炒卷心菜韭菜

■ ■ ■ ■

伍斯特酱、炸猪排酱混合均匀，是能引得余味绕梁的组合。

材料（4 人份）

卷心菜	¼ 个（200 克）
韭菜	½ 把（50 克）
色拉油	1 大匙

A | 伍斯特酱 | 1 大匙 |
| 炸猪排酱 | 1 大匙 |

制作方法

1 卷心菜去芯后大致切为 3 厘米见方的片状。韭菜切为 2 厘米长的段。
2 平底锅内倒入色拉油热锅，放入卷心菜用大火翻炒。
3 卷心菜稍软后，加入 A 稍微搅拌一下，再加入韭菜同样大幅度翻炒均匀即可。

10 分钟　1 人份 24 千卡　盐分 0.9 克

卷心菜小鱼沙拉

■ ■ ■ ■

炒制的小杂鱼和卷心菜拌匀刚刚好，口感爽脆突出令人欲罢不能。

材料（4 人份）

卷心菜	¼ 个（200 克）
青紫苏的叶	5 片
缩面杂鱼干	10 克

A | 盐 | 少许 |
酱油	1 大匙
醋	1½ 大匙
色拉油	1 大匙

制作方法

1 卷心菜去芯后切为细丝，青紫苏叶纵向切为 4 部分，再横刀切为 1 厘米宽的条。
2 在平底锅中放入缩面杂鱼干，用小火炒至噼啪作响为止。
3 卷心菜、青紫苏叶、缩面杂鱼干都装入容器内，倒入 A 搅拌混合均匀即可。

油醋汁芝士粉拌黄瓜
■ ■ ■ ■

黄瓜纵切的薄片，与这道小菜是完美组合。

材料（4人份）

黄瓜.............................2 根
芝士粉..........................2 大匙
┌ 醋.............................1 大匙
│ 色拉油.........................3 大匙
A │
└ 盐、黑胡椒颗粒.......各少许

制作方法

1 黄瓜将两端切去后切为长度相等的3段，用擦片器纵向擦为薄片。并将黄瓜薄片在冷水中恢复爽脆状态，再除去多余水分。
2 在盘中摆好黄瓜，将A混合均匀后浇在黄瓜上，最后撒上芝士粉即可。

10 分钟 1 人份 54 千卡 盐分 0.9 克

日式蓑衣黄瓜
■ ■ ■ ■

独特的口感和调味汁的滋味是绝妙的搭配。
在冰箱内能够保存1周时间。

材料（4人份）

黄瓜...........5~6 根（500~600 克）
┌ 盐.............................1 大匙
│ 酱油...........................¼ 杯
│ 绍兴黄酒、醋.......各 1 大匙
A │
│ 砂糖...........................1 大匙
└ 香油...........................1 小匙

制作方法

1 黄瓜用盐充分揉搓，然后洗净擦干。切去两端，沿黄瓜表面慢慢入刀，斜刀切至一半深浅的位置，再切为2~3 厘米长的段备用。
2 在存储的容器中将A搅拌均匀，放入黄瓜上下颠倒摇匀。1 小时后可食用，放至次日更加美味。

樱虾炒黄瓜
■ ■ ■ ■

准备工作做得好，不会增加多余的水分，第二天依旧很美味。

材料（4人份）

黄瓜......................5 根（500 克）
盐.............................1 大匙
樱虾...........................⅓ 杯
大蒜...........................2 瓣的量
香油...........................1 大匙
盐.............................⅔ 小匙

制作方法

1 黄瓜用盐充分揉搓，然后洗净并擦干。切去两端，纵向切为两半并用勺子挖除种子，再斜切为7~8 毫米宽的片状。
2 大蒜切为5 毫米见方的小块。平底锅内倒入香油热锅，加入大蒜用中火炒香。
3 放入黄瓜用大火炒制2~3 分钟，最后撒入樱虾和盐再翻炒1~2 分钟出锅即可。

5 分钟 1 人份 105 千卡 盐分 0.2 克

10 分钟 1 人份 36 千卡 盐分 1.3 克

黄油酱油炒绿芦笋玉米时蔬

蔬菜的甘甜是舒心的味道。

材料（4 人份）

绿芦笋	4~5 根（150 克）
玉米粒罐头（150 克装）	1 罐
黄油	10 克
色拉油	1/2 大匙
黑胡椒颗粒	适量

制作方法

1 芦笋沿根部切去 1 厘米，再削去下半部分的硬皮。切为 1.5~2 厘米长的段。除去玉米粒罐头内的汤汁。

2 在平底锅内放入色拉油和黄油热锅，用中火炒芦笋，当表面有光泽后加入玉米粒一同翻炒，最后加入酱油和黑胡椒颗粒调味后出锅即可。

10 分钟 1 人份 54 千卡 盐分 1.2 克

20 分钟 1 人份 47 千卡 盐分 0.5 克

白芝麻酱拌芦笋

白色调料是豆腐用微波炉加热后析出水分，再加芝麻酱等物捣碎搅拌而成。

材料（4 人份）

绿芦笋	4~5 根（150 克）
A 高汤	1/4 杯
淡口酱油	2 小匙
甜料酒	1 小匙
木棉豆腐	1/3 块（100 克）
B 白芝麻酱	1 大匙
昆布茶	1/2 小匙
盐	1/4 ~ 1/3 小匙
白芝麻碎末	适量

制作方法

1 芦笋沿根部切去 1 厘米，再削去下半部分的硬皮，切为 3 厘米长的段。放入已经煮开的 A 的锅中用中火再炖煮 3~4 分钟，关火后自然放凉。

2 豆腐放入耐热容器中，不用盖保鲜膜直接放入微波炉中加热 1 分钟，并除去水分。放入碗内加入 B，一同碾碎至顺滑，再撒入一些盐。

3 从锅内捞出芦笋沥干水分，放入 2 中一同搅拌均匀，再撒入一些盐即可。

10 分钟 1 人份 76 千卡 盐分 1.0 克

淡味绿芦笋炖炸豆腐

不使用高汤，用料酒和水两样调味料淡味煮制，让绿芦笋的滋味更加突出。

材料（4 人份）

绿芦笋	8~10 根（300 克）
炸豆腐	1 块
A 水	1 杯
料酒	1/4 杯
砂糖	1 大匙
盐	1/2 小匙

制作方法

1 绿芦笋根部切去 1 厘米左右，削去下半部分坚强的皮，切为长度相等的 4 段备用。

2 将炸豆腐放入沸水中焯煮除去多余的油脂，沥干水分，横向切为 5 毫米宽的条状。

3 在锅中加入 A 并用中火煮开。放入炸豆腐条用小火煮 7~8 分钟。然后放入芦笋将火力调大，炖煮开锅之后再调为小火除去浮沫，炖煮 8 分钟即可。

绿豌豆蛋饼

■ ■ ■ ■

快手菜，余味超鲜美。

材料（4人份）

绿豌豆（从豆荚中剥出）...............
.................1 ½ 杯（150 克）
洋葱碎末..............................¼ 个
培根细丝......................2 块的量
鸡蛋..................................3 个
牛奶..................................2 大匙
A {
盐、胡椒......................各少许
西式高汤精华（颗粒）...........
....................................⅓ 小匙
水....................................½ 杯
}
色拉油..............................适量

制作方法

1 锅内倒入色拉油稍加热，放入洋葱和培根用中火翻炒，再倒入绿豌豆简单翻炒一下。加入A搅拌均匀，煮至完全没有水分时关火。
2 将鸡蛋打散，放入1和牛奶一同搅拌均匀。
3 准备一个稍小的平底锅放入1大匙色拉油热锅，将2缓缓倒入锅内，用较强的中火将鸡蛋两面煎至凝固为止。

10 分钟 1 人份 54 千卡 盐分 1.4 克

10 分钟 1 人份 165 千卡 盐分 0.8 克

茅屋芝士拌小松菜

■ ■ ■ ■

和白饭很搭，充满柚子胡椒和昆布茶混合作用的和风味道。

材料（4人份）

小松菜...............½ 把（200 克）
盐..................................少许
茅屋芝士..........................½ 杯
A {
柚子胡椒......................1 小匙
昆布茶......................½ 小匙
盐..........................¼ 小匙
柚子醋......................½ 大匙
色拉油......................½ 小匙
}

制作方法

1 小松菜放入有盐的热水中充分泡煮，控干水分，切为5厘米长的段备用。
2 将A搅拌均匀，再加入茅屋芝士继续搅拌，最后和小松菜拌匀即可。

小松菜卷心菜清汤

■ ■ ■ ■

卷心菜和芝士搭配滋味丰富，是一道味道柔和的汤品。

材料（4人份）

小松菜...............½ 把（200 克）
卷心菜叶（大）.....2 片（100 克）
蒜末..................................½ 瓣的量
色拉油..............................1 大匙
水....................................3 ½ 杯
西式高汤精华（固体）.........1 块
盐....................................⅔ 小匙
帕尔马干酪粉末...................适量

制作方法

1 小松菜切为4~5厘米长的段，卷心菜切为4~5厘米见方的块状备用。
2 在锅内放入色拉油和大蒜用中火煸香，然后放入卷心菜用大火翻炒，全部过油后倒入小松菜，炒至小松菜变软。
3 放入水煮开锅，放入高汤精华和盐炖煮5分钟左右。出锅装盘，撒上芝士粉即可。

5 分钟 1 人份 33 千卡 盐分 1.3 克

酱炖红薯裙带菜

■ ■ ■ ■

清淡的调味让食材本身的滋味发挥功效。

材料（4 人份）

红薯（中）..............1 根（200 克）
裙带菜（盐封）...................10 克
A ⎡ 高汤......................................1 杯
甜料酒...........................1 大匙
砂糖...............................½ 大匙
酱油...............................1 大匙

制作方法

1 红薯连皮切为 3 等分，再纵向切为 4 块，放入水中静置 10 分钟左右。洗去裙带菜上的盐再放入水中泡发，除去水分后切为 2~3 厘米长的段备用。

2 在锅内放入除去水分的红薯和 A，开火加热，煮开锅后盖上盖子再用小火煮 10 分钟左右。

3 放入裙带菜再稍煮一下出锅即可。

10 分钟 1 人份 63 千卡 盐分 1.8 克

10 分钟 1 人份 145 千卡 盐分 0.3 克

小松菜雪菜炒鳕鱼子

■ ■ ■ ■

放入冰箱可保存 4~5 日，
拌饭或者拌意面等皆可。

材料（4 人份）

小松菜..................½ 把（200 克）
腌渍雪菜..............................100 克
辣味明太子...........1 条（60 克）
料酒...............................1 大匙
香油...............................1 大匙

制作方法

1 小松菜切细碎。雪菜也切细碎，放入水中 2~3 分钟除去多余的盐分，再控干除去水分。明太子用勺子戳破碾碎，倒入料酒搅拌均匀。

2 在平底锅内倒入香油热锅，将小松菜用大火炒至变软，再放入雪菜耐心煸炒均匀。

3 水分蒸发殆尽的时候，放入明太子后，煸炒均匀至明太子变色后出锅即可。

15 分钟 1 人份 86 千卡 盐分 0.8 克

红薯烤培根

■ ■ ■ ■

培根的盐香口味，能够将红薯天然的
甘甜完美呈现出来。

材料（4 人份）

红薯（中）..............1 根（200 克）
培根.......................................50 克
色拉油...............................1 大匙
盐、黑胡椒颗粒.............各少许

制作方法

1 红薯连皮切为 6 毫米厚的圆片，在水中静置 10 分钟。培根切为 5 毫米宽的小条备用。

2 在平底锅内倒入色拉油热锅，红薯擦去水分后并排放入锅内，盖上盖子用小火将红薯两面蒸烤熟。

3 用竹签扎过后确定熟透，再放入培根用中火炒至培根变脆，最后撒入盐和胡椒调味即可。

烤帕马森芝士芋头

■ ■ ■ ■

加入甜椒，裹上芝士，焗烤而成。

材料（4人份）

芋头（小）............6个（350克）
帕马森芝士的碎屑.........4大匙
甜椒.................................少许
盐、胡椒...........................各少许

制作方法

1 芋头去皮（多除去一些），切为4等份，在水中漂洗。放入耐热器皿中轻轻覆上一层保鲜膜，用微波炉加热4~6分钟（中途上下翻个）。
2 趁热撒入3大匙芝士粉，甜椒以及盐和胡椒，充分搅拌。
3 装盘，最后将剩余芝士粉撒上即可。

10 分钟　1 人份 94 千卡　盐分 0.6 克

芋头柚子醋拌菊花

■ ■ ■ ■

作为盐烤秋刀鱼等菜肴的佐餐小菜，是登上赏秋味的菜单的一道餐点。

材料（4人份）

芋头（小）............6个（350克）
食用黄菊花..........................4 朵
醋......................................少许
柚子醋酱油.......................2 大匙

制作方法

1 芋头去皮（多除去一些），用水漂洗。放入耐热器皿中轻轻覆上一层保鲜膜，用微波炉加热4~6分钟（中途上下翻个）。
2 将菊花的花瓣摘下，在加入醋的沸水中焯煮，捞出后沥干稍微挤出水分。
3 芋头不烫手的时候，切为滚刀块后放入碗中，再加入菊花瓣和柚子醋酱油拌匀即可。

沙拉酱黄芥酱拌芋头黄瓜

■ ■ ■ ■

芋头用微波炉加热即可，是一道快手好菜。

材料（4人份）

芋头......................4个（300克）
黄瓜......................1根（100克）
A ┌ 沙拉酱.........................2大匙
　├ 酱油.............................2小匙
　└ 日式黄芥末酱............1小匙

制作方法

1 芋头去皮（多除去一些），切为1.5厘米见方的块，用保鲜膜包好平放入微波炉内，加热5分钟。展开保鲜膜，稍微降温。
2 黄瓜纵向切为4条，刮去内瓤，切为1厘米宽的小段。
3 在碗中放入芋头、黄瓜和A，充分混合均匀即可。

10 分钟　1 人份 70 千卡　盐分 0.6 克

10 分钟　1 人份 42 千卡　盐分 0.6 克

10 分钟 1 人份 34 千卡 盐分 0.3 克

卡芒贝尔奶酪拌嫩扁豆

■ ■ ■ ■

手撕小块芝士与牛奶混合而成的酱汁，是即席的上等调味汁。

材料（4 人份）

嫩扁豆	100 克
卡芒贝尔奶酪	50 克
牛奶	2 大匙
胡椒	少许

制作方法

1 嫩扁豆两端除去硬尖，斜刀切为 4 厘米长的段。在沸水中焯煮 1 分钟后沥干水分备用。
2 将芝士撕为小块放入耐热的容器内，倒入牛奶后用保鲜膜轻轻覆在容器上面，在微波炉中加热 30 秒。
3 拿出耐热容器趁热放入嫩扁豆搅拌均匀，再撒入胡椒即可。

10 分钟 1 人份 42 千卡 盐分 0.7 克

黄油焖炒嫩扁豆

■ ■ ■ ■

秘诀就在于出锅时再加入黄油，并且用余热让黄油融化。

材料（4 人份）

嫩扁豆	100 克
黄油	15 克
水	1~2 大匙
盐、胡椒	各少许
欧芹碎末	1 小匙
百里香叶（如果有可备）	少许

制作方法

1 嫩扁豆两端除去硬尖。
2 在平底锅内放入 10 克黄油，用中火使其融化，加入嫩扁豆炒 2 分钟左右。加入水，撒入盐和胡椒，一直炒至水分完全蒸发。
3 再加入剩下的 5 克黄油并关火，用余热让黄油融化并与嫩扁豆搅拌均匀。出锅装盘，撒入欧芹碎末和撕碎的百里香叶即可。

5 分钟 1 人份 51 千卡 盐分 0.3 克

鱼露炒嫩扁豆

■ ■ ■ ■

为了鲜美，再加入干虾仁，和鱼露的滋味相得益彰，使得美味加倍。

材料（4 人份）

嫩扁豆		100 克
A	干虾仁	10 克
	水	2 大匙
色拉油		1 大匙
鱼露		2 小匙

制作方法

1 将 A 搅拌均匀。
2 嫩扁豆除去两端硬尖，一切为二备用。
3 平底锅内倒入色拉油并热锅，放入嫩扁豆用中火翻炒 2 分钟左右。加入 1 并炒至没有汁水为止，关火后撒上鱼露搅拌均匀出锅即可。

和风土豆泥

▪ ▪ ▪ ▪

与樱虾、青海苔、昆布茶一同捣碎的
土豆，是下酒菜的好选择。

材料（4人份）

土豆........................3 个（450 克）

A ┌ 昆布茶........................1 小匙
　├ 青海苔........................1 大匙
　└ 樱虾............................3 大匙
盐................................适量

制作方法

1 土豆去皮后切为 2~3 厘米见方的块状。
2 将土豆放入锅中，再放入没过土豆的水，加
热煮至土豆可以被竹签顺利扎透为止。
3 倒出煮土豆的水后，改为大火，端起锅摇晃
使土豆变为碎块状，再立刻添加 A 入锅与土豆
搅拌均匀，根据味道再放盐调味出锅即可。

15 分钟　1 人份 158 千卡　盐分 0.9 克

土豆泥

▪ ▪ ▪ ▪

牛奶、黄油、奶油芝士和空气一同被
搅拌入土豆，是这道小菜的秘诀。

材料（4人份）

土豆........................3 个（450 克）

A ┌ 牛奶........................⅔ 杯
　└ 盐、西式高汤精华（颗粒）..
　　　　　　　　　　　　..各½ 小匙
奶油芝士........................40 克
黄油................................1 大匙
盐................................适量

制作方法

1 土豆去皮后切为 2~3 厘米见方的块，然后
冲洗一下。土豆放入锅内，倒入能没过土豆的
水，将土豆煮软，然后倒出煮土豆的水，改为
大火，摇晃锅使土豆变为碎块，随即捣烂。
2 在小锅内倒入 A 用中火加热，再放入奶油芝
士和黄油，使其融化并搅拌均匀。
3 再倒入土豆并改为小火，用打蛋器耐心搅
拌，将空气搅拌入土豆泥中，当土豆泥变得顺
滑后，再用盐调味出锅即可。

10 分钟　1 人份 81 千卡　盐分 1.0 克

芝麻味噌拌土豆

▪ ▪ ▪ ▪

将韩式辣酱的辛辣作为隐藏味道，
更能成就这道下饭菜的美味。

材料（4人份）

土豆........................3 个（450 克）
小葱........................4~5 根

A ┌ 黑芝麻碎末........................4 大匙
　├ 味噌........................1½ 大匙
　├ 料酒........................2 大匙
　└ 砂糖........................½ 小匙

制作方法

1 土豆带皮一切为二，放入耐热容器中，再轻
轻覆上一层保鲜膜，用微波炉加热约 9 分钟。
待温度稍降除去土豆皮，晾凉之后切为一口能
够食用的大小。将小葱切为 3 厘米长的段。
2 将 A 中的味噌和料酒放入一个大碗中搅拌均
匀，再轻轻覆上一层保鲜膜，用微波炉加热 1
分钟，拿出后再放入 A 中其余材料搅拌均匀。
3 在 2 中放入土豆和小葱，拌匀即可。

15 分钟　1 人份 153 千卡　盐分 1.3 克

茼蒿炒杂鱼干

■ ■ ■ ■

茼蒿的香气扑鼻，可以用于拌饭，做成饭团风味更佳。

材料（4人份）

茼蒿	1 把（200 克）
缩面杂鱼干	30 克
色拉油	1 大匙

制作方法

1 将茼蒿连同茎部一起剁成碎末。
2 在平底锅内倒入油热锅，放入茼蒿用中火煎炒将内部水分全部蒸发。
3 茼蒿变软后，加入杂鱼干用小火慢炒，炒至杂鱼干酥脆后撒上盐出锅即可。

10 分钟 1 人份 149 千卡 盐分 0.8 克

15 分钟 1 人份 153 千卡 盐分 0.7 克

土豆丝圆盘烧

■ ■ ■ ■

在锅中，煎炸两面并按压开，土豆自然就紧密结合在一起了。

材料（4人份）

土豆	3 个
色拉油	2 大匙
切成小方块的番茄	1个的量
A 番茄酱	2 大匙
塔巴斯科辣椒酱	½ 小匙
盐、胡椒	各少许

制作方法

1 土豆去皮后切成细丝备用。
2 在平底锅内倒入1大匙色拉油，热锅后放入土豆丝，轻轻按压表面摊平土豆丝使它变成圆形，再用较强的中火煎4分钟。
3 土豆丝上色后直接将锅内的土豆丝整体滑入盘中，再倒入1大匙色拉油，将土豆丝饼翻面继续煎烤。当反面上色后，撒上盐和胡椒调味。
4 土豆丝圆饼切为4等份装盘，将A混合均匀后放置于土豆丝饼之上即可。

10 分钟 1 人份 54 千卡 盐分 1.1 克

韩式茼蒿煎饼

■ ■ ■ ■

香脆宜人，令人欲罢不能的一道韩式煎饼。

材料（4人份）

茼蒿	1 把（200 克）
面粉	½ 杯
鸡精（颗粒）	½ 大匙
A 蛋液	1 个的量
水	2 大匙
香油	½ 大匙
香油	2 大匙

制作方法

1 将茼蒿的叶子摘取下来，放在冷水里浸泡使其恢复活力，然后沥干水分备用。
2 按照顺序将A的材料加入碗中并混合均匀。
3 放入茼蒿，混合搅拌均匀至茼蒿整体的体积占面糊的⅔时停止。
4 在平底锅内放入1大匙香油用中火热锅，将3的⅓量用长筷子夹出一口能够食用的大小，放入锅内摊平。煎烤1分钟左右后再翻面煎烤1分钟左右。剩下的材料如法炮制即可。

香炸新牛蒡

■ ■ ■ ■

香气宜人，口感酥脆，
青海苔和芝麻的组合滋味无人能挡。

材料（4人份）

新牛蒡..............1~2 根（150 克）

A ⎡ 淀粉.................................适量
⎢ 盐.............................¼小匙
⎢ 煎焙白芝麻............1 大匙
⎣ 青海苔.........................少许

油炸用油...............................适量

制作方法

1 新牛蒡用刷子清洗干净后切为4厘米长的段，再纵向切为薄片。在水中冲洗1分钟后沥干水分，裹上薄薄一层淀粉。
2 在平底锅内倒入油炸用油并加温至稍高的中温，将牛蒡分3~4次下油锅炸，3~4分钟后牛蒡变酥脆后捞出。
3 装盘，撒上混合好的A即可。

10 分钟 1 人份 90 千卡 盐分 0.5 克

樱虾炒牛蒡

■ ■ ■ ■

放置2~3天都能美味享用的小菜，
推荐多做一些储存，作为常备菜出现
在餐桌上。

材料（4人份）

新牛蒡..............1~2 根（150 克）
樱虾.....................................10 克
色拉油.................................1 大匙
砂糖.....................................2 大匙
酱油.....................................1 小匙

制作方法

1 新牛蒡用刷子清洗干净后切为细长的滚刀块，用水冲洗1分钟后沥干水分备用。
2 在平底锅内放入色拉油热锅，再加入牛蒡用中火炒3分钟左右，加砂糖后再烹炒3分钟左右。
3 放入酱油和樱虾，快速翻炒拌匀出锅即可。

黄油蛋煎新牛蒡

■ ■ ■ ■

做盖浇饭的浇头也不错，
简简单单的盐和胡椒调味。

材料（4人份）

新牛蒡..............1~2 根（150 克）
鸡蛋......................................2 个
黄油.....................................15 克
盐..少许
黑胡椒颗粒...........................少许

制作方法

1 新牛蒡用刷子清洗干净，纵向切几个刀口后削为细丝。用水冲洗1分钟后沥干水分备用。
2 在平底锅内放入黄油用中火热锅，放入牛蒡炒3分钟左右撒盐，然后将蛋液充分搅拌均匀后顺时针画圈浇在牛蒡上。
3 鸡蛋熟后起锅装盘，撒上胡椒即可完成。

15 分钟 1 人份 100 千卡 盐分 0.3 克

10 分钟 1 人份 76 千卡 盐分 0.3 克

新土豆炒明太子海苔

■ ■ ■ ■

明太子、海苔，以及作为秘密武器的蒜泥，搭配起来滋味无穷。

材料（4人份）

新土豆..............8~9 个（300 克）
辣味明太子..........½ 块（30 克）
烤海苔............................1 块
蒜泥.........................½ 瓣的量
色拉油........................2 大匙

制作方法

1 新土豆放入盛满水的碗中相互摩擦洗净，连皮切为均等的 6 个扇形。
2 明太子用勺子等物捣碎并分散开，和蒜泥搅拌均匀备用。
3 在平底锅内倒入油热锅，用中火翻炒新土豆 3 分钟。
4 加入 2 一同翻炒均匀，当明太子在锅内噼啪作响时，将海苔用手撕碎加入锅中快速翻炒均匀出锅即可。

10 分钟 1 人份 104 千卡 盐分 0.8 克

10 分钟 1 人份 103 千卡 盐分 1.4 克

煮新土豆简制沙拉

■ ■ ■ ■

刚刚煮好的新土豆带着汁水，趁热和调料汁搅拌。

材料（4人份）

新土豆..............5~6 个（200 克）
芽苗菜............................½ 袋
　┌ 醋........................2 大匙
　│ 橄榄油....................2 大匙
A │ 蒜泥.................½ 瓣的量
　│ 盐......................½ 小匙
　└ 砂糖....................1 小撮

制作方法

1 新土豆放入一个盛满水的碗中，让土豆互相摩擦，洗净。将土豆切为圆薄片，放在水中冲洗并换水。
2 煮沸一锅足够量的开水，将新土豆的水分拭干后放入锅内，煮 30 秒。然后再放入冷水中，最后除去水分备用。
3 切除芽苗菜的根部并放入碗中，加上新土豆搅拌均匀，再把 A 混合均匀后放入碗内，再次搅拌均匀即可。

10 分钟 1 人份 142 千卡 盐分 1.3 克

炸新土豆沾葱和木鱼花

■ ■ ■ ■

加入葱调味，让口味变得富有层次。

材料（4人份）

新土豆..............8~9 个（200 克）
　┌ 酱油....................2 大匙
A │ 葱末.............¼ 根的量
　└ 木鱼花.........1 袋（5 克）
油炸用油........................适量

制作方法

1 新土豆放入盛满水的碗中，相互摩擦洗净，大的一切为二。在微波炉内排列摆好，并在上方加盖一层保鲜膜，加热 3 分 30 秒。
2 油炸用油的油温控制在中温，拭干新土豆的水分后放入油锅，炸 2~3 分钟至色泽金黄。
3 在碗中将 A 混合均匀，再把刚刚炸好的土豆放入碗中拌匀即可。

新洋葱拌碎海苔

■ ■ ■ ■ ■

比起和木鱼花搭配的拌菜，
海苔拌菜的滋味要更细腻柔和。

材料（4人份）

新洋葱（小）........ 2 个（200 克）
烤制海苔.......................½ 块的量
淡口酱油.............................2 小匙

制作方法

1 新洋葱去根，纵向一切为二后再纵向细切，
然后在水中冲洗 10 分钟左右沥干水分备用。
2 烤制海苔用手撕成碎片后放入保鲜袋中，再
用手揉搓海苔成小块。
3 洋葱倒入碗中，加入酱油后搅拌均匀，最后
放入海苔简单搅拌即可。

25 分钟 1 人份 111 千卡 盐分 0.4 克

西葫芦盐拌洋葱

■ ■ ■ ■ ■

西葫芦生吃也没有青涩味道，料理后
口感爽脆易食。

材料（4人份）

西葫芦.....................1 根（150 克）
洋葱...¼ 个
盐...................................⅔ 小匙略多
香油.................................1~2 小匙

制作方法

1 西葫芦除去两端，斜刀切为薄片后立刀切为
细丝。洋葱切为细丝备用。
2 将西葫芦和洋葱放于碗中，撒上盐搅拌均
匀，放置 10 分钟。
3 充分沥干水分，然后加入香油搅拌均匀即可。

芝士粉烤新洋葱

■ ■ ■ ■ ■

超简单的制作方法，
与啤酒、红酒都是最佳拍档。

材料（4人份）

新洋葱....................2 个（300 克）
A ⎡ 橄榄油........................1 大匙
  ⎣ 蒜泥......................1 小瓣的量
芝士粉...............................½ 杯

制作方法

1 新洋葱去根，纵向一切为二。在洋葱芯的各
部左右各刻入一刀呈 "V" 字状，除去芯后，
将剩余部分切为 4 等分的扇形备用。
2 在耐热容器中不重叠地摆放好洋葱，再将混
合好的 A 均匀浇在洋葱上，再均匀撒入芝士粉。
3 烤箱 200 度预热后，将料理放置在上层后烤
20 分钟即可。

5 分钟 1 人份 22 千卡 盐分 0.5 克

5 分钟 1 人份 19 千卡 盐分 0.6 克

10 分钟　1 人份 26 千卡　盐分 0.2 克

水芹帕玛拉干酪沙拉

■ ■ ■ ■

芝士薄片和蒜香调味汁赋予了水芹崭新的味道。

材料（4 人份）

水芹	2 根（260 克）
帕玛拉干酪	40~50 克

A
蒜泥	1 瓣的量
盐	1 小匙
醋	3~4 大匙
橄榄油	4 ½ 大匙

制作方法

1 水芹去根，切为 2~3 厘米长的段。帕玛拉干酪擦成薄片备用。
2 在碗内放入水芹和 ½ 量的干酪，再和 ½ 量搅拌均匀的 A 一同搅拌。
3 放入盘中，再浇上剩余的 A，最后撒入剩余的干酪薄片即可。

20 分钟　1 人份 66 千卡　盐分 1.6 克

芝士粉烤西葫芦

■ ■ ■ ■

柔软的西葫芦
和烤得酥脆的芝士粒的完美结合。

材料（4 人份）

西葫芦	1 根（150 克）
芝士粉	3 大匙

制作方法

1 西葫芦略除去两端，切为 5 毫米厚的圆片备用。
2 耐热器皿的中央空出来，然后在周围摆好西葫芦不要重叠，再均匀撒入芝士粉。无需加盖保鲜膜，直接放入微波炉中烤 5 分钟即可。

5 分钟　1 人份 129 千卡　盐分 1.2 克

水芹豆腐羹

■ ■ ■ ■

像七草粥一般，滋味温和，营养暖身。

材料（4 人份）

水芹	1 根（130 克）
盐	少许
淡口酱油	½ 大匙
绢豆腐	1 块（300 克）

A
水	3 杯
盐	⅔ 小匙
鸡精（颗粒）	1 小匙

B
淀粉	1 大匙
水	3 杯
柿种（日本米制点心）	适量

制作方法

1 水芹去根，用加盐的沸水快速焯煮一下，再沥干水分。切为 1 厘米长的段，与酱油搅拌。
2 绢豆腐用叉子戳碎，放入锅中，再加入 A 用中火加热。
3 在煮沸前放入水芹，稍微搅拌一下，然后将混好的 B 转圈撒入锅中，使汤汁变稠。出锅装盘，将砸碎的柿种撒在汤羹上即可。

西芹炖海带丝

▪ ▪ ▪ ▪

浇在热腾腾的饭上让人食欲大增。
可以置于冰箱内保存3~4日。

材料（4人份）

西芹（小）...............1 根（150 克）
海带丝..........................15 克
┌ 水...........................1½ 杯
│ 酱油.......................1½ 大匙
A│ 料酒.......................1½ 大匙
└ 甜料酒.......................1 大匙

制作方法

1 西芹斜刀切成薄片，适量摘取一些叶子。海带丝快速洗净，放入水中5~10分钟泡发。
2 在锅内将A混合，加入海带丝用中火炖煮。开锅后调为小火，盖上盖子煮10分钟。
3 再放入西芹的茎和叶搅拌混合，炖煮5~10分钟即可。

10 分钟 1 人份 78 千卡 盐分 1.8 克

蒜香蚕豆

▪ ▪ ▪ ▪

独特的口感和调料是绝配。
置于冰箱内可保存3 日。

材料（4人份）

蚕豆（去荚）......1½ 杯（200 克）
红辣椒............................½ 根
蒜末........................1 瓣的量
橄榄油............................2 大匙
盐...............................⅓ 小匙
黑胡椒颗粒........................少许

制作方法

1 将蚕豆皮横着切几道口。红辣椒去柄和籽，从中间切为两段。
2 在平底锅内放入橄榄油和蒜末用小火煸炒，炒出香味后放入盐、辣椒和蚕豆用中火翻炒。
3 当蚕豆粒从切口处膨胀出来的时候，关火撒上胡椒出锅即可。

蒜香辣西芹炸豆腐味噌汤

▪ ▪ ▪ ▪

西芹、大蒜、红辣椒的风味
刚刚好地融合，
带来令人意外的温和口感。

材料（4人份）

西芹（小）...............1 根（150 克）
炸豆腐............................½ 块
木鱼花..........................10 克
大蒜薄片....................1 瓣的量
红辣椒.........................1~2 根
水...............................4 杯
味噌.........................3~4 大匙

制作方法

1 将西芹的茎切为小段。取少量叶子切为细丝。炸豆腐切为一口能够食用的大小。
2 煮一锅开水，待水在锅的边缘出现小气泡时（约80℃），将装有木鱼花的过滤器放入水中，用中火煮2 分钟左右取高汤备用。
3 放入西芹茎、炸豆腐、大蒜和辣椒炖煮3 分钟左右，放入味噌搅拌溶解，最后加入西芹叶稍炖一下即可。

25 分钟 1 人份 27 千卡 盐分 1.4 克

10 分钟 1 人份 111 千卡 盐分 0.4 克

5 分钟　1 人份 92 千卡　盐分 0.4 克

白萝卜辣味噌酱拌金枪鱼

▪ ▪ ▪ ▪

金枪鱼和辣味噌完美融合，滋味浓郁，
也更彰显白萝卜的甘甜爽脆。

材料（4人份）

白萝卜	⅓ 根（350 克）
金枪鱼罐头（90 克）	1 罐

	味噌	1½ 大匙
	韩式辣酱	1 小匙
A	香油	1 小匙
	醋	1 小匙
	蒜泥	少许

制作方法

1 白萝卜去皮，切为 3 厘米长、1 厘米见方的条状。金枪鱼罐头沥干汁水备用。
2 在碗中将 A 和金枪鱼搅拌均匀，再放入白萝卜拌匀即可。

10 分钟　1 人份 20 千卡　盐分 0.7 克

白萝卜配芥末沙拉酱

▪ ▪ ▪ ▪

用海苔包裹蘸酱，让人百吃不厌。

材料（4人份）

白萝卜	⅓ 根（350 克）

	沙拉酱	3 大匙
A	现磨芥末	1 小匙
	淡口酱油	½ 小匙
烤海苔		适量

制作方法

1 白萝卜去皮，滚刀切为细长的条或片状。海苔切为方便卷裹白萝卜的大小。
2 将 A 充分混合，放入碗中。
3 白萝卜用海苔裹好，按照自己的喜好蘸 A 食用即可。

5 分钟　1 人份 102 千卡　盐分 1.1 克

浅渍白萝卜

▪ ▪ ▪ ▪

生姜、芽苗菜，
再配上隐藏味道的昆布茶，滋味绝妙。

材料（4人份）

白萝卜	⅓ 根（350 克）
盐	½ 小匙
芽苗菜	½ 盒
生姜	1 瓣
昆布茶	⅓ 小匙

制作方法

1 白萝卜去皮，切为半月形薄片。生姜去皮后切为姜丝。芽苗菜去根备用。
2 在白萝卜上撒盐搅拌，放置 5~6 分钟，然后捞起挤出多余水分。
3 加入生姜、芽苗菜和昆布茶，搅拌混合均匀即可。

酥炸竹笋

■ ■ ■ ■

加入芝士粉和牛奶的面糊裹住生竹笋，
直接下锅油炸，滋味温和而美好。

材料（4人份）

生竹笋（小）...........................
.................1 根（食用部分 200 克）
面粉....................................适量
意式欧芹碎末...................1 大匙

A ┌ 面粉........................¹⁄₂ 杯
  │ 芝士粉.....................3 大匙
  │ 小苏打....................¹⁄₄ 小匙
  └ 盐...........................¹⁄₄ 小匙
牛奶.....................................¹⁄₂ 杯
油炸用油..............................适量

制作方法

1 竹笋在生的状态去皮，切为7~8毫米便于食
用的大小，用茶漏将面粉薄薄撒在竹笋表面。
2 将A放入碗中充分混合，再放入意式欧芹和
牛奶简单搅拌一下。
3 倒入油炸用油低温热锅，将竹笋投入面糊中
捞起后入油锅炸 2~3 分钟出锅即可。

10 分钟 1 人份 98 千卡 盐分 1.2 克

15 分钟 1 人份 164 千卡 盐分 0.4 克

酱油焖竹笋黄豆

■ ■ ■ ■

拌上生姜、大蒜和豆瓣酱，仅仅这样
就足够下饭。

材料（4人份）

竹笋（煮熟，小）........................
.................1 根（食用部分 200 克）
水煮黄豆罐头（130 克）.......1 罐
大蒜、生姜碎末......各 1 瓣的量
色拉油.............................1 大匙

A ┌ 料酒........................2 大匙
  │ 酱油........................1 大匙
  └ 豆瓣酱....................1 小匙
小葱葱花..............................适量

制作方法

1 竹笋切为1~1.5厘米见方的块。黄豆除去多
余汁水备用。
2 在平底锅内倒入色拉油热锅，放入大蒜和生
姜末用小火煸炒出香味，然后加入竹笋和大豆
用中火炒至温热后，放入A翻炒均匀。
3 出锅装盘，撒上小葱即可。

竹笋拌花椒嫩芽

■ ■ ■ ■

一小匙日式黄芥末，
立刻让这道菜风味十足。

材料（4人份）

竹笋（煮熟嫩笋衣为主）..........
....200 克
花椒嫩芽......................20~30 根
料酒....................................¹⁄₄ 杯
白味噌.............................3 大匙
日式黄芥末酱..................1 小匙

制作方法

1 将嫩笋衣切为便于食用的大小。花椒嫩芽除
去少量装饰用以外切为碎末。
2 在小锅内倒入料酒加热，开锅后改为小火煮
1 分钟除去酒精成分。放入白味噌搅拌，稍微
炖煮几分钟。关火静置变凉，再倒入花椒嫩芽
碎末和日式黄芥末酱混合均匀。
3 放入嫩笋衣拌匀，出锅装盘，将用菜刀拍打
过花椒嫩芽作为装饰摆好即可。

10 分钟 1 人份 62 千卡 盐分 0.9 克

嫩蛋洋葱

■ ■ ■ ■

煮过的洋葱格外甘甜，
甜料酒可以根据个人的喜好添加。

材料（4人份）

洋葱（小）............ 2个（300克）
鸡蛋.................................... 2个
高汤.................................... 2/3杯
甜料酒............................... 1大匙
淡口酱油....................... 1½大匙

制作方法

1 洋葱纵向一切为二，再纵切为4~5毫米长的条状。

2 在锅内倒入高汤、甜料酒、淡口酱油加热煮沸，开锅后放入洋葱，再次开锅时调至小火盖上锅盖再炖煮6~7分钟。

3 蛋液搅匀，转圈均匀地淋在洋葱上方，盖上锅盖用小火煮2分钟左右，直至鸡蛋呈半熟状态后出锅即可。

10 分钟 1 人份 86 千卡 盐分 0.7 克

10 分钟 1 人份 79 千卡 盐分 1.8 克

洋葱炒炸豆腐

■ ■ ■ ■

横刀薄切的洋葱更具有爽脆口感，
巧用炸豆腐中的油分制作此道小菜。

材料（4人份）

洋葱（小）............ 2个（300克）
炸豆腐................................ 2块
盐.................................... ½小匙
七味辣椒粉....................... 少许

制作方法

1 洋葱纵向一切为二，再横放纵切为5毫米宽的条并打散开。炸豆腐纵向一切为二，再横放切为5毫米宽的条备用。

2 平底锅热锅，放入炸豆腐用中火煸炒至脆香。

3 放入洋葱炒至软烂，放盐，出锅装盘，撒上七味辣椒粉即可。

15 分钟 1 人份 82 千卡 盐分 1.2 克

鱼露香菜炒洋葱竹轮

■ ■ ■ ■

超意外的组合，没有特殊的香气，
却有令人惊异的柔和口味。

材料（4人份）

洋葱（小）............ 2个（300克）
蒸竹轮（筒状鱼糕）............ 2根
香菜.................................... 2棵
鱼露............................... 1½大匙
色拉油............................... 1大匙

制作方法

1 洋葱纵向一切为二，再横放纵切为1厘米宽的条。竹轮斜刀切为5厘米厚的段。香菜切为2厘米长的小段备用。

2 在平底锅内倒入色拉油热锅，用中火炒制洋葱，趁洋葱还比较硬的时候放入竹轮，翻炒至竹轮微微上色。

3 在锅的上方顺时针淋上鱼露，加入香菜后，煸炒至水分几乎完全蒸发后出锅。

蒜汁小油菜

■ ■ ■ ■

蒜香味十足的简易炒青菜。

材料（4人份）

小油菜.....................2棵（250克）
大蒜（5毫米见方块状）...2瓣的量

A ┌ 水.................................¼杯
  │ 鸡精（颗粒）.............2小匙
  │ 料酒、淀粉...........各½大匙
  └ 砂糖.............................1撮
色拉油.........................1½大匙

制作方法

1 小油菜横向三等分切开，再把茎纵向等切为6条，A混合均匀。
2 平底锅内放入色拉油和大蒜用中火加热，当大蒜上色时放入小油菜的茎并用大火烹炒。翻炒几下，当茎还比较鲜脆时再放入叶和A，翻炒直至小油菜变熟软并且汤汁变得黏稠出锅即可。

10 分钟 1 人份 50 千卡 盐分 0.8 克

小油菜拌海苔

■ ■ ■ ■

海苔很容易遇水发蔫，
所以请将小油菜完全控干。

材料（4人份）

小油菜.....................2棵（250克）
烤海苔.................................2块
色拉油.................................1大匙

A ┌ 盐.................................少许
  └ 水.............................1~2大匙

制作方法

1 将小油菜茎叶分离，茎纵向切为8等份。烤海苔先手撕为大片后放入保鲜袋中揉搓几下。
2 平底锅内倒入色拉油热锅后放入小油菜用中火简单翻炒一下，撒上A后翻炒均匀，盖上盖子蒸煮1~2分钟。
3 将小油菜盛出并除去水分，放入碗内和海苔混合均匀即可。

葱香小油菜炒小鱼干

■ ■ ■ ■

腌渍过的小油菜，再搭配香味十足的配料，生食也没问题。

材料（4人份）

小油菜.....................2棵（250克）
盐.................................1小匙

A ┌ 葱花.........................1根的量
  └ 缩面杂鱼干.................2大匙
香油.................................1大匙

制作方法

1 将小油菜一片片剥开，茎的部分横向切为3厘米宽的段，叶子切为1.5厘米宽的段。撒上盐一同揉搓，静置30分钟待小油菜完全变软。
2 在平底锅内倒入香油用中火加热，将A按照顺序依次放入锅中翻炒，杂鱼干变为焦黄色时，将全部食材盛入一个可平摊开的大盘中冷却。
3 在小油菜中倒入1杯水，迅速搅拌后捞出完全沥干不留水分。然后放入2，将全体混合均匀即可。

10 分钟 1 人份 58 千卡 盐分 0.7 克

5 分钟 1 人份 37 千卡 盐分 0.1 克

青紫苏酱油汁浇番茄

■ ■ ■ ■

青紫苏配酱油，
浇在生番茄上变成一道下饭好菜。

材料（4人份）

番茄......................... 3 个（450 克）
青紫苏叶............................. 10 片
酱油.................................. 2 小匙

制作方法

1 番茄纵向一切为二并且去柄，再分别等切为 4~6 块的扇形备用。青紫苏纵向一切为二，再横放切为 5 毫米宽的条备用。
2 碗中放入番茄，再加入酱油和青紫苏叶搅拌均匀即可。

5 分钟 1 人份 143 千卡 盐分 0.7 克

10 分钟 1 人份 96 千卡 盐分 0.6 克

洋葱调味汁浇番茄

■ ■ ■ ■

即食也可，
稍微放置成为浅渍小菜也很美味。

材料（4人份）

番茄.......................... 3 个（450 克）
　┌ 洋葱碎末............... ½ 个的量
　│ 色拉油............................. 4 大匙
A│ 醋.................................. 2 大匙
　│ 盐................................. ½ 小匙
　└ 胡椒............................... 少许

制作方法

1 番茄纵向一切为二并且去柄，切为 5 毫米厚的半月形备用。
2 番茄装盘，将 A 充分混合后浇在番茄上即可。

5 分钟 1 人份 24 千卡 盐分 0.4 克

咖喱焖番茄培根

■ ■ ■ ■

香浓醇厚的味道，
和白饭或者面包都很合拍。

材料（4人份）

番茄.......................... 2 个（300 克）
培根.................................. 2 片
色拉油............................. 1 大匙
　┌ 中浓酱汁...................... 4 小匙
A└ 咖喱粉........................... 1 小匙
盐..................................... 少许
意式欧芹............................ 少许

制作方法

1 番茄纵向一切为二并且去柄，再各等切为 3 块扇形。培根切为 2 厘米长的条。将 A 混合均匀。
2 在平底锅内放入色拉油和培根用中火煸炒，当培根变焦脆时改为大火，再加入番茄一同翻炒均匀。
3 当全部食材都过油后，加入 A，迅速翻炒均匀后撒入盐和欧芹出锅即可。

茄子

即食茄子泡菜

■ ■ ■ ■

切忌久置，仅限即食。

材料（4人份）

茄子..............4 个（300~400 克）
盐.....................................适量
┌ 蒜泥..........................½ 小匙
│ 韩式辣酱......................1 小匙
│ 鲣鱼粉.........................适量
A│ 酱油................1½ ~2 大匙
│ 砂糖...........................少许
└ 香油...........................少许

制作方法

1 茄子去把柄纵向一切为二。从皮的位置入刀切几刀痕迹，再切为一口能够食用的大小。放入盐水（3 杯水搭配1 大匙盐）中盐渍 5 分钟，捞出沥干水分备用。
2 将茄子放入保鲜袋，再加入 A 后揉搓保鲜袋使茄子入味即可。

15 分钟 1 人份 43 千卡 盐分 1.2 克

浅渍茄子

■ ■ ■ ■

茄子颜色鲜亮，混合好的小菜
鲜爽脆嫩，富有夏日风情。

材料（4人份）

茄子..............4 个（300~400 克）
盐.....................................适量
茗荷.................................2 个
青紫苏叶.........................10 片
柠檬汁（或醋）....................少许
盐、酱油（根据个人喜好）...各适量

制作方法

1 茄子去柄，纵向一切为二后再斜刀切为薄片，放入盐水（3 杯水搭配1 大匙盐）中盐渍 5 分钟，在茄子略微失水变软的状态下捞出用手轻轻挤出水分，再倒入柠檬汁搅拌，然后再沥干水分备用。
2 茗荷斜刀切为薄片，在盐水中漂洗揉搓，捞出沥干水分。青紫苏叶切为细丝，用水冲洗后沥干水分备用。
3 茄子、茗荷以及青紫苏叶一同搅拌后装盘，再滴上少许酱油即可。

葱姜汁拌蒸茄子

■ ■ ■ ■ ■

夏日每天都能享受到的
微波加热生姜风味系列。

材料（4人份）

茄子..............4 个（300~400 克）
盐.....................................适量
┌ 葱花...........................3 大匙
│ 生姜泥.........................2 小匙
A│ 醋、酱油..................各2 大匙
│ 水、白芝麻（稍磨）...各1 大匙
└ 辣油（根据喜好添加）......适量

制作方法

1 茄子去柄，简单剥除外皮后横向一切为二，然后再分别纵向等切为8 条。将茄子放入盐水（3 杯水搭配1 大匙盐）中迅速漂洗。
2 在耐热容器中将 ½ 分量的茄子平摊开，轻轻盖上一层保鲜膜，用微波炉加热3~4 分钟。取出后不要掀开保鲜膜，利用余热焖蒸并晾凉。剩下的 ½ 茄子重复上述操作。
3 沥干水分后将茄子装盘，盖浇上混合均匀的 A 即可。

5 分钟 1 人份 31 千卡 盐分 1.4 克

10 分钟 1 人份 19 千卡 盐分 0.8 克

土当归油菜花
和风沙拉

■ ■ ■ ■

酱汁是日式黄芥末酱风味。

材料（4人份）

油菜花	1把（200克）
盐	少许
土当归	5厘米
醋	适量

A
酱油、醋	各1½ 大匙
色拉油	2 大匙
日式黄芥末酱	少许

制作方法

1 油菜花切去少量根部，放入加盐的沸水中焯煮，在未变软时捞出沥干水分。等切为2~3份备用。

2 土当归横向一切为二，除去厚皮，再切为3毫米见方的条状，在醋水中漂洗后沥干水分备用。

3 将A混合均匀，并且和油菜花以及土当归搅拌均匀即可。

15 分钟　1 人份 83 千卡　盐分 2.0 克

10 分钟　1 人份 151 千卡　盐分 0.6 克

油菜花蛤蜊清汤

■ ■ ■ ■

也可以制作为汤式意大利细面。

材料（4人份）

油菜花	1把（200克）
蛤蜊（去沙）	350克
盐	适量
大蒜薄片	1瓣的量
红辣椒小段	1~2根的量
橄榄油	2大匙
水	3杯
盐	1小匙
胡椒	少许

制作方法

1 油菜花切除少量根部，2~3等分切为段备用。蛤蜊在淡盐水中相互摩擦清洗干净备用。

2 在锅内倒入橄榄油和蒜末用小火煸炒至有香气，再加入红辣椒段和蛤蜊用中火快速煸炒，然后加入油菜花一同快速翻炒。

3 加水煮沸后，调至小火除去浮沫，撒入盐和胡椒。盖上锅盖再炖煮1~2分钟即可完成。

10 分钟　1 人份 82 千卡　盐分 1.1 克

蛋浇油菜花

■ ■ ■ ■

加入了沙拉酱的炒蛋质地软嫩，
让人更能体会油菜花的微苦滋味。

材料（4人份）

油菜花	1把（200克）
盐	少许
鸡蛋	2个

蛋黄酱	3大匙
盐、胡椒	各少许

色拉油	1大匙
黑胡椒粉	少许

制作方法

1 油菜花切去少量根部，放入加盐的沸水中焯煮，在未变软时捞出沥干水分。一切为二后摆好装盘。

2 鸡蛋打散成蛋液，放入沙拉酱后继续搅拌，并且撒入盐和胡椒。

3 在平底锅内倒入色拉油热锅，倒入蛋液用中火一边搅拌一边使之柔软成型。然后盖浇于油菜花之上，撒一些黑胡椒颗粒，食用时将食材搅拌均匀即可。

金枪鱼沙拉酱拌苦瓜

■ ■ ■ ■

寻常的金枪鱼沙拉，加苦瓜变为新风味。

材料（4人份）

苦瓜（大）..............1根（350克）
　盐...............................适量
洋葱（小）...........½个（100克）
┌ 金枪鱼（罐装, 肉碎状）....80克
A│沙拉酱.............3½~4大匙
　│柠檬汁.....................2小匙
└ 盐、胡椒..................各少许

制作方法

1 苦瓜除去两端，纵向切开去除内芯。切为薄片，略微撒一些盐搅拌。洋葱切薄片备用。
2 在沸水中按照洋葱、苦瓜的顺序迅速焯一下沥干水分备用。
3 在碗中将A混合，并加入除去水分的洋葱和苦瓜搅拌均匀即可。

10 分钟 1 人份 87 千卡 盐分 1.0 克

韭菜鱿鱼拌纳豆

■ ■ ■ ■

盐和胡椒的调味使整道小菜滋味温和上档次。

材料（4人份）

韭菜...................2把（200克）
　盐...............................少许
鱿鱼（刺身用）.....................80克
纳豆...............................2盒
盐...............................½小匙
胡椒...............................少许
棉线...............................适量

制作方法

1 韭菜每1把分为两小把并在根部用棉线束好，放入加入盐的沸水中照½的量依次快速焯煮，捞出后用冷水冲洗冷却。除去水分后解开棉线切为1厘米宽的段备用。
2 鱿鱼切为2厘米长的细丝。纳豆用厨刀轻拍后简单切碎备用。
3 在碗中放入韭菜、鱿鱼和纳豆，充分搅拌直至纳豆黏稠。撒入盐和胡椒后再次充分搅拌均匀即可。

甜味噌炒苦瓜

■ ■ ■ ■

放入花生后香味倍增，
也十分下饭。

材料（4人份）

苦瓜（中）..............1根（300克）
花生（无盐）.....................20克
色拉油.............................2小匙
水.............................约⅓杯
┌ 味噌.....................不到2大匙
A│砂糖.....................不到2大匙
└ 料酒.....................不到2大匙

制作方法

1 苦瓜除去两端，纵向一切为二，去除中间的芯和絮状物，切为薄片。花生切为花生碎备用。
2 在中式炒锅内倒入色拉油热锅，放入苦瓜用中火煸炒，待苦瓜全部过油后加水，盖上盖子焖蒸一段时间。
3 加入A，同苦瓜一齐翻炒至黏稠浓厚，倒入花生碎炒均匀出锅即可。

10 分钟 1 人份 161 千卡 盐分 0.8 克

10 分钟 1 人份 79 千卡 盐分 0.8 克

胡萝卜沙拉

■ ■ ■ ■ ■

胡萝卜和盐渍鳀鱼的风味混合，
简单而别具一格的一道小菜。

材料（4人份）

胡萝卜	2 根（400 克）
鳀鱼（鱼身）	3 块
大蒜	1 小瓣

A	橄榄油	3 大匙
	醋	1 大匙
	盐	1/3 小匙
	胡椒	少许

制作方法

1 胡萝卜去皮后切为4~5 厘米宽的段，再纵向
切为3 毫米宽薄片，再将薄片叠放在一起，纵
向切为细丝。
2 鳀鱼切为5 毫米宽细条，大蒜切为薄片备用。
3 在碗中放入胡萝卜、鳀鱼和大蒜以及A，一
同混合均匀，放置直至变软后食用即可。

10 分钟 1 人份 81 千卡 盐分 0.9 克

10 分钟 1 人份 88 千卡 盐分 0.6 克

韭菜胡萝卜韩式沙拉

■ ■ ■ ■ ■

生韭菜奇迹般的没有过剩香气，
口感也鲜嫩脆爽。

材料（4人份）

韭菜	1 把（100 克）
白萝卜	4 厘米
炸豆腐	1 块

A	香油	2 大匙
	酱油	2 大匙
	醋	1 大匙
	胡椒	少许

制作方法

1 韭菜切为 3 厘米长的段，白萝卜去皮后纵向
切为薄片，再纵向切为5~6 毫米的丝备用。韭
菜和白萝卜一同放入冷水浸泡，使其恢复水嫩
后捞出。
2 在平底锅内放入炸豆腐，用中火煸炒至焦
脆，然后再切为3 厘米宽的条状备用。
3 将韭菜、白萝卜和炸豆腐一同装盘，A 混合
均匀后盖浇在上面即可。

15 分钟 1 人份 103 千卡 盐分 0.8 克

油焖胡萝卜

■ ■ ■ ■ ■

胡萝卜自然的甘甜
逐渐在口中蔓延，令人有点惊奇的滋味。

材料（4人份）

胡萝卜	2 根（400 克）
橄榄油	2 大匙
盐、胡椒	各少许
欧芹碎末	少许

制作方法

1 胡萝卜去皮后横向一切为二，再纵向切为
3~4 毫米厚的片。
2 在平底锅内倒入橄榄油热锅，用中火将胡萝
卜的两面充分煸炒，撒入盐和胡椒。
3 装盘，撒上欧芹碎末即可。

蒜苗炒青海苔

■ ■ ■ ■

青海苔的风味可以有效中和蒜苗的强烈
滋味。

材料（4人份）

蒜苗.....................2 把（200 克）
青海苔.........................3 大匙
葱花（粗）.................⅓ 瓣的量
色拉油.........................1 大匙
A ┌ 盐.........................⅓ 小匙
  │ 料酒.......................1 大匙
  └ 水.........................2 大匙
酱油（根据喜好）.................少许

制作方法

1 蒜苗切除两端，再斜刀切为4~5 厘米长的段。
2 在平底锅中倒入色拉油热锅，用中火煸炒葱花至出香，放入蒜苗翻炒2~3 分钟。然后倒入A调至大火继续翻炒2~3 分钟至水分蒸发。撒上青海苔后再次翻炒均匀，根据喜好撒入酱油出锅即可。

15 分钟 1 人份 70 千卡 盐分 1.9 克

蒜苗炒纳豆

■ ■ ■ ■

容易搅拌的纳豆碎是成功的关键。

材料（4人份）

蒜苗.....................2 把（200 克）
纳豆碎.........................50 克
酱油.........................1 大匙
色拉油.........................1 大匙
盐、胡椒.......................各少许

制作方法

1 蒜苗少量切除两端，切为1.5 厘米长的段。纳豆碎和酱油充分搅拌均匀。
2 平底锅内倒入色拉油热锅，放入蒜苗用中火炒制1~2 分钟，撒入盐和胡椒。
3 倒入纳豆并改为大火，翻炒1~2 分钟直至和蒜苗混合均匀出锅即可。

辣蒜苗蛋花汤

■ ■ ■ ■

勾芡后加醋，滋味更深一层。

材料（4人份）

蒜苗.........................1 把（100 克）
蛋液.........................1 个的量
色拉油.........................1 大匙
豆瓣酱.........................1 大匙
A ┌ 水.........................4 杯
  │ 鸡精.......................1 大匙
  └ 盐.........................½ 小匙
B ┌ 淀粉.......................2 小匙
  └ 水.........................4 小匙
醋.........................1~2 大匙

制作方法

1 蒜苗少量切去两端，斜刀切为3 厘米长的段。
2 锅内倒入色拉油热锅，放入蒜苗和豆瓣酱用中火翻炒1~2 分钟，再倒入A。
3 煮开锅之后调至小火再炖煮3 分钟，改为中火，然后倒入搅拌均匀的B。蛋液从上方转圈均匀淋入锅内，然后关火加醋出锅即可。

10 分钟 1 人份 58 千卡 盐分 0.7 克

10 分钟 1 人份 79 千卡 盐分 0.9 克

酱油拌葱白

■ ■ ■ ■

本来是搭配白粥的佐餐，下饭、配拉面、佐酒皆为佳品。

材料（4 人份）

葱白........2 根的量（不到 200 克）

A ┌ 蛋黄...................................2 个
  │ 酱油...................................2 小匙
  └ 香油...................................2 小匙

制作方法

1 葱白切为 4~5 厘米长的段，再纵向一切为二，将切面朝下，包括葱芯再纵向切为 3~4 等分的细丝。
2 在碗中放入 A，迅速搅拌一下，让蛋黄还留有痕迹。
3 将葱白打散后松散地装入盘中，将 2 均匀淋在上面即可。

15 分钟 1 人份 67 千卡 盐分 2.0 克

20 分钟 1 人份 79 千卡 盐分 0.7 克

大葱味噌纳豆汤

■ ■ ■ ■

不放高汤，便能做成方便的大葱味噌酱，在冰箱内可储藏 3 日。

材料（方便制作的分量）

大葱.........................2 根（200 克）
木鱼花.........................10~15 克
味噌.............................120 克
热水.............................适量
纳豆.............................适量

制作方法

1 将葱白切入几道刀口，剩余的部分用作装饰，横向切为小段备用。
2 木鱼花放入锅内用微火加热 30 秒左右，然后盛入盘中摊开晾凉。
3 在用容器放入刚刚用刀刻过的葱白捣烂至没有形状，再加入味噌搅拌均匀。木鱼花用手揉搓过后撒入容器内，用木勺和葱味噌搅拌均匀。
4 如果 4 人食用，可以煮沸 3 杯水后放入打散的纳豆 2 杯（100 克），再加入 3 制作的葱味噌 6~8 大匙搅拌溶解，在马上就要开锅前关火。装入茶碗中，再撒入装饰用的葱段。剩下的葱味噌可以放入冰箱保存即可。

5 分钟 1 人份 73 千卡 盐分 0.4 克

大葱炖培根

■ ■ ■ ■

用小火慢炖的大葱，好似白芦笋的滋味。

材料（4 人份）

大葱（小）..............4 根（300 克）
培根.............................50 克
水.............................1½ 杯
盐.............................¼ 小匙
胡椒.............................少许

制作方法

1 大葱切为 3~4 厘米长的段。培根切为 2~3 厘米宽的片。
2 锅内放入大葱、培根和水加热，煮开锅后放入盐和胡椒，然后盖上锅盖用小火炖煮 15 分钟即可。

白菜炖贝柱汤

▪ ▪ ▪ ▪ ▪

稍微勾芡出锅也不错。

材料（4人份）

白菜.............不到 ¼ 棵（500 克）
　盐.........................2 小匙
扇贝贝柱罐头（70 克）.....1 罐
生姜薄片.....................3 片
水...........................3 杯
料酒.........................2 大匙
A ⎡ 盐、胡椒.............各少许
　⎣ 香油.....................½ 大匙

制作方法

1 白菜横向等分切为 2~3 段，芯纵向切为 1 厘米宽的条，叶纵向切为 2 厘米宽的条。放入碗中加盐混合，用盘子等重物压住静置 30 分钟，沥干水分备用。

2 在锅内放入水、含汤汁的贝柱罐头以及生姜薄片加热，再撒入料酒，开锅后加入白菜稍煮一下，撒上 A 出锅即可。

10 分钟 1 人份 151 千卡 盐分 1.7 克

浅渍白菜

▪ ▪ ▪ ▪ ▪

秋冬日不容错过的
超简单必备品，日本的味道。

材料（4人份）

白菜.............不到 ¼ 棵（500 克）
　盐.........................2 小匙
海带细丝.....................少许
柚子皮细丝...................少许

制作方法

1 白菜按长度切为 2~3 等份，再纵向切为 3 厘米宽的条状备用。

2 放入碗中加入盐后混合均匀，再放入海带和柚子皮继续混合均匀，用盘子等重物压住静置 2~3 小时浅渍。

3 沥干水分，装盘即可。

白菜金枪鱼沙拉

▪ ▪ ▪ ▪

久置也不出汁水，可以当晚制作，第二日早餐食用的小菜。

材料（4人份）

白菜.............不到 ⅓ 棵（700 克）
　盐.........................½ 大匙
金枪鱼罐头（90 克）...........1 罐
大蒜薄片...................1 瓣的量
柠檬（无农药）的银杏状切片 ....
.............................3 片
色拉油.......................2 大匙
醋...........................2 大匙
胡椒、欧芹碎末...............各适量

制作方法

1 白菜横向等分切为 2~3 段，芯纵向切为 1 厘米宽的条，叶纵向切为 2 厘米宽的条。放入碗中加盐混合，用盘子等重物压住静置 30 分钟，沥干水分备用。金枪鱼罐头沥干汁水备用。

2 在平底锅内放入色拉油和大蒜用小火煸香，然后调至中火将金枪鱼罐头打散倒入锅中快速翻炒。

3 按照白菜、胡椒、醋、柠檬的顺序放入锅内依次翻炒均匀。装盘，撒入欧芹碎末即可。

15 分钟 1 人份 50 千卡 盐分 2.4 克

5 分钟 1 人份 19 千卡 盐分 2.0 克

柚子醋酱油拌
春卷心菜炸豆腐

■ ■ ■ ■

清淡的炖煮风味。

材料（4 人份）

春卷心菜............. ⅓ 个（300 克）
炸豆腐.................................1 块
柚子醋酱油.......................4 大匙

制作方法

1 春卷心菜横向切为 1 厘米宽的条。炸豆腐纵
向一切为二，再横向切为 6 毫米宽的条状备用。
2 在耐热碗中放入卷心菜和炸豆腐混合搅拌，
再浇上柚子醋酱油。
3 用保鲜膜或者微波炉专用盖盖好，在微波炉
内加热 4~5 分钟即可。

10 分钟 1 分钟 24 千卡 盐分 0.8 克

10 分钟 1 人份 100 千卡 盐分 0.7 克

春卷心菜浅渍盐海带

■ ■ ■ ■

绝对下饭。

材料（方便制作的分量）

春卷心菜............. ⅓ 个（300 克）
盐海带（细丝）.....................15 克
料酒......................................1 大匙
酱油......................................1 小匙

制作方法

1 春卷心菜横向切为 2 厘米宽的条。
2 在耐热碗中放入料酒和酱油并混合均匀，再
加入卷心菜和盐海带，简单搅拌一下。
3 用保鲜膜或微波炉专用盖盖好，放入微波炉
内加热 4~5 分钟即可。

10 分钟 1 人份 55 千卡 盐分 1.2 克

姜味沙拉酱拌
春卷心菜扇贝

■ ■ ■ ■

即使量少也是有存在感的一道小菜。

材料（4 人份）

春卷心菜............. ⅓ 个（300 克）
水煮扇贝贝柱罐头..............2 个
生姜细丝...............................少许
┌ 沙拉酱..........................3 大匙
A │ 淡口酱油.....................1 小匙
└ 黑胡椒颗粒...............½ 小匙

制作方法

1 春卷心菜横向切为 1 厘米宽的条。贝柱分别
打散开，并且取 1 大匙汤汁备用。
2 在耐热容器内放入 A 和贝柱罐头汤汁混合均
匀，再放入卷心菜、贝柱和姜丝再次搅拌均匀。
3 用保鲜膜或者微波炉专用盖子盖好，在微波
炉内加热 4~5 分钟即可。

意式炒青椒

■ ■ ■ ■

意式炒青椒。

材料（4人份）

青椒.....................................8个
红椒.....................................2个
大蒜薄片.......................1瓣的量
斜刀切切红辣椒段.........2根的量
橄榄油...............................3大匙
白葡萄酒...........................1大匙
盐......................................½小匙
胡椒.....................................少许

制作方法

1 青椒红椒全部纵向一切为二，除柄去籽，斜刀切为1.5厘米宽的片备用。
2 平底锅内倒入橄榄油、大蒜和红辣椒用小火煸香，再放入青椒后改为大火翻炒。
3 撒入白葡萄酒，再撒入盐和胡椒，快速翻炒均匀出锅即可。

10分钟 1人份 205千卡 盐分 3.2克

西蓝花炸豆腐快煮

■ ■ ■ ■

将大株的西蓝花撕成小块能更快速炒熟入味。

材料（4人份）

西蓝花.....................1棵（250克）
炸豆腐...............................1块
A ┌ 高汤...........................1½杯
  │ 料酒、酱油............各1大匙
  └ 盐.............................⅓小匙

制作方法

1 切断西蓝花的茎部，切分为小株，如果太大株可以从茎部入刀，再撕为2~3小块。除去茎部较厚的皮，纵向一切为二后，再继续纵向切分为3~4等份备用。
2 炸豆腐入沸水锅内焯煮除去多余油分，稍冷却后沥干水分，横向切为3等份，再纵向切为4等份。
3 在锅内将A煮开锅，并排放入西蓝花，再将2摆放在西蓝花上方，盖上盖子，用中火炖煮2~3分钟出锅即可。

肉味噌炒青椒

■ ■ ■ ■

青椒的香气和口感十足，特别下饭。

材料（4人份）

青椒.....................................8个
猪肉馅...............................150克
色拉油...............................1大匙
A ┌ 味噌...........................100克
  │ 料酒...........................2大匙
  │ 生姜泥.......................1小匙
  │ 甜味料酒...................2大匙
  │ 砂糖...........................1大匙
  └ 水..............................⅓杯

制作方法

1 青椒纵向一切为二后除柄去籽，切为5毫米见方的块状备用。
2 在中式炒锅内放入色拉油热锅，将打散的猪肉馅放入锅内用中火煸炒，肉变色后放入青椒，继续翻炒至青椒变软。
3 将A的味噌加入锅内翻炒均匀，撒入料酒后再将剩余的A的材料倒入锅内继续炒制，然后调至小火炒5~6分钟收汁出锅即可。

10分钟 1人份 117千卡 盐分 0.6克

10分钟 1人份 64千卡 盐分 0.7克

菠菜拌培根

■ ■ ■ ■

菠菜和培根
一同焯煮一同搅拌。

材料（4 人份）

菠菜..........................1 把（350 克）
培根..................................3 片
酱油................................½ 小匙
胡椒................................少许
盐..................................适量

制作方法

1 菠菜根部刻入十字花刀，在水中冲洗 10 分钟左右。沥干水分后横向切为 3~4 厘米长的段备用。
2 培根切为 5 毫米的丝备用。
3 在锅内放入大量水煮沸，放入少许盐、菠菜、培根后搅拌，用大火煮开锅。捞出后放在篦子上用大汤匙按压食材将水分充分挤出。
4 将食材放入碗中，加酱油、盐少许和胡椒调味均匀即可。

10 分钟 1 人份 78 千卡 盐分 1.1 克

5 分钟 1 人份 26 千卡 盐分 0.3 克

醋味噌汁拌
西蓝花鸡胸肉

■ ■ ■ ■

用醋和黄芥末粒酱调制的醋味噌，
简单地制作完成。

材料（方便制作的分量）

西蓝花花蕾（小）..........................
..........................1 株的量（160 克）
鸡小胸（去筋）.....2 条（80 克）
A ⎡ 料酒..............................1 小匙
　 ⎣ 盐..................................1 小撮
B ⎡ 西京味噌....................3 大匙
　 ｜ 醋................................1½ 大匙
　 ｜ 砂糖、高汤..........各 1 大匙
　 ⎣ 黄芥末颗粒酱........1½ 小匙

制作方法

1 西蓝花切分为小株。在耐热容器中不重叠地摆好，轻轻盖上一层保鲜膜，在微波炉内加热 1 分 30 秒。
2 鸡小胸放入另一个耐热容器内并撒入 A，轻轻盖上一层保鲜膜用微波炉加热 2 分钟。冷却后用手撕成小块。
3 将西蓝花和鸡胸肉放在一个盘中，将搅拌均匀的 B 搅拌在上面即可。

5 分钟 1 人份 60 千卡 盐分 0.6 克

黄油酱油海苔拌菠菜

■ ■ ■ ■

黄油、酱油、海苔，
缺一不可的组合，搭配度满分。

材料（4 人份）

菠菜..........................1 把（350 克）
盐..................................少许
烤海苔..............................1 片
A ⎡ 黄油..............................½ 大匙
　 ｜ 酱油..............................1 小匙
　 ⎣ 胡椒..............................少许

制作方法

1 菠菜根部刻入十字花刀，在水中冲洗 10 分钟左右。沥干水分后横向切为 3~4 厘米长的段备用。
2 在锅内放入大量水煮沸，放入盐和菠菜搅拌，用大火煮开锅。捞出后放在篦子上用大汤匙压食材使水分充分挤出。
3 在碗中放入 A，再放入菠菜，充分搅拌使黄油融化。将海苔用手揉搓后撕碎放入碗中，全部搅拌均匀即可。

水菜洋葱沙拉

■ ■ ■ ■

充分入味，
水菜失水变软后也很美味。

材料（4人份）

水菜..................1 小把（200 克）
洋葱（小）.....................½ 个
　　盐.............................少许
　　┌ 黄芥末颗粒酱........½ 大匙
　　│ 盐........................½ 小匙
A │ 胡椒.......................少许
　　└ 醋、橄榄油..........各 2 大匙

制作方法

1 水菜切除根部，再切为4厘米长的段。洋葱切为薄片，放入盐水中腌渍10分钟并揉搓，再充分沥干水分。
2 将水菜和洋葱混合在一起装盘，将搅拌均匀的A浇在上面即可。

10 分钟　1 人份 27 千卡　盐分 1.0 克

咖喱焖蒸竹轮豆芽

■ ■ ■ ■

用微波炉加热的豆芽口感绝佳，
香气十足。

材料（4人份）

豆芽....................1 袋（200 克）
竹轮（小）..............2 根（60 克）
　　┌ 香油......................2 小匙
A │ 咖喱粉.................½ 小匙
　　└ 盐.........................⅓ 小匙

制作方法

1 豆芽掐尖，竹轮切为1厘米厚的段。
2 在耐热容器内将豆芽铺开，撒上A，再放上竹轮。轻轻盖上一层保鲜膜，用微波炉加热4分钟。
3 除去保鲜膜，上下翻动搅拌至颜色均匀即可食用。

中式浅渍水菜

■ ■ ■ ■

大蒜、生姜和黄酒
滋味十足，佐酒佐餐皆可。

材料（4人份）

水菜..................1 小把（200 克）
　　┌ 大蒜薄片...............1 瓣的量
　　│ 生姜薄片...............4~5 片
　　│ 红辣椒小段..........1 根的量
A │ 绍兴黄酒..................¼ 杯
　　│ 酱油.......................2 大匙
　　└ 盐.........................½ 小匙

制作方法

1 水菜切除根部，横向切为3等份。
2 在锅内放入A并加热，开锅后关火放入水菜腌渍，待水菜失水变软后即可捞出使用。可以保存2~3日。

5 分钟　1 人份 64 千卡　盐分 0.7 克

10 分钟　1 人份 44 千卡　盐分 0.8 克

咖喱炒王菜

■ ■ ■ ■

佐酒下饭没的说!

材料（4人份）

王菜......................1袋（150克）
色拉油......................1大匙
A ┌ 大蒜、生姜碎末... 各1瓣的量
  └ 孜然籽......................½小匙
B ┌ 咖喱粉......................½大匙
  └ 番茄酱、水............各1大匙
盐......................少许

制作方法

1 王菜切除10厘米长较硬的茎，再横向等切为3~4段。
2 在平底锅内放入色拉油用中火热锅，放入A翻炒，大蒜成焦黄色时加入王菜翻炒。
3 当王菜的量失水后变成一半左右的时候，再倒入混合好的B，继续翻炒至王菜完全变软，最后撒上盐出锅即可。

10分钟 1人份 43千卡 盐分 0.4克

10分钟 1人份 29千卡 盐分 0.7克

豆芽炒大葱

■ ■ ■ ■

挤上柠檬汁，
豆芽搭配大葱的滋味更上一层楼。

材料（方便制作的分量）

豆芽......................1袋（200克）
大葱......................½根（50克）
柠檬切角..................1~2个的量
色拉油......................1大匙
盐......................⅓小匙
黑胡椒颗粒..........................少许

制作方法

1 豆芽掐尖，大葱斜刀切为薄片。
2 在平底锅内放入色拉油热锅，放入豆芽和大葱用大火翻炒至豆芽和大葱上焦色，撒入盐。装盘，撒上胡椒，食用时挤入柠檬汁即可。

10分钟 1人份 53千卡 盐分 0.4克

醋味王菜

■ ■ ■ ■

口感与海藻醋类似，
难以言喻的滋味。

材料（4人份）

王菜......................1袋（150克）
盐......................少许
A ┌ 醋......................3大匙
  │ 高汤......................3大匙
  │ 淡口酱油......................1大匙
  └ 砂糖......................1大匙
生姜泥......................1瓣的量

制作方法

1 王菜切除10厘米长较硬的茎。在加入盐的沸水中焯煮，先从茎开始入水，上下翻动煮制约1分钟。
2 沥干水分。在厨房用纸上摊开，切为2厘米长的段后，用刀背拍打至渗出黏液。
3 在碗内倒入A混合均匀，再加入王菜继续搅拌均匀。装盘，将姜泥点缀在菜上即可。

芥末拌山药牛油果

■ ■ ■ ■

拍一拍就黏糊糊的山药，
搭配浓厚口感的牛油果绝赞。

材料（4人份）

山药....................................300 克
牛油果................................1 个
柠檬汁................................1 大匙
　┌ 芥末酱........................2 小匙
A ├ 酱油............................2 大匙
　└ 橄榄油........................½ 大匙

制作方法

1 山药去皮后纵向一切为二。用浸湿的厨房用纸包裹，用研磨棒等物品敲打后，切为一口可以食用的大小。
2 牛油果纵向一分为二后去核，再剥皮。浇上柠檬汁，切为1.5 厘米见方的块。
3 在碗中将 A 混合均匀，再放入山药、牛油果继续搅拌均匀即可。

15 分钟　1 人份 132 千卡　盐分 1.1 克

生菜培根炖汤

■ ■ ■ ■

生菜半生，出锅爽脆。

材料（4人份）

生菜（小）.............1 棵（300 克）
培根....................................4 片
　┌ 水................................1½ 杯
A ├ 西式高汤精华（颗粒）........
　│.................................1½ 大匙
　└ 白葡萄酒....................2 大匙
盐、胡椒............................各少许

制作方法

1 生菜切为8 等分的扇形。培根横向切为4 等分的长度备用。
2 在锅内铺好生菜，再放上培根，转圈浇入混合好的A。盖上锅盖用中火加热，开始冒气后改为小火再炖煮3~4 分钟，撒上盐和胡椒调味即可。

山药泥沙拉

■ ■ ■ ■

比土豆沙拉更细腻，
是入口清爽的一道小菜。

材料（4人份）

山药....................................400 克
洋葱....................................¼ 个（60 克）
黄瓜....................................½ 根（50 克）
　盐....................................½ 小匙
沙拉酱................................3~4 大匙
盐、胡椒............................各少许

制作方法

1 山药去皮，滚刀切为5~6 块。每一块用保鲜膜包好，放入微波炉内加热 8 分钟，然后趁热全部倒入碗中捣成泥状。
2 洋葱切为薄片备用。黄瓜横向切为薄片后，撒上盐放置10 分钟，然后沥干水分。
3 山药稍微冷却后，放入洋葱、黄瓜和沙拉酱一同搅拌，最后用盐和胡椒进行调味即可。

10 分钟　1 人 134 千卡　盐分 1.5 克

10 分钟　1 人份 103 千卡　盐分 1.8 克

黄芥末粒酱拌莲藕

■ ■ ■ ■

制作为热沙拉也很美味。

材料（4人份）

莲藕（大）............1节（300克）
　　醋........................适量
　　盐........................少许
　　┌ 盐、胡椒................各少许
　A ┤ 醋........................1大匙
　　└ 色拉油....................2大匙
　黄芥末颗粒酱................2大匙

制作方法

1 莲藕去皮后切为3~4毫米厚的半月形，放入淡醋水中清洗，沥干水分。
2 在锅中加水煮沸，放入盐和少许醋，倒入莲藕煮至莲藕颜色通透，捞出后沥干水分放入碗中备用。
3 趁热放入A混合均匀，待冷却后再放入黄芥末颗粒酱，搅拌均匀即可。

5分钟　1人份27千卡　盐分0.7克

10分钟　1人份126千卡　盐分0.9克

韩式海苔拌生菜

■ ■ ■ ■

放入香油和豆瓣酱，
令人食欲大增。

材料（方便制作的分量）

生菜..................1棵（400克）
　盐..........................½小匙
韩式海苔（大）........................1块
　┌ 香油........................½大匙
A ┤
　└ 豆瓣酱..................½~1小匙

制作方法

1 生菜撕为3~4厘米见方的小块放入碗中，撒入盐后用手用力揉搓15~20次。然后静置3~4分钟，再用双手按住轻轻挤出水分。
2 放入A后简单搅拌一下，再加入手撕的韩式海苔，快速搅拌均匀即可。

10分钟　1人份118千卡　盐分0.6克

莲藕炒培根

■ ■ ■ ■

蒜和辣椒味道浓，
最宜搭配啤酒和红酒。

材料（4人份）

莲藕（大）..............1节（300克）
　醋........................适量
培根........................50克
大蒜........................½瓣
色拉油........................1大匙
　┌ 白葡萄酒....................2大匙
　A ┤ 盐、胡椒................各少许
　└ 韩国辣椒（粗磨）..........少许

制作方法

1 莲藕去皮纵向一切为二，再切为4~5毫米的片，放入加入醋的水中快速清洗，沥干水分备用。
2 培根切为1厘米宽的条状，大蒜切为蒜末。
3 在平底锅内倒入色拉油和培根用小火煸炒，出香后放入莲藕和大蒜，调至中火继续翻炒。莲藕变熟之后撒入A，再快速翻炒均匀出锅即可。

亲近泥土收获蔬菜

亲子收获体验之旅

在超级大的坚硬叶片中，孕育着圆滚滚的卷心菜。用刀从根部一整个切下来。下次我也要试试看。

上图是几乎没有使用农药的卷心菜。下图是使用过农药的卷心菜。上图的外叶上有虫蛀的痕迹，这样就了解到了虫子会附着在蔬菜上的小知识。

亲子突击广阔田野。
来吧，快点让泥土把自己弄得脏兮兮。

10 月中旬一个周六的清晨，小学生和他们的家长，一行约90人坐着巴士来到了位于茨城县筑波山山麓的八乡梦之农场。这里是JA八乡（日本农业协会八乡分会）经营的农场，在这里即将举行由JA全农举办的农业体验活动。共计三次的体验之旅，本日是最后一次。这一天，是夏日时节参加者们亲自种植的蔬菜作物，终于能够收获的日子。

首先大家排好队，有请帮忙照顾这些蔬菜作物的地区生产者们做自我介绍。然后大家开始进行深呼吸活动。为了使身体能够更好地适应即将进行的繁重农活。在这个期间，还有一些看到广阔的农田就忍不住冲进去，四处张望的跃跃欲试的小朋友，看呐！

然后，终于到了进入田间进行收获的步骤。首先是芋头。虽然认识芋头，但是没想到芋头的叶子比想象中的大很多啊。芋头在哪里呢？面对这样的小朋友，生产者高野先生开始了解说。

"拔住叶子拽起来，就能看到芋头一串串连在根上，种芋埋进土里之后，会长出许许多多的小芋头，在中央的是种芋，周围的小个头就是我们收获的芋头。我摘了哟！"

高野先生立刻就进田开始拔芋头，孕育出的个头很大的芋头，深深地埋藏在土壤中，拔出来也要费一番功夫，连根拔起后，芋头一个个附着在茎之间。就这样，在超市中日常见到的沾着泥土的芋头，终于出现在眼前了。顺便说一下，小朋友们是不是不喜欢芋头？不是的，小学一年级的升平君最爱吃芋头。摘了很多芋头，就可以经常吃到自己爱吃的炖煮甜芋头了，所以他特别开心。

在各种蔬菜面前，由不同的负责人进行详细的说明。就这样把茎一根根地剥掉哟。小朋友们听得超级入神。

为了不划伤芋头，一定要在根部附近多刨松动一些土，然后一口气连根拔起！妈妈，我一个人就办到了呢！

接下来是收获胡萝卜。蔬菜种植根据种类的不同需要看天气进行。因为这个夏季雨水匮乏，所以，上一次我们没有成功种植胡萝卜。因为栽培时间延迟，所以现在的胡萝卜还是小宝宝。胡萝卜的负责人筱塚先生说："胡萝卜在土壤中，先向下生长15厘米深之后会横向变粗哟。""因为这次的胡萝卜刚刚好在变粗的过程中收获，所以一定要好好珍惜它。胡萝卜的叶子用作天妇罗炸食也很好吃哟。"你知道胡萝卜的叶子有多么可爱吗？"我知道！"5年级的友里小朋友回答。因为知道彼得兔，所以对胡萝卜很熟悉呢。

在这之后又收获了卷心菜，然后开始午餐。午餐的菜单是用大量白萝卜、香菇、胡萝卜这样的当地蔬菜制作的蔬菜汤。打年糕的道具也准备好了，在杵臼前已经排起了长长的队伍。刚刚打制完成的年糕，温热软糯，大家吃得超开心。

下午开始收获红薯。收获的是一种很甜很香的红薯品种。在繁茂的枝叶下探寻红薯的踪迹，仿佛在寻觅宝藏一样。红薯在藤蔓旁边，寻找藤蔓就很辛苦，但是拔起藤蔓的那一瞬间最有意思！这是孩子们爆发出最响亮的欢呼声的瞬间。挖出来的红薯当中，还有在商店中未曾见到过的巨大薯！田地里到处都是一个个把巨大薯举过头顶笑容满面的孩子们。

最后收获的是小松菜。比起红薯，收获小松菜相当轻松。一位母亲非常惊讶地说道："这里的小松菜的叶子比店里卖的要柔软轻薄得多。"一位负责人说："如果是在富含营养的土地里生长的小松菜，叶子会比较柔软，并且焯煮时杂质也会少很多。"

不同的蔬菜，不同的生长方式，彼此各不相同。

胡萝卜是根茎类的作物，看到，摸到，学习到！（上图）。和妈妈一同劳作，超级开心。是平时休息日开心度过的两倍！（下图）。和爸爸一同参加了多次的旅行。因为这样可以和日常忙碌的爸爸好好聊聊天。（右侧左图）。被挖出来的红薯，在田地的各个角落堆成了小山。（右侧中图）。因为小松菜没有使用农药栽培，所以叶子上会有虫蛀的洞洞。（右侧右图）

食物的珍贵和生产者的辛苦，
通过收获体验可以体会到更多。

平日里很难接触到的泥土。很适合栽培蔬菜的黑黑的泥土（右图）。虫虫看起来也特别大。（下图）

"请向培育这些蔬菜的人们表达我们的谢意。"这是收获体验结束后许多爸爸妈妈的心意。这个活动让人们重新意识到这样的事实——在店面里贩售的清洁的蔬菜，是靠着这些满身泥土的人们亲手栽培的。另一方面，生产负责人们强烈表示，自己手里田间还有很多农活，要负责这样的活动非常耗费精力，但是，能够使大众认识到农业的重要性，还希望能够继续举办此类的活动。

策划本次活动的是 JA 全农，一直在全力推进食农教育。也就是让孩子们多接触自然和农作物，能够有机会去思考农业和食粮问题的教育活动。JA 全农宣传推广部的平贺先生认为，虽然在当下收获体验旅行日益增多，但是 JA 全农还是会多去积极策划一些有意思，并且能够推广提高农业于社会的认知的旅行项目。

说到孩子们，三年级的太一小朋友表示，虽然不喜欢吃蔬菜，但是尝一尝还是不错。另一位很喜欢吃蔬菜，也很喜欢昆虫的叶菜乃小朋友说："我长大了想要从事农业相关行业！"小朋友们都非常喜欢亲手收获的蔬菜，知道了收获蔬菜的艰辛，下次如果遇到讨厌的蔬菜也会努力尝试。接触农田中的蔬菜，又开心又体会到了蔬菜栽培的艰辛，本次体验之旅圆满落幕。除了收获的各类蔬菜，大家还带走了很多当地的土特产品。

边角料收尾菜

　　想当然就会丢掉的蔬菜外皮和叶子或者是表皮中，总有一些依靠巧妙的烹调方式便可成为一道美味且营养丰富的小菜。让你与新味道相遇的"收尾料理"，则是可以毫无浪费地利用蔬菜的好手段。因为这些食材在丢掉的时候就很容易变质，所以推荐大家尽量早一些处理这些食材。

料理/大庭英子

卷心菜的外叶和内芯

如果将坚硬的内芯斩断纤维切为薄片，内芯的滋味也是软嫩甘甜的。虽然表面的叶子摸起来硬硬的，但是加热之后就会变软，有着比想象中还要柔和的口感。

材料（4 人份）

卷心菜的外叶......................2 片
卷心菜的内芯............................
......1 个的量（合起来共计 200 克）
鸡蛋......................................2 个
淀粉......................................3 大匙
香油......................................1 大匙
　　┌ 酱油..............................1 大匙
A　│ 醋................................1 大匙
　　└ 一味辣椒粉......................少许

韩式卷心菜煎饼
用淀粉和鸡蛋将卷心菜包裹起来。

制作方法

1 将卷心菜外叶切为 5~6 厘米长的细丝。内芯纵向切为薄片，然后再横向斩断纤维切为细丝备用。
2 在碗中放入 1 并且和淀粉混合，再打入鸡蛋将全部食材充分搅拌均匀。
3 用直径 26 厘米左右的平底锅放入香油热锅，将 2 在锅内摊平。盖上盖子调至小火蒸烤 5 分钟，再翻面后继续蒸烤 5 分钟。
4 切为便于食用的大小，蘸着混合好的 A 食用即可。

15 分钟
1 人份 104 千卡
盐分 0.8 克

白萝卜叶炒鲱鱼
也可以拌着捣碎的土豆或者意面一同食用。

白萝卜叶炒味噌
仅用这个，就超级下饭。

材料（4 人份）

白萝卜叶........1 根的量（300 克）
腌渍鲱鱼（条状）....................4 片
大蒜........................½ 瓣的量
橄榄油..............................1 大匙
料酒..............................½ 大匙
盐..............................¼ 小匙
胡椒..............................少许

制作方法

1 将白萝卜叶切为碎末。鲱鱼切为 5 毫米宽的细丝。大蒜切为碎末备用。
2 在平底锅内倒入橄榄油热锅，用中火炒制白萝卜叶和大蒜。当叶子过火失水变软后，加入鲱鱼一同翻炒，然后撒上料酒、盐和胡椒继续翻炒均匀出锅即可。

10 分钟
1 人份 58 千卡
盐分 1.0 克

材料（4 人份）

白萝卜叶........1 根的量（300 克）
猪肉肉末..............................100 克
色拉油..............................½ 大匙
味噌..............................3 大匙
料酒..............................1 大匙
砂糖..............................½ 大匙
甜料酒..............................1 大匙

制作方法

1 白萝卜叶切为碎末。
2 在平底锅内热油，将肉末放入锅内边打散边用中火煸炒至变色，然后加入白萝卜叶一同煸炒。
3 叶子失水变软后，放入味噌后一同翻炒，然后再加入料酒、砂糖和甜料酒煸炒，焖炖至没有汤汁后出锅即可。

10 分钟
1 人份 132 千卡
盐分 1.9 克

白萝卜叶

有一种特别的香味和苦味，一般情况下都要焯煮之后再料理，但如果切得很碎的话，直接料理也别具一番美味。

白萝卜皮

很多蔬菜的皮与肉之间都鲜美多汁，白萝卜亦是如此。白萝卜皮有其独特的滋味。除此之外，用厨刀切为厚片，或者是用刮皮器刮为薄片，不同的处理方式能够令人享受不同口感的美味。

材料（4人份）

白萝卜皮（厚切）..................
..................1根的量（300克）
红辣椒..................................1根
色拉油..............................1大匙
料酒..................................1大匙
A ┌ 高汤..............................⅔杯
  │ 甜料酒..........................1大匙
  │ 砂糖..............................½杯
  └ 酱油..........................2½大匙
炒白芝麻..............................少许

制作方法

1 白萝卜皮切为4~5厘米长、3毫米宽的细条。红辣椒去柄除籽后切为5毫米宽的段。
2 在平底锅内倒入色拉油热锅，放入白萝卜皮用中火炒制，全部过油后再放入辣椒继续翻炒，撒上料酒。
3 放入A并翻炒均匀，一直焖炒至没有汁水后，撒入芝麻拌匀出锅即可。

a. 使用刮皮器擦出的薄片

b. 用厨刀切成的厚片

白萝卜皮拌芝麻醋

用刮皮器制作的薄片和芝麻醋混合而成的和谐美味。

材料（4人份）

用刮皮器刮出的白萝卜皮..........
..................1根的量（120克）
盐......................................少许
A ┌ 白芝麻碎末....................4大匙
  │ 砂糖..............................1大匙
  │ 醋................................3大匙
  └ 酱油............................2大匙

制作方法

1 将白萝卜皮切为适合食用的长度。
2 在大锅的沸水中加入盐，然后白萝卜皮入水焯煮，捞出后放在笸子上沥干晾凉，充分挤干水分。
3 在碗中倒入A并混合均匀，放入白萝卜皮拌匀即可。

5分钟
1人份 61 千卡
盐分 0.3 克

蒜香酱油脆萝卜皮

爽脆的口感，微微辛辣的后劲十足。

材料（4人份）

白萝卜皮（厚切）..................
..................1根的量（300克）
大蒜......................................1瓣
红辣椒..................................1根
A ┌ 酱油............................4大匙
  │ 甜料酒..........................2大匙
  └ 香油............................1大匙

制作方法

1 白萝卜皮切为4~5厘米长的条。将大蒜捣碎。红辣椒去柄和籽切为6毫米长的段。
2 放入有拉链的保鲜袋中将同时放入A和1，腌渍5~6小时。
3 取出白萝卜皮，再切为1厘米宽的条即可。

5分钟
1人份 27 千卡
盐分 0.6 卡

白萝卜的金平炒

必须要用萝卜皮才美味，是道非常不错的佐餐小菜。

10 分钟
1人份 71 千卡
盐分 1.6 克

大葱的绿色葱叶部分

如果是扁面翠绿且新鲜的葱叶，没有筋，质地柔嫩。

即使加热料理也不会变得像葱白一样甘甜，吃起来非常爽口。

葱叶干炸虾

切为大块比较容易炸制，味道也十分突出。

葱叶蛋炒饭

趁热吃很香，晾凉后也同样色泽艳丽，口味爽口宜人。

材料（4人份）

大葱绿色的部分（葱叶）............
...............2根的量（150克）
虾干........................2大匙
蛋液..................1个的量
冷水........................适量
盐........................⅓小匙
面粉........................½杯
柠檬的扇形切块................适量
油炸用油....................适量

制作方法

1 葱叶的部分斜刀切为5毫米宽的段。虾干在水中泡发，充分沥干水分后切碎备用。

2 将蛋液和冷水混合，½的量入大碗，放入虾干碎末和盐混合，再放入面粉，大面积地搅拌一下。最后放入葱叶段，不要过度搅拌，使葱叶上沾上面糊即可。

3 平底锅内倒入一半深度的油炸用油，并且用中火热锅，将2聚拢为适合食用的大小后，放入油锅中炸制，再油锅中翻面使两面都炸制酥脆。最后装盘摆好柠檬即可。

10分钟
1人份 155千卡
盐分 0.5克

材料（4人份）

大葱绿色的部分（葱叶）............
...............2根的量（150克）
蛋液..................2个的量
温热的米饭....4碗的量（600克）
色拉油....................2½大匙
料酒......................1大匙
酱油......................1小匙
盐........................⅔小匙
胡椒......................少许

制作方法

1 葱叶部分纵向切为4等份后，再横向切为5毫米长的小段。

2 平底锅内放入½大匙的色拉油热锅，再倒入蛋液改为大火，一边倒一边大幅度快速搅拌，凝固后半熟的状态下出锅备用。

3 再放入剩余的2大匙色拉油入锅热锅，倒入葱段用中火翻炒至失水变软，然后放入米饭和鸡蛋翻炒均匀。

4 当米饭粒粒分明的时候撒入料酒，再倒入酱油、盐、胡椒一同快速翻炒一下出锅即可。

10分钟
1人份 376千卡
盐分 1.3克

西芹的叶子和细茎

比起通常食用的粗壮茎部，西芹的叶和细茎更具有西芹的香气和风味，是西芹爱好者不能错过的绝佳食材。色泽和口感俱佳，一定会上瘾。

脆培根西芹叶拌饭

西芹叶搭配焦脆的培根，香气别具一格。

缩面杂鱼炒西芹

放置于冰箱中可以保存4~5日，是白饭的好伴侣。

材料（4人份）

西芹叶和细茎..................
...............2根的量（200克）
培根......................60克
温热的米饭....4碗的量（600克）
色拉油....................½大匙
盐........................½小匙
黑胡椒颗粒..................1小匙

制作方法

1 西芹叶和细茎切为碎末。培根切为细丝备用。

2 在平底锅内倒入色拉油和培根用小火煸炒，待培根煸炒至焦脆后放入西芹茎叶碎末继续翻炒至西芹叶变软，然后撒入盐和胡椒调味。

3 在大碗中放入米饭，加入2后迅速搅拌一下即可。

10分钟
1人份 336千卡
盐分 1.0克

材料（4人份）

西芹叶和细茎..................
...............2根的量（200克）
缩面杂鱼干..................20克
煎焙白芝麻..................2大匙
色拉油....................½大匙
料酒......................1大匙
酱油......................2小匙

制作方法

1 西芹茎叶切为碎末备用。

2 在平底锅中倒入色拉油热过后放入西芹碎末用中火翻炒，变软后再倒入缩面杂鱼干一同翻炒。

3 撒入料酒和酱油后继续炒制，炒出香味后放入芝麻混合均匀出锅即可。

10分钟
1人份 65千卡
盐分 0.7克

芜菁的皮和叶

芜菁皮与白萝卜皮相比要柔软许多，和芜菁的根部一样具有甘甜风味。

比较方便的食用方式，是用厨刀切出的厚皮。

梅干拌芜菁皮

过油炸制的芜菁皮，拥有酥脆的奇妙口感。

材料（4人份）

芜菁皮...........5 个的量（200 克）
梅干（中）.................................1 个
油炸用油.................................适量

制作方法

1 在锅内倒入油炸用油后热锅至中等温度，炸制芜菁皮变软，捞出后沥干油分。
2 梅干去核后，用厨刀剁成泥状。
3 将芜菁皮放在大碗中，再放入梅干泥搅拌均匀即可。

10 分钟
1 人份 34 千卡
盐分 0.4 克

芜菁叶炒樱虾

翠意十足的炒青菜，咸味调味即可制作一道爽口小菜。

材料（4人份）

芜菁叶（大）...5 个的量（300 克）
樱虾.............................25 克
色拉油.............................1 大匙
料酒.............................1 大匙
盐.............................¼ 小匙
胡椒.............................少许

制作方法

1 芜菁叶切为3~4 厘米长的段。
2 在平底锅内倒入色拉油热锅，用中火炒制芜菁叶，直至稍微变软。
3 再倒入樱虾一同翻炒，出香后撒入料酒，再放入盐和胡椒迅速翻炒均匀出锅即可。

10 分钟
1 人份 67 千卡
盐分 0.6 克

西蓝花的茎部

剥去厚皮，西蓝花的茎部令人吃惊的软嫩。

外皮即使很厚硬，切为细丝后焯煮，口感脆嫩又色泽艳丽，确实能够成为一道清口小菜。

10 分钟
1 人份 27 千卡
盐分 1.3 克

味噌拌西蓝花茎

好似一种新式蔬菜的口感和味道。佐餐佐酒，皆为好伴侣。

材料（4人份）

西蓝花的茎部（大）.....................
.....................1 株的量（120 克）
盐.............................少许
味噌.............................2 大匙
豆瓣酱.............................½ 小匙

制作方法

1 西蓝花的茎除去厚皮，切为3 厘米长的细丝，厚皮再切为3 厘米长更细的细丝备用。
2 在一大锅沸水内加入盐，将1 放入锅内焯煮1 分钟左右捞出。沥干水分，放在篦子上晾干。
3 在碗中将味噌和豆瓣酱混合均匀，再倒入2 搅拌均匀即可。

蚕豆外皮

因为剥去的蚕豆皮和蚕豆的重量几乎相同，所以很多人都想知道有没有办法利用蚕豆皮。只是素炸之后，就会变成一道令人惊艳的佐餐小食。

10 分钟
1 人份 32 千卡
盐分 0.3 克

素炸蚕豆皮

又香又脆，和啤酒绝配。

材料（4人份）

蚕豆皮.............................100 克
盐.............................少许
油炸用油.............................适量

制作方法

1 油炸用油倒入锅中热锅至中火，倒入蚕豆皮后改为小火进行油炸，不时搅拌6~7 分钟。

似懂非懂
准备工作的小窍门

■ ■ ■ ■

　　有些蔬菜在做准备工作时，会有一些菜谱中容易省略的妙招。经常会有一些没有经验的，不知道如何去皮或者去芯。在这里为大家介绍下通常不会详细讲解的一些准备步骤。

切掉根部

嫩扁豆
如今的嫩扁豆都没有筋。即使有筋也不必太过在意，只要切除两端的尖部就可以了。

油菜花
即使根茎粗壮些也很容易熟，因此就聚拢为一大把，稍微切去一些有污渍的根部就没问题了。

蘑菇
蘑菇的处理原则就是切掉坚硬的根部。如果是鲜香菇的话，蘑菇柄的尖端就是根部。

王菜
如果切除10厘米左右的下端的硬梗，剩下的茎也是可以食用的。稍微粗壮一些的茎，切为细丝后也很容易熟（上图）。像有些带着茎的叶子，因为很细嫩易熟，所以不用特意摘除茎部，简单切下就可以了（右图）。

去籽挑筋

西芹
西芹的筋，可以在根部用厨刀轻片，然后挑起用拇指按在厨刀面上向叶子的方向撕就可以完美去除。

苦瓜
纵向一切为二，用勺子将中间的籽和棉絮状物去除即可。如果切成环状薄片，则是先切后再除去籽和棉絮状物。

番茄
一般情况下，炖煮或者制作酱汁时会除去番茄内酸味较强的籽。将番茄横向一切为二后，用手指挖出籽即可。

蒜苗
蒜苗整体来说皆可以食用，所以切除有污渍或者干枯的地方就可以完整利用。

除去污渍

鲜香菇
千万不可以清洗。用刀柄轻敲香菇的伞面，底下的污垢可以自行脱落。其他的蘑菇可以简单擦拭去污即可。

小油菜
在根部或者叶子之间会经常沾有泥土和污渍，所以利用它的形状纵向切开的时候，可以用竹签将它清洗干净。

西蓝花
在花蕾密集的花房里，经常会有一些小虫或者污垢。将花房朝下置于淡盐水的碗中，10 分钟左右污垢即可脱落。

新土豆
在水中，使土豆互相摩擦进行清洗。请注意，用海绵的话会清洗不彻底（上图）。
清洗过一遍后再换一盆水重复清洗也没问题。新土豆的皮薄，摸上去比较光滑就可以了。清洗过后记得放置于篦子之上充分控干水分（下图）。

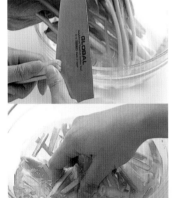

小松菜、菠菜
在根部聚集的泥土，可以在根部刻入十字花刀后在水中简单清洗干净。切完后再料理的时候，可以仅仅将根部置于水中漂洗，也可以将泥土清洗干净。

南瓜
虽然不显眼，但是在皮上经常会残留泥土和污渍，所以用刷子或者布认真刷洗比较好（上图）。如果是无法除去的污垢或者虫蛀的地方，可以将南瓜固定好后，用厨刀薄薄地削下这个部分即可（下图）。

芋头
用炊帚仔细清洗，要把所有的泥土都清洗干净。否则焯煮的时候会留下泥土的味道，颜色也会变浑浊。

芜菁
如果需要用到连着茎部的芜菁的话，可以用竹签将根茎之间的污垢清除。如果不去皮使用的话，看到有污垢或者有伤痕的部分，将这些部分的皮去掉即可。

莲藕
如果孔洞中的污垢过多，可以将厨房用纸包裹在长筷子上，在水中轻轻捅入孔洞中清洗，如此就能清洗干净。

去皮

绿芦笋

切除根部1厘米左右，再用刮皮器轻轻刮去下端较厚的皮（细的芦笋可以除去有斑点的地方），如此处理就可以使各个部分均匀加热，新鲜美味。

大和芋

凹凸不平的大和芋皮，用刮皮器或者厨刀都很不方便除去，可以用汤匙一点点刮去表皮。

白萝卜

如果是需要切为圆片的白萝卜，可以沿着萝卜的边缘像削苹果一样用厨刀削去外皮（上图）。在切口处稍稍切除一些，可以使外轮廓显得更加圆滑。这种方法主要用于根茎类蔬菜，如此一来会更不容易煮烂。

西蓝花

茎的皮很厚，所以在菜板上用厨刀切除厚皮为上策。切除后可以看到内芯泛白，质地柔软。

山药

在浸湿的厨房用纸上切，或者包裹着用刮皮器刮掉外皮，这样既不会因为黏液滑落，也不会令手部瘙痒。

切分开

菜花

切分为小块的时候可以沿着茎切，茎保留得越长，越能切出完美的小块，料理时也很方便。此外，因为还留有茎部，所以滋味更胜一筹。

南瓜

坚硬的南瓜切为薄扇形的时候，可以将皮向下，拿着南瓜，朝着拿起的方向下刀会比较容易切。

新洋葱

切分为扇形时，首先纵向一切为二，在根部的内芯左右用刀刻入"V"字形，除去芯部。如此一来，切洋葱时就不会变得分散。普通洋葱也是相同的处理方法。

小油菜

茎的部分纵向切分为大株的时候，为了不使其松散，可以在根部用刀刻入"V"字形除去内芯即可。

去柄

秋葵

如果要保留形状料理的话，切除柄的尖端，如果有坚硬的尖端可以沿着柄的尖端削去一圈。

茄子

如果是使用一整根茄子的时候，可以沿着柄的底端用刀划一圈，这样柄就可以轻松脱落。

更美味的妙招

秋葵

如果是生食或者迅速焯煮，可以用盐揉搓放置一下，这样一来既不会有毛刺的口感，颜色也更鲜艳。

黄瓜

每5根黄瓜可以用1大匙盐充分揉搓至溶解，然后用水冲洗干净并擦干备用。这一道工序可以让黄瓜除去特殊的味道，色泽更鲜艳，也更容易入味。

油菜花

将根部切除一些，放入冷水中浸泡20~30分钟后，油菜花会有显见的不同，恢复了生机，不论如何料理，口感和色泽都可以达到最佳效果。

苦瓜

在苦瓜上撒上一些盐放置一些时候，可以缓和苦味，同时色泽和口感都会更上一层楼。

白菜

在切好的白菜中撒入2%的盐（500克白菜对应2小匙盐），再放入盛有水的碗中放上重物压30分钟，拧干水分。这样处理后无论是炒制或者炖汤，都不会有过多的汁水生出，口感也刚刚好。

茗荷

如果做天妇罗或者腌渍的茗荷，可以纵向一切为二，在芯的位置纵向切2厘米长的刀口，这样更容易熟也更容易入味。

豆芽

除去豆芽根须，豆芽的口感和味道会有质的飞跃。只需要一小步骤，滋味立分高下。

生菜

生食的时候，先切好或者是撕好再用水冲洗。放在篦子上沥干水分，然后在用厨房用纸按压拭去水分，就不会有多余的汁水出现。

茄子

切口处放置于空气中很快就变色，因此将切口朝下，放入盐分1%的盐水中（100毫升水对应⅕小匙盐），放置1~2分钟即可。

土豆

如果切好后用水漂洗会丧失一些淀粉质，所以，如果想要松软喷香的口感，简单快速地在水中清洗一下捞出即可。

芋头

如果想要色香味俱全的话，入锅焯煮直到水沸腾冒泡时捞出。然后用水再将表面黏稠的物质冲洗干净即可。

焯煮

荷兰豆

如果想要获得爽脆的口感，在豆荚逐渐膨胀饱满时立刻捞出即可。因为很容易熟，所以不宜焯煮过长时间。

菠菜

将焯煮后的菠菜和黄油或者酱汁搅拌的时候，只需要用木铲或者大汤匙的背面放在篦子上按压，水分便可完全除去。

毛豆

毛豆（带豆荚）每200克撒入对应的2大匙盐，然后揉搓30秒，豆荚上的毛刺便会脱落，咸味也可以进入毛豆内部（左上图）。

煮毛豆的汤大约深1厘米就可以。沸腾后将沾着盐的毛豆放入锅内，盖上盖子用中火煮开锅，然后稍微调小火再煮5~6分钟。一锅没有煮得过度的美味毛豆就新鲜出锅了。

油菜花

叶很容易熟，将茎下端连着的叶子剥掉，再根据不同的时间差下锅焯煮，就能获得同样爽脆的口感。

小油菜

每500克小油菜对应色拉油1大匙进行翻炒，加入少许盐和3大匙水，盖上锅盖用中火焖煮一下，会比用很多水炖煮的口感要更好。

韭菜

每½把用棉线系好，沿着锅壁缓缓放下，焯煮一下后迅速捞起。如果焯煮过度的话会不容易嚼烂，这种让韭菜稍微变软的程度刚刚好。

绿芦笋

检测焯煮火候的方法，最好是用手捏一捏。手感上感觉内芯还稍有些硬的时候，就会口感脆爽，如果没有内芯的感觉，那么质地将变得很柔软，滋味很甘甜。

土豆

用微波炉加热的时候，带皮一切为二放入耐热器皿中，盖上保鲜膜。按照每100克加热2分钟的标准会很容易变熟，如果竹签一穿而过，待2分钟稍冷却后，内芯也可以完美地变熟，并且松软喷香。

剥去蚕豆的豆荚和皮

如果想要除去豆荚，可以用手握住豆荚的两端一拧，这样子既不会伤害到豆子，又可以轻松取出豆子。

蚕豆皮的话，从蚕豆凹陷下去的位置掰开，然后揪住一端，就可以轻松取出豆子。

连皮一同过油炸的时候，为了不使蚕豆皮崩开，在蚕豆发芽的那个筋的位置切入一个刀口，将筋斩断即可。

番茄过水去皮

番茄的皮，利用过沸水的方法很容易剥除。先在柄的对侧，即番茄的顶部轻轻用刀划出十字，然后用叉子插入柄中将番茄放入沸水中。

番茄的皮开始剥的时候，立刻放入冷水中，冷却可以防止番茄加热过度。然后从卷曲的位置开始剥会很快将番茄的皮清理干净。

竹笋的焯煮方法

将竹笋（中等大小）的尖端部分（上部有较硬的皮的部分）斜刀切落，再用厨刀从根部开始纵向切入一个刀口。

锅内放入可以没过竹笋的水，然后放入½杯的米糠，以及1~2根红辣椒并且用中火加热，煮50~60分钟将竹笋煮至柔软。

用竹签穿刺竹笋，如果可以顺利通过则证明已经煮到位，然后关火，放在汤锅里自然晾凉。

将竹笋外层的米糠洗净，从纵向的切痕开始剥竹笋，像两侧掰开的方式那样一次多剥除几层外皮。

剥除笋衣后焯煮的时候可以将新鲜尖端用切刀切除，然后再纵向切入一个刀口，剥除外层笋衣。放入可以没过竹笋的水和少量的米，一起煮制直到竹签可以顺利刺入为止。

炒制

荷兰豆

为了保留脆嫩的口感，当炒制过程中看到了内部的豆粒浮出豆荚，立刻关火。这种方法屡试不爽。

蒜苗

虽然不能生吃，但是留有一些脆生的口感会更美味。当纵向的蒜苗在油锅中出现褶皱的时候，就可以起锅了。

学会做出美味佳肴

基本的切法

■■■■■

蔬菜根据切的方法不同，口感味道也会发生改变。如果选择合适的切法，可以最大程度地发挥食材的美味，同时也赏心悦目。接下来的教学可以让大家详细学习最基础的一些切制方法。

监修/ 小田真规子

活用圆滚滚的食材

半月形（半圆）切法（上）、银杏叶状切法（下）

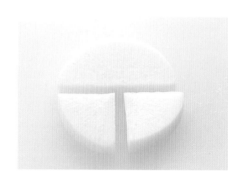

形状粗壮的蔬菜

像白萝卜这样的粗壮的蔬菜要先切成一些比较厚的圆片，再切为半圆（左下）。厚度根据菜谱而定。

切为半月形之后可以再切为银杏叶状（右下）。

半月形切法一般适合炖煮类食谱，银杏叶切法适合汤汁类和焖炖类切法。

片状切法

较圆的食材从食材的一端开始可以切得圆圆的。厚度根据不同的食谱各有差异。腌萝卜或者关东煮会多用厚萝卜圆片。如果是稍微切得厚一点点的莲藕类可以用于炖煮。如果是切得很薄的黄瓜片可以用于沙拉或者醋渍的食谱。

HOW TO CUT

半月形（半圆）切法（上）、银杏叶状切法（下）

形状纤细的蔬菜

胡萝卜等比较纤细的蔬菜可以纵向一切为二，从比较厚的一段开始再切为半圆（左下）。

银杏叶状切法是纵向先切分为4份之后，再从较厚的一段开始切为薄片（右下）。

如果是比较厚的半月形切或者银杏叶切适合用在炖煮类或者汤水类。比较薄的切片多用于汤汁类食谱或者炒制的食谱。

拍子木（棒条状）切法

胡萝卜、白萝卜、土豆等可以切为4~5厘米长，1厘米见方如同拍子木的棒状。4~5厘米长的蔬菜可以先纵向切为1厘米厚的片状（左下），然后再纵向切为1厘米宽的条（右下）。炒、煮、炸都可以使用。

便条状（片条状）切法

胡萝卜、白萝卜等可以切为4~5厘米长、1厘米宽的薄便条状。先像拍子木切法一样切为4~5厘米长、1厘米厚的片状（参照拍子木左下方图），再纵向切为2~3毫米宽的条。这样的切法可用于炒菜、拌菜或者汤汁类菜肴。

骰子型（四角见方）切法

胡萝卜、白萝卜、土豆等可以切为1厘米见方的骰子状正方体。完成刚才的拍子木切法后从条状的一段开始切为1厘米宽的小段。这样的切法多用于蒸饭、拌菜、或者汤汁类菜肴。

切为大块

粗段切法

葱、牛蒡等比较细长的蔬菜可以从根部开始切4~5厘米长的段。这样可以更好地体现食材本身的味道。可以搭配烧烤和烤鱼类的菜肴。

斩切（大段）切法

扇形切法

番茄、洋葱、土豆等比较圆的食材可以纵向放射状切为4~8等份。切为8等份的时候可以先纵向一切为二，再沿着中心开始均等地切为4份就可以了。番茄纵向一切为二之后去柄，然后再等切。这样的切法多用于沙拉或者炒菜。

菠菜一类的青菜类，还有卷心菜可以根据一定的宽度从根部开始斩切。新鲜的蔬菜斩切法可以用于炒菜。如果是焯煮过的可以用于凉拌菜类。

乱刀（滚刀）切法

将蔬菜在手中边滚动边用刀切为块状，大小形状不一（左下）。如果是青椒，可以避开柄和籽切为块状，最后再除去这些部分（右下）。这种切法很容易熟，多用于筑前煮、糖醋里脊或者炒菜类食谱。

切为薄片

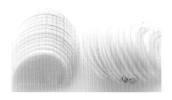

薄片切法

从一端开始切为厚薄均匀的片状。洋葱如果是生食放入沙拉的话，可以用斩断纤维的方式横向切为薄片，口感最佳（左上）。如果是做咖喱或者土豆猪肉这类的炖煮菜，可以纵向一切为二之后按照纤维的走向纵向切为薄片（右上）。炒菜类根据食谱使用哪一种切法都有可能。

斜刀薄片切法

黄瓜、大葱、牛蒡这类比较细长的蔬菜可以斜刀从一端开始切为均匀的薄片。多用于沙拉或者炒菜。

小口（小段）切法

小口指的是尖端、切口或者断面的意思。切口比较小的葱、小葱、红辣椒等可以从一端开始切为小段。也就是从小的切口开始切为小段的意思。多用于汤汁、炒菜，或者是调节香气用的香味蔬菜。

切为细丝、切为碎末

大葱的细丝切法

也会被称为白发葱丝，意思为将葱白的部分切为像发丝一样细的丝。可以将切为4~5厘米长的葱段从外向中心切入一个刀口，然后取出中心（左下）。展开剩余部分，一层层叠加在一起，从一端开始尽可能切为细丝（右下）。多用于沙拉、拌菜、也会作为炖煮的装饰撒在菜肴上方。

细丝切法

纵向的细丝切法（左图）、横向的细丝切法（右图）

纵向的细丝切法

横向的细丝切法

沿着纤维竖着切成丝的时候，把蔬菜切成适当的长度，先竖着切成薄片。将切成薄片的食材一点点错开重叠，再竖着切成细丝（左）。
像切断纤维一样横向切丝。先切成薄的圆片，将圆片错开一些重叠，再从一端切成极细的丝（右）。纵向切丝更有嚼劲。
如果是卷心菜，最好剥去叶子，竖着切成两半，去掉芯，再将4~5片重叠，从一端切为细丝。
适用于沙拉、凉菜、汤。

碎末切法　碎末切法洋葱（左），大葱（右）

意思为将洋葱、葱、大蒜、生姜等食材切为很细碎的碎末状。洋葱纵向一切为二之后，将切口朝下放置，像切为薄片那样不要切断，向内芯的方向入刀（左下），然后再横向切为几部分，（下图中间左），最后再从根部切为碎末（下图中间右）。

葱的情况是纵向切入很多细小的刀口，再从一端开始逐渐切为碎末（右下）。大蒜和生姜可以先切为细丝之后，再切为碎末。这样的切法多用于汉堡肉、肉酱和中式菜色，在制作酱汁时也会用到，总之用途广泛。

洋葱

葱

HOW TO CUT

竹叶片切（削）法　竹叶厚片（左）、薄竹叶细丝（右）

这种切法主要用于切牛蒡。因为切下的形状很像竹叶，所以因此得名。竹叶厚片的切法为一边转动牛蒡一边削为片状。（左下）如果是薄竹叶细丝可以纵向在牛蒡切入很多细小的刀口（下中），再尽可能地削为薄片状（下右）。竹叶厚片用于炒菜或者煮菜，薄片细丝用于汤汁或者炖煮类锅物菜色。

竹叶厚片　　　薄竹叶细丝

蔬菜小课堂③

为了美味

聪明的保鲜法

■ ■ ■ ■

　　剩余的蔬菜，或者使用了一些的蔬菜我们都希望不浪费，并且还想要继续巧妙地使用。其实并不需要做过多的程序，只要稍微花一些心思就可以将这些蔬菜新鲜水嫩地保存下来。

监修 / 小田真规子

不易储存的蔬菜的美味保鲜法

如果想保存一周以上的话请冷冻

因为解冻后会出现汤汁，所以在冷冻的时候直接入锅进行炒制即可。如果是菠菜炒培根的话，只需要色拉油热锅后炒制培根，再倒入冷冻的菠菜，炒至失水变软即可。

菠菜或者小松菜这样的青菜类，或者西蓝花、芦笋这样的很容易腐坏的蔬菜如果想要保存一周以上，则需要先焯煮后再放入冷冻室内储存。将每次食用的量用保鲜膜包好，再装入有拉链的保鲜袋内放入冷冻室即可。

想保存 3 日左右的请焯煮后放入冷藏室

煮熟后冷藏保存的话可以直接食用，放入可微波加热的保鲜盒中，撒入盐、黄油加热后更美味。

如果是不易保存的蔬菜，可以焯煮后放入冰箱冷藏室内，可保存 3 日左右。不仅储存方便，使用时也省去了焯煮这一步骤。放入可以微波加热的保鲜盒中，使用的时候只需要放入微波炉中加热，很适合早餐和忙碌时候的晚餐。

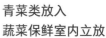

青菜类放入
蔬菜保鲜室内立放

菠菜或者小松菜这样的青菜类，可以放入保鲜袋内竖直放入冰箱的蔬菜保鲜室内，如此一来，叶子不容易受潮发蔫，也不容易坏。如果横放，位于下部的叶子因为自身重量和呼吸作用会受潮或者被压坏。在冰箱中的时候不要挤压蔬菜，在袋子内装入一些空气是一个小诀窍。

青紫苏叶

在瓶子内放置一张浸湿的厨房用纸之后，再将青紫苏叶竖直放入瓶内保存。盖上瓶盖放入冰箱，可以使青紫苏叶 1 周都保持水嫩新鲜。

嫩扁豆、荷兰豆

如果只有极少量，用保鲜膜包裹好保存就可以，如果量大的话用保鲜膜包裹容易受潮，如果放入保鲜袋内撒开着放入，让彼此不要挨得过于紧密，这样比较利于保鲜。

香草类

用浸湿的厨房用纸包裹着放入保存容器内，再放入冰箱。如此一来，可以保存 4~5 日，在保鲜过程中，除去坏了的部分，可以延长保鲜时日。

保存小窍门

山药磨成泥后冷冻保存

磨成山药泥，再放入有拉链的保鲜袋中薄薄摊开，封好放入冷冻室，可以保存 1 个月之久，使用时也很便利。用时只要掰碎取需要的量，自然解冻或者按照 100 克对应加热 1 分 30 秒的标准用微波炉加热解冻即可。

叶类蔬菜从叶子开始利用

小葱或者韭菜这类的蔬菜，只是点缀或者调味的时候需要少量，不要完全从保鲜袋内取出，只要将需要的部分从袋内探出头，先切除容易腐坏的叶端部分使用即可。这样留在保鲜袋内的部分也不容易损坏，可以新鲜水嫩的保存时间更长久。

在容易保存的蔬菜上多花些心思

芋头

如果沾有泥土保存很容易腐坏,所以先清洗干净,然后放在篮子上充分晾干后,放入保鲜袋中,注意不要放过多、过于拥挤。用这样的方法可以保存1周。

洋葱

不要放置过于拥挤保存,松散地放入保鲜袋内,打开袋口再放入冰箱内,这样的保存方法比常温保存要更加持久。

红薯

用报纸包裹后置于常温下,这样红薯表面保持干燥状态可以保存2周以上。如果是切过的红薯可以在切口处用保鲜膜包裹后再放入保鲜袋内,放入冰箱保存。

使用过一半的蔬菜也能美味保鲜

白萝卜的切口处用保鲜膜包裹住

在切口处用保鲜膜紧紧包裹住放入保鲜袋内,再置于冰箱内保存。如果不包好切口处会干燥,再使用时就只好切下一厘米厚的白萝卜扔掉,造成浪费。

卷心菜或者生菜用外面的叶子包裹住

用准备扔掉的叶子包裹着卷心菜,然后放入保鲜袋内再放入冰箱内保存。这样比不包裹外叶的保存方法多保存4~5日。

一定不能忘记的用过的蔬菜保鲜方法

大蒜、生姜、茗荷等用了一半的香味蔬菜,将它们分别用保鲜膜包裹放入一个小的保存容器内再放入冰箱保存。同样的,白萝卜、胡萝卜、豆芽等用过一半的蔬菜也分别用保鲜膜包裹放入一个大的保存容器内再放入冰箱保存。这样放在一起保存可以防止一些蔬菜被搁置在冰箱的角落内被遗忘。无论是哪种保存容器都要轻轻盖上盖子,不要密封。将这些蔬菜保存在冰箱的冷藏室或蔬菜保鲜室内皆可。

菌菇类切除根部冷冻保存

完全解冻之后会出现水分,所以使用时在半解冻的状态下切成小块或者进行加热即可。

将蟹味菇或者金针菇切除根部之后用手撕成小块,放入有密封条的保鲜袋内再放入冷冻室,可以保存一个月。为了在冰箱内不受到挤压,在保鲜袋内装入一些空气再密封是关键。

刚刚购买的生姜从袋内拿出,用厨房用纸将水分除去,然后再放入保鲜袋置于冰箱内保存时间比较久。如果是潮湿的状态生姜很容易腐坏。

中医食疗式均衡营养的餐单

在经典小菜中有一些不容易加入充足的蔬菜。因此，在这里介绍基于中医的食疗思想，将蔬菜与小菜搭配的方法。同时附有小菜的提示，和容易摄入蔬菜的各种烹调方法，敬请参考。

监修／加藤奈弥　取材协助／邱红梅（桑榆堂药店）　摄影协助／栗山真由美　插画/FUKUI YUKI

比较油的餐食 ｜咖喱饭　炸猪排　天妇罗　饺子　汉堡肉｜

可以将多余脂肪带出体内的蔬菜

对于比较介意脂肪的人，重要的一点是不要在体内堆积脂肪。可以选择一些帮助多余脂肪从体内排出的蔬菜。

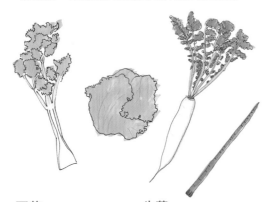

牛蒡

竹叶切或者拍牛蒡会更容易熟。
● 咖喱饭——与拍牛蒡一同炒制后再浇上意式醋汁。● 炸猪排、天妇罗——将竹叶切法的牛蒡放入味噌汤食用。● 饺子——将竹叶切法的牛蒡焯煮后和馅料搅拌在一起。● 汉堡肉——焖炒后搭配汉堡肉食用。

西芹

生食的话可以切为大量细丝。
● 咖喱饭——用醋和酱油腌渍。● 炸猪排——切为细丝佐餐，或者与生菜细丝一同佐餐也可。● 饺子——西芹叶也一起切碎放入馅料内。● 汉堡肉——切为细丝作为沙拉。

生菜

切为细丝或者加热食用更容易摄入。
● 咖喱饭——切为细丝放在饭上再浇上咖喱。● 炸猪排——切为大量生菜细丝佐餐。● 饺子、天妇罗——放入味噌汤中，注意不要煮得太久会更美味。● 汉堡肉——放入汤中搭配。同样注意火候。

白萝卜

生食效果最好，萝卜泥是最佳。
● 咖喱饭——用醋和酱油、香油和少许花椒腌渍成中华风小菜搭配食用。● 炸猪排——盖浇萝卜泥食用。● 天妇罗——在天妇罗蘸汁中放入萝卜泥是标配。● 饺子——柚子醋酱油放入萝卜泥蘸食。放入馅料里也可。● 汉堡肉——盖浇萝卜泥食用。

可以使血液畅通的蔬菜

如果食用了过多的肉类或者比较油的料理后，血液会变得比较黏稠，可以选择有效除去血液中的废物，促进血液循环的蔬菜食用。

韭菜

混合在馅料里或者做汤，进行无油料理。
● 咖喱饭——在西式牛肉汤中加入大量韭菜一同食用。● 炸猪排、天妇罗——放入味噌汤中。● 饺子——大量韭菜剁碎后和馅料一起。● 汉堡肉——放在汉堡肉上或者蘸着柚子醋酱油一同食用。

茄子

因为很吸油，所以选用蒸食混入馅料无油料理。
● 咖喱饭——作为咖喱的配料。不用过油炒，直接炖煮即可。● 炸猪排、天妇罗——作为味噌汤的配料。● 饺子——蒸熟后和黄芥末酱及酱油一同拌食。● 汉堡肉——切为小块，和番茄罐头一同炖煮，作为汉堡肉的酱汁。

番茄

做沙拉的话，可以选用少有的酱汁。
● 咖喱饭——用番茄罐头制作番茄咖喱。● 炸猪排、天妇罗——用做沙拉。
※ 使用少油酱汁。
● 饺子——用做沙拉。
※ 将少油酱汁中的油替换为香油。
● 汉堡肉——切为碎末混在汉堡肉中。或者焯煮后置于盘底，放上汉堡肉或者浇上柚子醋酱油皆可。

蒜苗

切成小段混在馅料里，容易食用。
● 咖喱饭——切为小段和咖喱一同炖煮。● 炸猪排——快速焯煮后用醋拌食或者用醋味噌一同拌食。● 天妇罗——炸制为天妇罗，或者其他材料混合炸制为混合天妇罗。● 饺子——切为小段和馅料一同搅拌。● 汉堡肉——快速焯煮后，纵向切为二，横向切3厘米左右便于食用的段，铺在盘底，再放上汉堡肉。

便于消化脂肪的蔬菜

吃比较油的料理，胃会不舒服的人消化功能会比较弱。为了提高消化能力可以选择帮助肠胃蠕动的蔬菜。

卷心菜

切为细丝加热后，会更容易食用。
● 咖喱饭——腌渍为酸菜。● 炸猪排——切为细丝后搭配青紫苏或者生姜，无需酱汁。● 天妇罗——浅渍。放入味噌汤也可。● 饺子——焯煮后切为碎末放入馅料中。● 汉堡肉——焯煮后放置于盘底，将汉堡肉放在上面。

西蓝花

在焯煮时花心思，没有酱汁也可以很美味。
● 咖喱饭、炸猪排、汉堡肉——在水里放入适量的盐和1小匙橄榄油焯煮，因为已经调味，所以无需酱汁。● 天妇罗——普通焯煮后蘸柚子醋酱油即可。● 饺子——在水里放入适量盐和1小匙香油焯煮，同上。

嫩扁豆

焯煮至柔软，更能提高消化能力。
● 咖喱饭——煮熟后放在咖喱上做装饰。● 炸猪排——拌芝麻调味食用。● 天妇罗——炸制为天妇罗。● 饺子——焯煮后和大葱、放有生姜的酱油醋混合，成为一道中式小菜。● 汉堡肉——焯煮后搭配汉堡肉食用。或者蘸汉堡肉酱汁食用。

※ 少油酱汁材料（4人份）与制作方法：锅内加入80毫升水使其沸腾，然后放入1小匙盐，再加入淀粉和水各2小匙，搅拌均匀后，放入2大匙柠檬汁、1大匙特级初榨橄榄油后继续搅拌均匀。因为比较黏稠，所以少量的油分可以使风味浓郁。再浇在各种生菜上即可。

能够使鱼的威力提升的蔬菜

鱼具有促进血液循环减少压力等对身心皆有帮助的作用，可以选择能够更好摄入鱼类营养的蔬菜。

小松菜

小松菜焯煮后和鱼一同料理易于食用。

●照烧、味噌煮——用加盐的热水焯煮后铺在盘底，再放上鱼，一同食用即可。●盐烤——凉拌食用，或者用芝麻醋凉拌也可。

洋葱

切片洋葱可以选用无油的酱汁料理。

●照烧——可以在烤鱼最后的浇汁中放入洋葱，也可以将洋葱泥和鱼一同炖煮。●盐烤——切为薄片后用水冲洗，然后蘸着柚子醋酱油一同食用。●味噌煮——将洋葱薄片铺在盘底，再放上鱼。

大葱

烤过后会变甜，和任何一种鱼类料理都很搭配。

●照烧、盐烤、味噌煮——用烤网烧烤或者用煤气炉的烧烤架烧烤后，撒上盐搭配鱼一同食用。也可以切为细葱丝后大量置于鱼上，再浇上少油酱汁。（参考210页，油用香油代替）

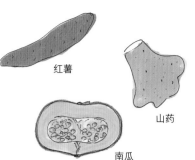

可以选择为生长发育中的孩子有效补充能量的蔬菜

具有优质蛋白质的鱼和令身体健康、促进新陈代谢的薯类或者南瓜，这样的组合是发育期孩子们的理想食谱。因为味道甘甜所以受孩子们喜欢的红薯和南瓜可以和鱼一同炖煮。具有滋养功效的山药可以切为细丝与金枪鱼和沙拉酱做成沙拉。

红薯

山药

南瓜

可以帮助消化生鱼片的蔬菜

在中医理论中生鱼很难消化，因为白萝卜具有促进消化的作用，所以在食用生鱼片时会佐以白萝卜有其道理。除此之外，还可以佐以茗荷、青紫苏叶、嫩扁豆。扁豆也可以焯煮之后斜刀切为薄片成为生鱼片的佐餐。

白萝卜

青紫苏叶

茗荷

嫩扁豆

防止脂肪堆积的蔬菜

碳水化合物可以使身体内的血糖急速上升，从而促进脂肪合成，所以选择可以缓和血糖值上升的蔬菜比较有效。

韭菜

切成碎末放入配料中。做汤也可。

●炒饭、炒面——大量切碎后作为配料，或者放入汤中也不错。●意面——如果是日式料理的话可以切碎放入大量韭菜，如果是西式可以放入西式牛肉汤中。●盖浇饭——大量放入味噌汤中。●拉面——作为配料。如果焯煮后切为碎末可以摄入更多。

卷心菜

作为配料时大量加入即可。

●炒饭、炒面——作为配料大量放入。●意面——切为一口可以食用的大小，放入加了适量盐和1小匙油的水中焯煮后搭配食用，或者作为配料一同炒制也可。●盖浇饭——浅渍。●拉面——迅速焯煮后作为配料大量食用。

菠菜

焯煮后佐餐或是作为配料。选用无油的料理方式。

●炒饭——焯煮后用酱油醋调味。醋可以选用黑醋。●炒面——作为配料大量食用，放入汤汁中也可。●意面——作为配料大量食用。如果是肉酱面可以制作酱汁时切为碎末一同制作。●盖浇饭——凉拌食用。如果是亲子饭可以焯煮后作为配餐一同食用。●拉面——作为配料大量食用。

选用低卡的蔬菜加入配料可以防止过度摄入

碳水化合物的餐食容易吃得很快，因为很容易吃多，所以在配料中加入豆芽或者菌菇类这样的低卡又具有口感的蔬菜，可以获得饱腹感，有效防止吃得过多。在炒饭的配料中加入切碎的豆芽一同翻炒，或者在煮肉酱时加入切碎的蘑菇。

菌菇类

豆芽

211

餐桌上常有的蔬菜小确幸
简单的常备菜

料理/枝元奈保美

　　如果在冰箱中放置这么一两道小菜，做饭时就会感到很轻松。蔬菜很不容易保鲜，进行事先处理时又需要花费很长时间，所以在休息日多做一些常备菜出来，这样在非常忙碌而不得不在超市或商场中购买一些主菜副食的时候，还有在早餐时，拿出这些事先备好的佐餐小菜，都可以让人吃得放心和开心。以下介绍的菜品都可以在冰箱内完美地保存4~5日，并且据此还能够创作出更多更丰富的菜色，十分方便。

腌渍的小番茄一入口，浓缩的酸味瞬间弥漫于口内。如果是酸味没有那么重的番茄，用于腌渍之后，滋味更加不同。用小番茄腌渍剥皮会稍费功夫，用普通的番茄制作，可能入味需要更久，但都不会影响美味的口感。

01 | 醋腌迷你番茄
Simple
Preservative food

醋腌迷你番茄

材料（4人份）

迷你番茄	20 个

A	米醋	¾ 杯
	砂糖	4 大匙
	盐	½ 大匙
	黑胡椒颗粒	约 10 粒
	香叶（月桂叶）	1 片
水		1½ 杯

制作方法

1 番茄去柄，在柄的另一端用刀刻下一道刀痕，在沸水中焯煮 20~30 秒。捞出后沥干水分，然后剥去番茄外皮。

2 在耐热容器内放入 A 混合搅拌，不用盖保鲜膜，在微波炉内加热 1 分钟，拿出后搅拌均匀直到砂糖完全溶解。

3 在 2 中加入水并混合均匀，将番茄置于其中腌渍。大约 1~2 小时后即可食用。

15 分钟
全部分量 189 千卡
盐分 4.8 克

在砂糖完全溶解的腌渍汁中放入已去皮的番茄进行腌渍。

腌迷你番茄沙拉

■ ■ ■ ■

加入腌渍番茄的汁水，酱汁便成了一味含有番茄精粹的美味调料。

材料（4人份）

腌渍迷你番茄	8 个
卷心菜叶（大）	2 片（100 克）
西芹	1 根
洋葱	¼ 个
醋	少许

A	盐	⅓ 小匙
	橄榄油	1 大匙

腌渍迷你番茄的汁	⅓ ~ ½ 杯
粗磨的黑胡椒颗粒	适量

制作方法

1 除去卷心菜芯将菜叶撕为适合食用的大小。放入碗内和 A 一同搅拌，放置 4~5 分钟后用手轻轻揉搓。

2 洋葱切为薄片后置于醋水之中，2~3 分钟后捞出沥干水分。

3 在 1 中加入醋渍过的洋葱和腌渍番茄的汁，并且混合均匀，然后再和腌渍迷你番茄一同搅拌。装盘，然后撒上黑胡椒即可。

10 分钟
1 人份 136 千卡
盐分 2.2 克

腌小番茄意面

■ ■ ■ ■

用腌渍番茄制作意面也十分美味。

材料（4人份）

腌渍迷你番茄	8~10 个
意面	200 克
盐	适量
腌渍鲱鱼（条）	5 条

A	橄榄油	2 大匙
	大蒜	1 瓣
	粗磨黑胡椒颗粒	少许
	盐	适量

制作方法

1 腌渍番茄分别一切为二备用。

2 意面在盐水中按照材料说明煮熟。

3 在平底锅内放入 A 用中火加热，出香后放入鲱鱼，一边搅碎一边翻炒均匀。

4 加入煮好的意面快速翻炒，再放入腌渍番茄和黑胡椒，稍微搅拌一下出锅。装盘，撒上少许意式欧芹碎末即可。

15 分钟
1 人份 551 千卡
盐分 2.2 克

如果只是焯煮过的菠菜或小松菜这样的青菜，放置4日左右颜色和口感都会大打折扣。然而如果焯煮之后，放入橄榄油、盐和蒜泥一同搅拌调味，不仅可以保存4~5日，还能够由此衍生出更多更美味的佐餐小食。

02 | 橄榄油渍菠菜
Simple
Preservative food

橄榄油渍菠菜

材料（4人份）

菠菜..........................2 把（700 克）
 盐..........................1 小撮
A ⌈ 盐..........................½ 小匙
  橄榄油..........................1 大匙
  ⌊ 大蒜泥..........................¼ 小匙

制作方法

1 菠菜在盐水中焯煮至颜色翠绿，
捞出后充分沥干水分切为 4 厘米长
的段。
2 在碗中放入 A 和菠菜，搅拌均匀
后可以立即食用。

5 分钟
全部分量 223 千卡
盐分 3.2 克

将菠菜和油以及蒜泥充分
混合。

日式黄芥末拌腌菠菜炸豆腐

■ ■ ■ ■

橄榄油、大蒜、酱油、日式
黄芥末酱、鲜榨柚子汁等调
味料全部混在一起搅拌，滋
味更加浓郁。

材料（4人份）

油渍腌菠菜..........................⅓ 的量
炸豆腐..........................1 块
 ⌈ 酱油..........................1 小匙
A 日式黄芥末酱..........................½ 小匙
 ⌊ 鲜榨柚子或柠檬汁........少许

制作方法

1 炸豆腐用烧烤网或者平底锅煎烤
至两面焦脆，再切为细丝备用。
2 在碗中放入 A 混合均匀，然后加
入菠菜和炸豆腐的细丝一同搅拌
即可。

5 分钟
1 人份 104 千卡
盐分 1.0 克

腌菠菜配芝士吐司

■ ■ ■ ■

在这道菜中，菠菜是已经进
行过烹制的小菜，所以只要
把芝士放置于菠菜上再进行
烤制，一道绝妙的早餐美食
就完成了。

材料（4人份）

油渍腌菠菜..........................⅓ 的量
切片面包（6 片装）..........................2 片
橄榄油..........................2 小匙
披萨用芝士..........................50 克
粗磨胡椒颗粒..........................适量

制作方法

1 在面包的一面先薄薄地涂上一层
橄榄油，再将菠菜按一半的量依次
摊平于面包片上，芝士也是按一半
的量依次摊平于菠菜之上。
2 放入吐司烤炉中烤制 4~5 分钟，
直至芝士融化，出炉后撒上胡椒颗
粒即可。

5 分钟
1 人份 333 千卡
盐分 1.8 克

03 | 茄子南蛮味噌酱
Simple
Preservative food

制作方法就是将切碎的茄子末、青辣椒、大蒜、生姜与味噌一同炒制。青辣椒的独特而刚刚好的辛辣味道，让这道小菜滋味浓郁却又柔和易入口，即使费一些工夫也让人觉得是值得的。因为便于保存，可以在青辣椒当季的夏日至初秋这段时间多做一些放在密封容器内保存，在冷藏室可以保存1个月，置于冷冻室可以在全年都享受此道美味。

10 分钟
1 人份 423 千卡
盐分 1.9 克

茄子南蛮味噌酱拌乌冬面

■ ■ ■ ■

南蛮味噌一般会配饭或者做成饭团食用，然而，如果和乌冬面或者细面拌在一起食用也是相当美味。

材料（4 人份）

细乌冬面（干面）..............160 克
茗荷...................................2 个
青紫苏叶...............................4 片

A ┌ 烤茄子南蛮味噌... 5~6 大匙
  │ 太白芝麻油（香油）...1 大匙
  └ 热水.............................2 大匙

制作方法

1 茗荷纵向一切为二后斜刀切为细丝。青紫苏叶切为细丝。将它们一同置于水中，使其恢复水嫩新鲜后再捞出沥干。将A混合均匀。
2 乌冬面按照材料说明煮熟，放在篦子上后用冷水冲洗，然后沥干。
3 将乌冬面与½量的A、茗荷以及青紫苏一同搅拌均匀，装盘后再将剩余的A浇在面上即可。

甜辣椒配茄子南蛮味噌酱

■ ■ ■ ■

搭配烤青椒，生西芹切条，或者微波芋头也很美味。

材料（4 人份）

甜辣椒（万愿寺甜辣椒等）....6 根
茄子南蛮味噌....................3 大匙
炒制白芝麻...........................少许

制作方法

1 甜辣椒用竹签在皮上戳2~3个洞，用烤网或者煤气炉的烧烤架进行烤制，程度大约是甜辣椒皮微皱有些烤焦的颜色为佳。
2 将南蛮味噌放在甜辣椒上，再撒上些许白芝麻即可。

5 分钟
1 人份 62 千卡
盐分 0.7 克

茄子南蛮味噌酱

材料（容易制作的分量）

茄子....................5~6 个（600 克）
青辣椒................................6~8 根

A ┌ 太白芝麻油（香油）...2 大匙
  │ 大蒜碎末......................1 大匙
  └ 生姜碎末......................1 大匙

B ┌ 料酒...............................½ 杯
  │ 味噌...............................4 大匙
  └ 甜料酒..........................2 大匙

制作方法

1 茄子在柄周围划一刀，将整个柄去掉，用竹签在皮上戳一些洞。在煤气炉的烧烤架上烤制12分钟左右，稍凉之后用手剥去茄子皮，再切为1厘米见方的小丁备用。青辣椒去柄后切为3毫米长的小段备用。
2 在平底锅内放入A并加热，出香后加入青辣椒快速翻炒，然后再放入茄子丁，翻炒至茄丁完全浸油为止。
3 加入B，炖煮过程中不断翻炒搅拌12~13分钟，直至颜色变为和味噌相同，并且所以食材都变软后关火出锅。可以立即食用。

※ 炒制大蒜、生姜、青辣椒过程中加入备好的茄丁，翻炒直至茄丁完全浸油为止。

30 分钟
全部分量 705 千卡
盐分 9.3 克

将大蒜、生姜、青辣椒放入锅中炒过，加入茄子翻炒至油与食材融合。

217

04 | 高汤酱油腌烤莲藕

即使放置一段时间，莲藕依然会保持爽脆的口感和清香。
切为便于食用的大小作为汤汁的配料，或者和其他食材一
同炒制也可以。

10 分钟　全部分量 711 千卡　盐分 2.0 克

材料（容易制作的分量）

莲藕（大）....1 节（250 克~300 克）

A ┌ 高汤.................................1 杯
　├ 酱油（淡口酱油最佳）....2 大匙
　├ 鲜榨柚子或者柠檬汁...2 小匙
　└ 细姜丝...生姜薄片 4 片的量

制作方法

1 莲藕连皮切为 7~8 毫米厚的片，
然后立刻放置于烤网或者煤气炉的
烧烤架上进行烤制，直至两面出现
烤焦的颜色。

2 在碗中将 A 混合均匀，放入莲藕
腌渍。20 分钟后即可食用。

05 | 柠檬风味腌芜菁

芜菁带皮腌渍，不论何时都能保持爽脆口感，也不会因腌
制过度而过咸。和其他蔬菜一起用酱汁作为拌菜，或者也
可以和培根一同炒制。

10 分钟　全部分量 178 千卡　盐分 6.8 克

材料（容易制作的分量）

芜菁.................5 个（500~600 克）
芜菁叶.................................150 克
柠檬（无农药）......................1/3 个
红辣椒....................................1/2 根
盐...1/2 大匙

制作方法

1 芜菁连皮纵向一切为二，再横向
切为 5 毫米厚的半月形。叶子切为
1 厘米左右长的段。柠檬连皮切为
薄片的半月形。红辣椒去柄去籽后
切为小段备用。

2 芜菁和芜菁叶都放入碗中加盐搅
拌，将放入 1 升水的盆作为重物压在
芜菁和芜菁叶上，放置 20~30 分钟。

3 取下水盆后用手轻揉芜菁和叶，
充分沥干水分，然后和柠檬汁以及
红辣椒一同搅拌。立即可以食用。

莲藕在烤网或者煤气炉的烧
烤架上烤至焦脆，趁热放入
腌渍汁中进行腌制。

将装有 1 升水的盆作为重
物，充分沥干芜菁和叶中的
水分。

材料（容易制作的分量）

山药..........................250 克
味噌..............................3 大匙
昆布茶..........................½ 小匙

制作方法

1 山药连皮切为 4 厘米长、1.5 厘米见方的棒状。
2 将味噌、昆布茶以及山药一同装入附有密封条的保鲜袋中，轻轻揉搓以帮助入味。放置 1 个小时后即可食用。

材料（容易制作的分量）

蟹味菇..................4 盒（400 克）
色拉油..............................2 小匙
料酒..............................3 大匙
酱油..............................2 大匙
甜料酒..............................1 大匙

制作方法

1 蟹味菇切除根部将其松散开。
2 在平底锅内倒入色拉油热锅并放入散开的蟹味菇，用木盖子或者汤匙按压蟹味菇，用中火进行煸烤。
3 蟹味菇全部过油之后，当伞状部分是全部的 ⅔ 量的时候，烹入料酒翻炒均匀，再倒入料酒和甜料酒，焖煮至无汤汁。立即可以食用。

为了让山药充分入味，可以隔着袋子轻轻揉搓。

用盖子按压蟹味菇，蟹味菇内的水分被充分挤压出来，这样煸烤得也可以更彻底。

5 分钟　全部分量 264 千卡　盐分 7.5 克

无需将味噌酱去除，就这样脆生生地直接食用即可。因为不需要清理山药皮，所以十分方便，用芝麻油快炒，或者是放入味噌汤内皆很美味。

10 分钟　全部分量 248 千卡　盐分 5.3 克

像烤制一样的方法煸炒时按压蟹味菇，蟹味菇的伞状部分的量会减少，口感也会变得更爽脆。拌饭、拌面，或者放入鸡蛋饼中都可以。

06 | 味噌腌山药

07 | 焖煮蟹味菇

蔬菜类别索引

主菜与主食、副菜按照蔬菜种类根据拼音进行排列。

主菜与主食

调料笔记

在这里为大家集合了在本书中出现的经常使用的，或者不常见的各类调味品和食材。

甜面酱

在面粉中加入麦芽发酵而成的中式黑味噌酱。多用于麻婆豆腐、回锅肉的调味，吃北京烤鸭时也会蘸食。130 克装约 280 日元（约合人民币 16 元）。

韩式辣酱

米、麦芽、红辣椒等一同发酵而成的韩式辣酱味噌，除了辛辣之外也有醇厚甘甜的回味。炒菜或者炖菜都可以使用。130 克装约 300 日元（约合人民币 20 元）。

XO 酱

将干虾仁、干贝柱、盐渍的鱼类等物和调味料一同浸渍于植物油中的一种香港特产醇香调味料。推荐在炒菜时使用。90 克装约 500 日元（约合人民币 30 元）。

鱼露

将盐渍的鱼肉进行熟成工序，从而形成的一种具有浓厚香醇口感和香气的泰式酱油。制造商不同，盐分含量也不同。因此请酌情使用。70 克装约 280 日元（约合人民币 17 元）。

绍兴黄酒

是中国具有代表性的一种酿造酒。具有醇香浓厚的特色。事先处理肉类时或者制作鱼类的炖菜，都可以作为料酒使用。640 毫升装约 580 日元（约合人民币 55 元）。

意式醋汁

在葡萄汁中加入葡萄酒再进行熟成工序的意式醋汁，滋味甘甜醇厚。可以用于酱汁制作，或者作为炖煮的肉类 / 鱼类的调料。150 毫升装约 420 日元（约合人民币 26 元）。

白葡萄酒醋

用白葡萄的果汁发酵而成的醋。因为浓郁的香味和酸味，经常用于制作酱汁或者凉拌海鲜。和鱼肉 / 鸡肉都十分搭配。200 毫升装约 200 日元（约合人民币 200 日元）。

柚子醋

榨取柚子汁而成的醋。在上部中含有很高营养价值的柚子成分，长期会成为沉淀物沉积于底部。在食用生鱼片或者锅物料理以及油炸食物时作为蘸汁使用。100 毫升约 480 日元（约合人民币 30 元）。

花生油

以花生作为原料的具有浓郁香气的植物油。除了炒菜时用，也可以利用花生油的花生香味作为酱汁的调料使用。250 毫升约 500 日元（约合人民币 30 元）。

太白芝麻油（香油）

鲜榨芝麻而成的植物油。色淡，不油腻，香味不刺鼻，清爽的口感和任何菜都很好搭配。340 克装约 560 日元（约合日民币 35 元）。

韩式辣椒

去籽后的干辣椒再进行磨碎的工序而成。左侧是粗磨状，右侧是粉末状。比起日式辣椒，口味更加柔和。两者皆为 40 克装约 300 日元（约合人民币 20 元）。

花椒

由中国产的山椒的果实干燥而成。具有刺鼻的香味和麻辣口感。炖肉或者制作鱿鱼料理、腌渍食物等的时候经常使用。13 克装约 200 日元（约合人民币 12 元）。

大料（八角）

传统中式调料，英文名是 Star Anise。具有独特的香气和微苦的口感，经常被用于红烧猪肉或者炖煮鸡肉等菜肴中。10 克装约 300 日元（约合人民币 20 元）。

孜然籽

种子状香辛料，具有刺鼻的味道，味苦。通常是制作咖喱必备的一味调料。炖肉时经常使用。和胡萝卜搭配很美味。30 克装约 300 日元左右（约合人民币 20 元）。

红椒粉末

用几乎没有辣味的红辣椒磨制而成的粉末调料。香气柔和，经常作为调味，喜欢撒在番茄料理上。30 克装约 300 日元（约合人民币 18 元）。

肉豆蔻

以肉豆蔻科的植物的果实所制作的调料。有香甜而刺激的香气以及微苦的口感的特点，经常用于肉馅的调味和甜品制作时调味。35 克装约 370 日元（约合人民币 23 元）。

肉桂棒

以樟科的树皮作为原料，味甜而微苦。为人熟知的是和红茶搭配的肉桂红茶。5 根约 315 日元（约合人民币 20 元）。

辣椒粉

辛辣的辣椒粉末和花薄荷等香辛料混合而成的辣味调料。墨西哥菜中的墨西哥辣煮牛肉或者卷饼类不会少了它的身影。20 克装约 250 日元（约合人民币 15 元）。

百里香

是一种闻起来清新怡人吃起来微微发苦的香草。可以有效除去肉类和鱼类的腥膻气味，即使加热后香味依旧持久，很适合用于炖煮菜肴。1 盒约 150 日元（约合人民币 10 元）。

香菜

独特的香味能使人浑身一颤，也被称为 coriander，经常用于中式菜肴和泰式菜肴。切碎后放于沙拉中增香。1 把 350 日元（约合人民币 21 元）。

黑米

是一种稻谷壳或者米糠中含有黑色或者紫色色素的古代米，具有丰富的矿物质和维生素。和白米一同炊煮会易于食用。200 克装约 500 日元（约合人民币 30 元）。

酒糟

在酿造清酒时所留下的渣滓。左侧是板状酒糟。是利用了熟成工序而制成的，右侧是膏状酒糟。两者皆可用于腌渍菜肴或者酒酿食物的调味。50 克装约 500 日元（约合人民币 30 元）。

烧明矾

从钾或者硫酸铝提取而成，用于腌渍食物（特别是腌茄子），可以使腌渍食物颜色更加鲜亮。50 克装约 300 日元（约合人民币 20 元）。

图书在版编目（CIP）数据

每天都要吃蔬菜：应季蔬菜佐餐料理 /（日）橘香
(ORANGE PAGE) 编；傅梦翔译. — 广州：广东旅游
出版社, 2020.9
　　ISBN 978-7-5570-2292-1

　　Ⅰ . ①每… Ⅱ . ①橘… ②傅… Ⅲ . ①蔬菜－菜谱
Ⅳ . ① TS972.123

中国版本图书馆 CIP 数据核字 (2020) 第 131210 号

"ITSUDEMO YASAI WO"
Copyright © THE ORANGE PAGE, INC. Tokyo 2005

All rights reserved.
First published in Japan by THE ORANGE PAGE, INC. Tokyo.

This Simplified Chinese edition published by arrangement with
THE ORANGE PAGE, INC. Tokyo in care of Tuttle-Mori Agency, Inc., Tokyo

本书中文简体版由银杏树下（北京）图书有限责任公司版权引进。
版权登记号 图字：19-2020-117

出 版 人：刘志松
责任编辑：方银萍　蔡　筠
装帧设计：陈威伸
责任校对：李瑞苑
责任技编：冼志良
选题策划：后浪出版公司
出版统筹：吴兴元
编辑统筹：王　頔
特约编辑：刘　悦
营销推广：ONEBOOK

每天都要吃蔬菜：应季蔬菜佐餐料理
MEITIAN DOUYAO CHI SHUCAI: YINGJI SHUCAI ZUOCAN LIAOLI

广东旅游出版社出版发行

（广州市荔湾区沙面北街71号首、二层 ）
邮编：510130
电话：020-87348243
印刷：雅迪云印（天津）科技有限公司
开本：889毫米×1194毫米　大16开
字数：248千字
印张：14
版次：2020年9月第1版第1次印刷
定价：88.00元